"十三五"国家重点图书出版规划项目

材料科学研究与工程技术系列

焊接过程传感与控制

Measurement and Control of Welding Process

● 张广军　李海超　许志武　编著

哈尔滨工业大学出版社

内容简介

本书是根据焊接专业新教学大纲的"焊接过程传感与控制"课程编写的教材。主要内容包括:焊接过程中的传感与控制问题概述,典型传感器原理及特性,焊缝跟踪传感,焊缝成形传感,焊接过程计算机控制系统的组成、工作原理和设计方法,焊接过程控制方法,焊接过程传感与控制实例分析等。

本书的读者对象为材料加工工程、焊接、自动化等专业的高年级本科生、研究生和教师,以及相关专业的科研技术人员。

图书在版编目(CIP)数据

焊接过程传感与控制/张广军,李海超,许志武编著. —哈尔滨:哈尔滨工业大学出版社,2013.6(2023.8 重印)

ISBN 978 - 7 - 5603 - 4061 - 6

Ⅰ.①焊… Ⅱ.①张… ②李… ③许… Ⅲ.①焊接工艺-高等学校-教材 Ⅳ.①TG44

中国版本图书馆 CIP 数据核字(2013)第 085578 号

责任编辑	许雅莹
封面设计	卞秉利
出版发行	哈尔滨工业大学出版社
社　　址	哈尔滨市南岗区复华四道街 10 号　邮编150006
传　　真	0451-86414749
网　　址	http://hitpress.hit.edu.cn
印　　刷	哈尔滨圣铂印刷有限公司
开　　本	787mm×1092mm　1/16　印张21　字数511 千字
版　　次	2013 年 6 月第 1 版　2023 年 8 月第 4 次印刷
书　　号	ISBN 978 - 7 - 5603 - 4061 - 6
定　　价	38.00 元

前　言

本书是为焊接专业"焊接过程传感与控制"课程编写的教材。

"焊接过程传感与控制"是焊接技术与工程专业本科生的一门必修课,也是一门带有一定共性的专业基础课。作者编写本书的目的是以自动焊接中保证焊缝成形质量为中心,通过本书的内容使读者掌握焊接过程各种物理量的常用检测手段、数据采集和信号处理方法,熟悉焊缝跟踪和焊缝成形质量的传感、建模和控制方法,了解焊接过程计算机控制系统的组成、工作原理和设计方法,为进一步学习、研究和处理焊接技术问题打下基础。

本书完全按照焊接技术与工程专业教学大纲的要求组织内容,针对性强,在夯实学科基础知识的前提下,突出领域的最新发展和成果介绍,做到既有理论,又有实例。

本书包括绪论及 8 章内容。绪论部分是对焊接过程传感与控制的必要性、特点、研究现状等的概述;第 1 章介绍焊接过程典型物理量的传感方法;第 2 章阐述数据采集与信号处理的理论与方法;第 3 章讲解用于焊缝跟踪的几种主要传感方法;第 4 章围绕焊缝成形传感展开;第 5 章介绍自动控制原理方面的基础知识;第 6 章和第 7 章描述计算机控制系统的组成、输入输出接口、设计方法等;第 8 章通过剖析焊接参数实时采集与分析系统、结构光视觉跟踪系统、反面熔宽检测与控制系统 3 个典型例子的设计过程,重点介绍焊接过程传感与控制系统设计的思路、要点和方法。

本书的绪论、第 5 章、第 8 章由张广军编写,第 1～4 章由李海超编写,第 6 章和第 7 章由许志武编写。张广军统稿全书。

本书的编写参考了大量的相关资料,在参考文献中列出,如有遗漏,敬请谅解。

由于编者水平有限,不当之处欢迎专家和读者指正。

编　者

2013 年 5 月于哈尔滨

目　　录

绪　论

众所周知,焊接生产存在烟尘、飞溅、有害气体、噪声、高温、弧光辐射、电磁辐射等多种污染,将人从有害的、繁重的体力劳动中解放出来一直是焊接工作者追求的目标,焊接自动化就此应运而生。简单的自动化是自动焊接小车等,适应性差,应用范围受限。反过来看焊工可以完成复杂工况的焊接,是靠眼、耳、大脑、手的配合。为了向全自主焊接方向发展,提高焊接自动化系统的鲁棒性和适应性,需要大力开展焊接过程传感与控制研究,给焊接自动化系统加上"眼睛"和"大脑"。

0.1　焊接过程传感与控制的必要性

从广义上说,凡是影响自动化焊接质量的因素都需要检测与控制,如焊接工艺参数、弧长、坡口尺寸,等等。

从狭义上说,焊接过程传感与控制主要指自动化焊接中的焊缝跟踪和焊缝成形控制。

焊接自动化遵循手工焊接→半自动化焊接→自动焊接→自适应焊接→人机协作焊接→自主焊接的发展脉络。

目前,技术成熟、应用最广的是自动焊接方式;自适应焊接还处于应用研究阶段,焊缝跟踪技术有部分应用;人机协作焊接的概念刚刚提出;自主焊接还是理想目标。

以焊接专机(刚性自动化)和示教再现机器人(柔性自动化)为代表的自动焊接是比较低级的控制方式,焊接任务事先确定,一般不用或仅用简单的传感手段,焊缝成形质量依靠的是焊缝坡口加工质量的一致性、焊缝位置的精确定位(由工装保证)、焊接工艺参数的稳定性等,因此,一般自动焊接方式只适合于简单的焊缝,如长直缝、环缝等,并且对焊前工件的准备和定位精度要求较高,适应性差。

在实际焊接中,一方面,存在工件形状误差、装配误差、焊缝坡口形状的变化、工件焊接变形等影响焊缝对中的因素;另一方面,存在变散热、变间隙、变错边等影响焊缝成形的干扰因素。常规的只具有示教再现功能的机器人或只具有恒定参数设置的自动焊接设备,由于无法克服批量生产中所遇到的这些干扰和变化已经难以满足高质量焊接的要求。

反观手工焊接,很复杂的情况,如变厚度、大间隙、大错边等,高级焊工都能焊出合格的焊缝,表现出高度适应能力。那么,焊工是如何操作的呢?

如图0.1所示,焊工的操作过程就是不断地观测→决策→调整,焊工用眼睛观察来感知焊接信息,如接头位置、电弧形状、熔池大小等,大脑综合运用焊接知识与经验对这些信息进行处理,并作出决策,由手来执行对焊枪等的调整,从而获得高质量的焊缝。

模拟焊工的控制过程,一个自动化焊接系统要想具有适应能力,首先需要类似人体感官的焊接传感器,对影响焊接结果的内外部条件进行检测;其次,需要类似于焊工对焊接过程的认识,就是建立焊接过程模型,即描述焊接过程状态的知识和经验的抽象化;最后还需要

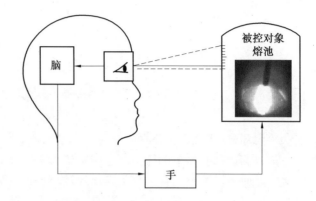

图 0.1　焊工的操作过程

类似于人脑的控制器,根据控制规则作出判断与决策,由执行器来调整控制量的大小。这个过程如图 0.2 所示。

可见,焊接过程传感与控制是自动焊接向自适应焊接、自主焊接发展所必须解决的问题。

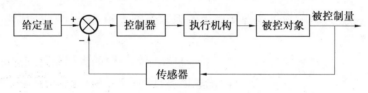

图 0.2　典型焊接过程控制系统框图

0.2　焊接过程传感与控制实例

下面通过几个实例,使读者对焊接过程传感与控制有个感性的认识。

1. 基于结构光视觉传感的焊缝坡口与成形检测

焊缝坡口位置和形貌的检测是实现焊缝跟踪的前提。接头几何形貌的变化本质上是高度的变化,因此需要各种测高的传感器。图 0.3 为基于三角测量原理的结构光视觉传感方法,可以精确地检测出接头截面几何形状和空间位置信息。此种传感方法适用于对接、搭接、角接等各种接头类型的自动跟踪和参数适应控制,还可用于多层焊的焊道自动规划、参数适应控制和焊后的接头外观检查等。图 0.4 为系统使用两个结构光传感器,焊枪前面的传感器检测坡口位置,用于焊缝跟踪;焊枪后面的传感器检测焊缝成形外观,用于焊后成形质量检测和控制等。

2. 焊接熔池视觉图像检测

焊接熔池是最主要的检测目标,也是相对较难的检测对象,主要是要克服弧光的干扰。

视觉图像传感不影响正常焊接过程,能提供丰富的信息,如接头形式、熔池边界、电弧形态、焊丝位置及已凝固的焊道形状等,因此是最有发展前景的传感技术之一。

(1)主动式视觉图像传感

为了克服弧光的影响,主动式视觉检测方法采用激光等辅助光源对焊接区进行人工照明,以提高图像的质量。目前应用较多的是通过一定的方法产生一条、多条或网状分布的结

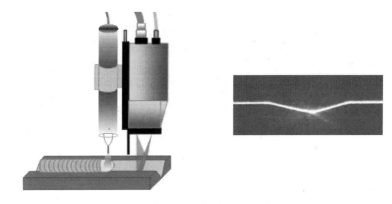

图0.3　基于结构光视觉传感的焊缝坡口检测

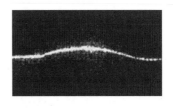

图0.4　坡口位置和焊缝成形质量同时检测

构光投射到焊件上,根据结构光条纹变形获取熔池几何形状信息。主动式视觉可以获得较清晰的熔池图像。

如图0.5所示,一套熔池视觉检测系统由强脉冲激光栅格状多结构光条纹和高快门速度的摄像机组成。脉冲激光器的平均功率为7 mW,激光脉冲持续时间为3 ns,激光脉冲功率可达50 kW,激光波长为337 nm。在激光脉冲持续时间内,激光的能量密度远远大于弧光的能量密度,在摄像机曝光时间内激光的光强远远大于弧光的光强,从而有效地抑制了弧光干扰,获得了非常清晰的TIG焊熔池表面反射图像。

可见,主动式视觉传感获取的图像质量是较为理想的,但是,昂贵的高能量密度脉冲光源和特殊电子快门的摄像机限制了这种方法在实际中的应用。

美国学者张裕明教授提出了一种非常新颖的低成本的主动式视觉熔池形貌检测方法,如图0.6所示。小功率(24 mW)结构光条纹激光器投射激光条纹于熔池表面,利用熔池表面和工件表面反射特性上的差异,由成像屏接收熔池表面镜面反射过来的激光条纹,如图0.7(a)所示;可以用普通摄像机观察记录成像屏上的动态条纹变化,通过对条纹图像的解读,可以获得熔池表面三维形貌,如图0.7(b)所示。

如此小功率的激光在强电弧光存在下仍能获得清晰的激光反射条纹图像,结果令人印象深刻。该传感系统创造性地利用了激光与电弧光在传播衰减特性上的差异。如图0.8所示,电弧光强随着距离的增加而迅速衰减。另一方面,激光的相干性和单向性好,在激光传播过程中,强度损失相对于电弧来说可以忽略不计。这样把成像屏放置于一合理的位置,在此位置,激光的光强超过了弧光光强,在成像屏上获得了清晰的激光反射条纹图像。

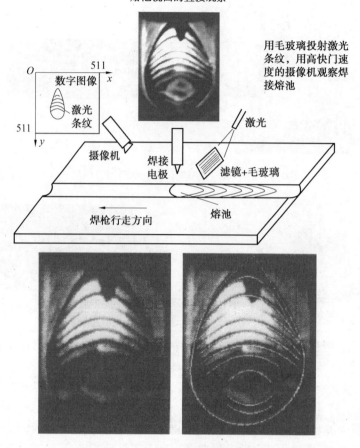

图0.5 主动式视觉熔池图像检测

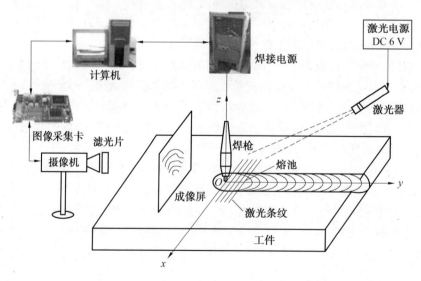

图0.6 低成本的主动式视觉熔池形貌检测方法

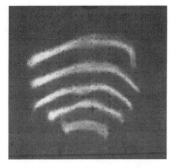　　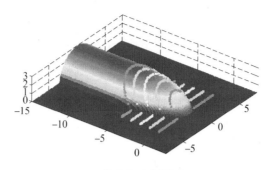

(a) 熔池表面反射形成的激光条纹　　　　　(b) 熔池表面形貌恢复

图 0.7　激光条纹及熔池表面形貌恢复

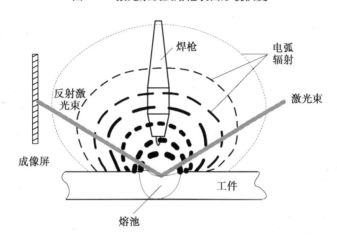

图 0.8　激光与电弧光在传播上的差异

（2）被动式熔池图像视觉传感

　　现在，人们更多地研究被动式直接视觉检测方法。被动式直接视觉检测方法不需要另加辅助光源，而是利用液态金属黑体辐射光、金属蒸气发光、电弧光等检测焊接区形貌信息。通过选择一个特定的辐射频域，使焊接区各辐射源的光强达到一个合适的比例，能够实现从单一信号源中得到焊接区图像的综合信息，提高了在可见光波长内电弧、熔池和焊缝三者同时成像的清晰度。

　　被动式直接视觉检测方法应着重考虑的问题是如何避免电弧光对焊接区成像的干扰，又对其加以利用使焊接区成像的质量更好，有利于焊接区特征信息的提取。

　　目前，常用的克服弧光干扰的措施为：低的取像电流配合复合滤光技术。

　　图 0.9 是基于直接视觉传感的脉冲 MAG 焊缝成形检测与控制系统。不同角度观测到的 MAG 焊正面熔池图像如图 0.10 所示。

　　为了建立 TIG 焊熔池正面特征信息与反面熔宽的关系模型，特殊设计了多方位同时同幅图像传感的光路系统，组成填丝脉冲 GTAW 焊接区图像传感系统，可同时同幅获得熔池正前方、正后方和反面三个角度的图像，如图 0.11 所示。

　　由熔池图像对比可见，被动式视觉检测的熔池图像的清晰度要比主动式视觉的差一些，但是由于被动式视觉传感系统只使用窄带滤光片和普通 CCD 摄像机，设备少、成本低，因此更适合在焊接生产实际中使用。

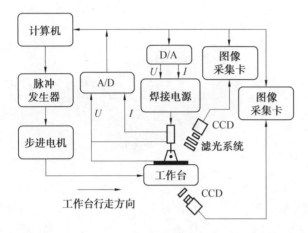

(a) 系统组成框图

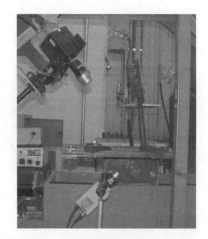

(b) 实物图像

图 0.9 脉冲 MAG 焊熔池检测与控制系统

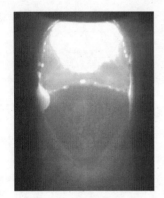

(a) 正后方观察

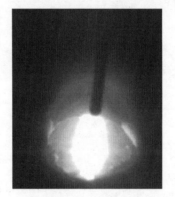

(b) 正前方观察

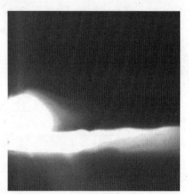

(c) 侧面观察

图 0.10 不同角度观测到的 MAG 焊正面熔池图像

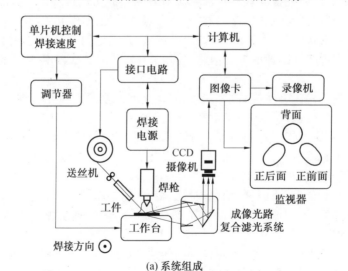

(a) 系统组成

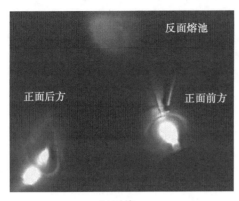 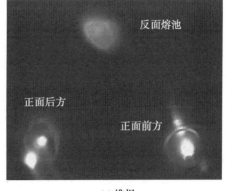

(b) 对接　　　　　　　　　　　　　(c) 堆焊

图 0.11　填丝脉冲 GTAW 熔池图像多角度传感

3. 焊接区温度场检测

工件焊接区温度场分布是描述焊接过程的重要特征参数之一。利用红外摄像机摄取焊接区温度场,根据其分布特点可判断电弧对中、电弧不对中、接头间隙发生改变、错边、接头具有杂质等情况。

图 0.12 为利用 SAT-HY6800 红外热像仪测量 TIG 焊工件上的温度场分布。

目前远红外传感器价格还很昂贵,限制了其推广应用。

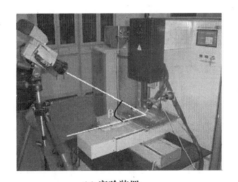

(a) 实验装置

(b) 温度场图像　　　　　　　　　　(c) 温度场分布图

图 0.12　焊接区温度场检测

4. 非接触激光超声法测量焊缝熔深

超声波在传播过程中遇到异质界面会发生反射。熔池液态金属与固态金属的界面可被视为异质界面,利用超声波在固液界面反射的特性可以检测熔深大小。传统超声波检测使用接触式探头,由于工件表面不平、高温等因素不利于接触式探头的使用。

为此,Akio Kita 等人提出了一种非接触式超声波检测方法,即激光超声波。所设计的激光超声波探头可用于在线实时非接触检测焊接熔深,如图 0.13 所示。

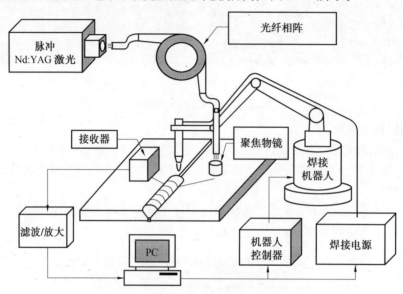

图 0.13　激光超声波检测焊接熔深

一定功率的脉冲激光束投射到焊缝一侧的工件表面上,在焊缝另一侧装有非接触的电磁声波转换器。激光束烧蚀工件表面,在工件内部会产生超声波。超声波遇固液界面反射,电磁声波转换器接收反射来的超声波信号,通过数据分析可确定超声波传播的飞行时间,进而确定熔深的大小。

此种激光超声波检测方法还处于研究阶段,可实现熔深的实时在线控制;但是激光设备的高成本限制了它的推广应用。

5. 多种传感器融合的焊接过程检测与控制

在自适应焊接系统中需要具备两方面的功能:引导焊枪运动,使焊枪始终保持在焊缝上;调整电流、电压等焊接参数。为此,需要配备多个传感器,这是一个发展趋势。

在图 0.14 所示的多传感器集成智能焊接系统里,耦合在焊枪上的视觉传感器直接观察熔池,另一个安装在焊枪前的激光焊缝跟踪传感器"探路",其目的是像焊工那样获得和处理焊接过程信息。

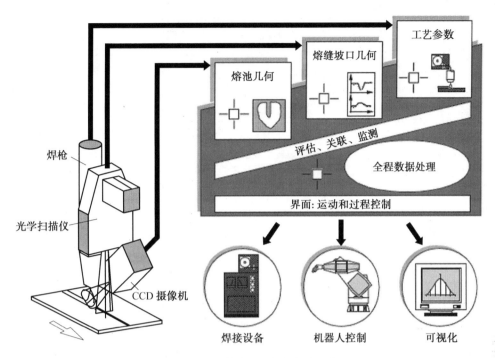

图 0.14 多传感器的智能焊接系统

0.3 焊接过程传感与控制的特点

从自动控制的角度来看,焊接过程具有需要检测与控制的参数多、干扰因素多、控制过程复杂等特点。

(1)需要检测与控制的参数多

保证焊接质量的焊接规范参数,包括焊接电流、焊接电压、焊接速度、送丝速度、保护气流量等。

直接反应焊接质量的焊缝成形参数,包括熔深、正面熔宽、正面余高、反面熔宽、反面焊漏高度、焊缝截面面积和形状等。

焊接热源:电弧的特性参数,包括电弧长度、电弧光强、电弧光谱、电弧压力、电弧温度等。

关注重点:熔池的物理特性,包括熔池附近的温度和温度梯度、熔池的形貌、液体金属的流动状态等。

焊缝跟踪需要知道的参数,包括坡口位置和形状、焊枪的位置和姿态等。

将上述众多参数进行分类,可概括为几何(弧长、熔池和坡口形状、速度等)、电(电流、电压等)、光(电弧光)、热(各种温度场)、压力(电弧压力等)、流体(气体、液体流动)等多方面的物理量,因此也需要位移、高度、温度、压力、光学、电磁等各种传感器。

焊接中需要检测的内容与使用的检测方法如表 0.1 所示。

表 0.1　焊接中的物理量及其检测方法

物理量	检测方法
焊接电流、电压	分流器、分压电阻、LEM 模块
电弧长度	弧压检测、光强检测
坡口形貌及对中	接触探针、电磁传感、摆动电弧传感、结构光视觉传感、CCD 直接视觉传感、温度场传感
熔池形貌及熔深	光学传感(X 射线、红外温度、可见光视觉)、力学传感(熔池振荡)、声学传感(超声波)
电弧压力	天平法、静态小孔法
电弧温度	光谱诊断法、激光法
电弧电流密度	探针法、光谱诊断法
工件温度场	热电偶测温、红外辐射测温

(2)干扰因素多

首先,电弧是最大的干扰。电弧产生的强光、高温、电磁等使得传感器工作环境恶劣,影响检测的精度和可靠性。许多在一般场合应用很好的传感器在焊接中失灵。焊接中使用的传感器需要特殊设计,设计中需要考虑克服弧光、热、烟尘、飞溅、电磁等干扰的措施。

其次,有些场合传感的可达性受到限制。以反面熔宽检测为例,绝大多数场合背面熔池直接检测不可行,需要检测正面熔池特征信息来间接预测反面熔宽,增加了问题的难度,再加上电弧对正面检测的干扰,使得目前熔透(反面熔宽)控制问题仍然是一个没有很好解决的世界难题。

另外,焊接中还存在一些随机的、不可预测的干扰,如坡口尺寸与装配误差、焊接变形、变散热、变间隙、变错边、送丝速度的波动、电极的烧损、工件表面的状态变化等。

(3)焊接过程复杂

焊接熔池虽小,但高温、局部集中加热、瞬时动态变化、液态金属流动、冶金反应等特性导致熔池行为非常复杂,至今还有很多机理不是很清楚,这些都给焊接过程建模与控制带来困难。

从自动控制的角度来看,焊接过程是一个非线性、强耦合、时变的多变量复杂系统。

以焊缝成形为例,描述焊缝成形质量的几何变量,如焊接熔深、焊缝宽度、焊缝横截面积、焊缝余高等,被称为直接焊接参数。而直接焊接参数是由焊接电压、电流、焊接速度、送丝速度、电极角度、保护气体流量等间接焊接参数决定的,需要建立焊接电流等间接焊接参数与反面熔宽等直接焊接参数之间的关系模型。这里存在两个需克服的难点:首先,多变量之间耦合,一个变量的改变将影响其他的变量,如熔宽、熔深和熔池长度之间;其次,在焊接过程中,焊缝宽度可以实时监视,而焊缝熔深则无法检测。这就要求在焊接过程中对这些不可检测的变量通过焊缝成形的模型进行实时预测。预测模型的输入包括间接焊接参数和一些直接焊接参数,可见焊接过程建模相当复杂。

通过机理分析采用解析方法求取焊接过程的数学模型是比较困难的,因此,通常采用基于实际输入输出数据的系统辨识和参数估计方法来获得焊接对象的数学模型。

已经证明,只要有一个隐含层的三层前馈 BP(误差反向传播)网络,就可以逼近任何映射函数。

因此,对于焊接这样复杂的系统,采用人工神经网络建模的方法是一条可行之路。如图 0.15 所示,预测熔池反面宽度和熔池正面高度的神经网络动态模型采用三层的 BP 网络结构,模型的输入为焊接规范参数(I_p、δ、V_w 和 V_f)、间隙 g 和熔池正面形状参数(L_t、W_t 和 R_{hl}),考虑到当前熔池反面宽度和熔池正面高度不仅同当前的焊接规范参数和当前熔池正面形状参数有关,而且同前两个时刻的焊接规范参数和熔池正面形状参数有关,因此,输入层节点数为 $8 \times 3 = 24$,隐含层节点数确定为 10 个。模型的输出节点数为 2,即熔池反面宽度和熔池正面高度。模型的预测效果如图 0.16 所示。

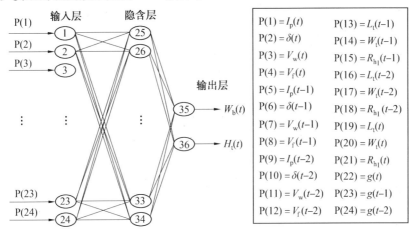

$P(1) = I_p(t)$	$P(13) = L_t(t-1)$
$P(2) = \delta(t)$	$P(14) = W_t(t-1)$
$P(3) = V_w(t)$	$P(15) = R_{hl}(t-1)$
$P(4) = V_f(t)$	$P(16) = L_t(t-2)$
$P(5) = I_p(t-1)$	$P(17) = W_t(t-2)$
$P(6) = \delta(t-1)$	$P(18) = R_{hl}(t-2)$
$P(7) = V_w(t-1)$	$P(19) = L_t(t)$
$P(8) = V_f(t-1)$	$P(20) = W_t(t)$
$P(9) = I_p(t-2)$	$P(21) = R_{hl}(t)$
$P(10) = \delta(t-2)$	$P(22) = g(t)$
$P(11) = V_w(t-2)$	$P(23) = g(t-1)$
$P(12) = V_f(t-2)$	$P(24) = g(t-2)$

图 0.15　熔池反面宽度和熔池正面高度的神经网络预测模型

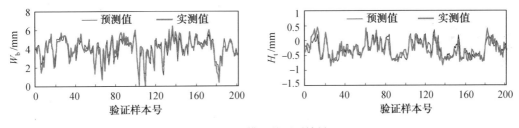

图 0.16　模型的预测效果

0.4　焊接过程的智能控制

(1)智能控制产生的背景

①人们逐渐认识到焊接过程的复杂性和不确定性。表现为高度非线性、时变性、强耦合、变结构、多层次、多因素等特征。焊接过程难以用精确的数学模型来描述。

②对焊接过程的控制性能要求越来越高。而基于精确模型的传统控制(经典控制和现代控制理论)难以解决复杂对象的控制问题。

③人类在处理复杂性、不确定性方面能力很高,高级焊工在变厚度、大间隙、大错边等很复杂的情况仍能焊出合格的焊缝,表现出了高度适应能力。采用仿人智能控制决策方式,把

人工智能和反馈控制理论相结合,就可以解决像焊接这样复杂系统的控制难题。

④近几十年来的智能控制理论研究成果为实现焊接过程智能控制提供了理论基础和技术支持。将当代最先进的智能控制方法引入到焊接过程控制中是焊接技术发展的一个重要方向。

(2)焊接过程智能控制实现的途径

简单地说,智能控制就是模拟人的思维的控制,应该具有以下能力:

①学习能力。与人的学习过程相类似,智能控制器能从外界环境获得信息,进行识别、记忆、学习,并利用积累的经验使系统的控制性能得到改善。

②适应能力。适应能力包括对输入输出自适应估计、故障情况下自修复等。

③组织能力。对于复杂任务和分散的传感信息具有自组织和协调功能,系统具有主动性和灵活性。当出现多目标冲突时,可以在任务要求的范围内自行决策,主动采取行动。

④优化能力。智能控制器能够通过不断优化控制参数和寻找控制器的最佳结构形式获得整体最优的控制效果。

一个焊工并不知道焊接过程模型,但仍能实现优质的焊接,焊工依靠的是经验和知识。图0.17是焊工手动调节的过程曲线。

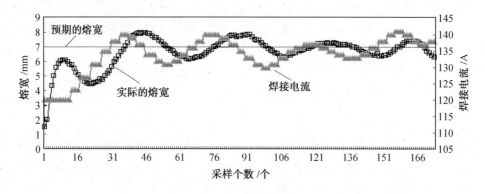

图 0.17　手工控制调节过程

焊工的调节策略就是:

熔宽大了,就往小调电流,调多少取决于熔宽变化(误差)和变化的趋势(误差的变化)。如熔宽有加速变大的趋势,则大幅度地往小调电流,以扭转变大趋势;如熔宽变大的趋势变缓,则保持电流不变,甚至略微往大调电流,以防止反向过冲。

熔宽小了,就往大调电流,同样,调多少取决于熔宽变化(误差)和变化的趋势(误差的变化)。如熔宽有加速变小的趋势,则大幅度地往大调电流;如熔宽变小的趋势变缓,则保持电流不变,甚至略微往小调电流,以防止反向过冲。

将焊工的上述调节策略用模糊条件语句规则化为:

①如果误差 e 为负大 NB,误差变化 ce 为负大 NB,则焊接电流的变化 cu 为正大 PB;

②如果误差 e 为负大 NB,误差变化 ce 为正小 PS,则焊接电流的变化 cu 为正小 PS;

③如果误差 e 为负大 NB,误差变化 ce 为正中 PM,则焊接电流的变化 cu 为零。

上述既考虑误差又考虑误差变化的模糊控制规则如表0.2所示。

表 0.2　模糊控制规则表

e ＼ cu ce	NB	NM	NS	O	PS	PM	PB
NB	PB	PB	PB	PB	PM	O	O
NM	PB	PB	PB	PB	PM	O	O
NS	PM	PM	PM	PM	O	NS	NS
NO	PM	PM	PS	O	NS	NM	NM
PO	PM	PM	PS	O	NS	NM	NM
PS	PS	PS	O	NM	NM	NM	NM
PM	O	O	NM	NB	NB	NB	NB
PB	O	O	NM	NB	NB	NB	NB

从表 0.2 可见,选取电流调整量的原则是:当误差大或较大时,选择调整量以尽快消除误差为主;而当误差较小时,选择调整量要注意防止超调,以系统的稳定性为主。

以上描述的就是模糊控制,它是最成熟的智能控制,模仿人的控制决策思想,将专家控制经验规则化,适合于非线性、复杂的焊接过程。

除了模糊控制外,智能控制还包括分层递阶自组织控制、知识基控制、专家控制、神经网络控制、进化计算、粗集理论、混沌与分形等,目前比较成熟和实用的是专家系统、模糊控制、神经网络控制及其相互结合。

从 20 世纪 80 年代中期开始,国内外学者在焊接过程控制上引入了智能控制方法,由早期的单一模糊控制器,发展到专家系统、模糊控制和人工神经网络控制相互结合的多变量复杂控制器,应用对象也覆盖了焊接过程控制的各个领域,如焊缝跟踪、焊缝成形控制、机器人控制、焊接电源控制等。

图 0.18 为参数在线自调整的自适应双输入双输出模糊控制框图,以占空比和送丝速度为控制量,反面熔宽和正面余高为被控量,实现了背面熔宽和正面余高的同时控制。

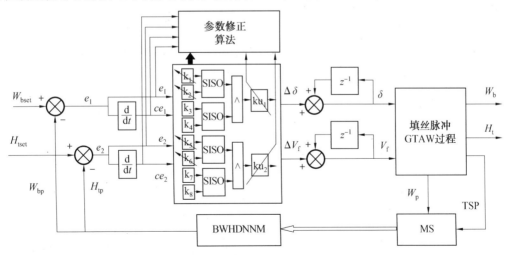

图 0.18　参数在线自调整的自适应双输入双输出模糊控制框图

为了使模糊控制系统具有自学习、自适应能力,可以利用神经网络的学习能力来确定隶属函数和推理规则,从而形成了模糊神经网络结构(FNNC),如图0.19所示。将模糊神经网络FNNC用于焊接过程控制,如图0.20所示,此种控制器超调量小,调节速度快,能够适应被控对象特性的变化。

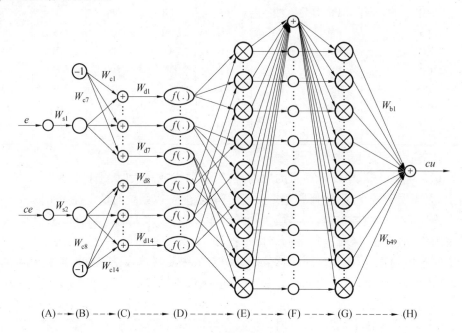

图0.19　模糊神经网络结构

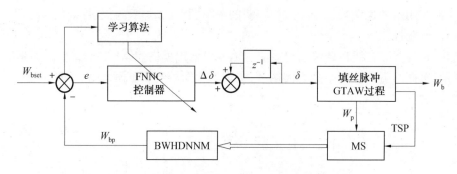

图0.20　填丝脉冲GTAW对接FNNC闭环控制系统

0.5　本课程的任务

本书完全按照焊接专业新教学大纲的要求,在编写过程中,注重以自动焊接中保证焊缝成形质量为中心,使读者掌握焊接过程各种物理量的常用检测手段、数据采集和信号处理方法,熟悉焊缝跟踪和焊缝成形质量的传感和控制方法,了解焊接过程计算机控制系统的组成、工作原理和设计方法,为进一步学习、研究和处理焊接自动化技术打下坚实的基础。

思考题及习题

0.1 为什么需要焊接过程传感与控制?

0.2 焊接过程传感与控制的特点是什么?

0.3 焊接过程控制的发展趋势是什么?

0.4 焊接过程有哪些物理量需要检测?

参考文献

[1] KOVACEVIC R, ZHANG Y M. Real-Time Image Processing for Monitoring of Free Weld Pool Surface[J]. Journal of Manufacturing Science and Engineering, 1997, 119(5):161-169.

[2] ZHANG Y M, SONG H S, SAEED G. Observation of a dynamic specular weld pool surface [J]. Measurement Science & Technology, 2006, 17 (6): 9-12.

[3] HUANG R S, LIU L M, SAEED G . Infrared temperature measurement and interference analysis of magnesium alloys in hybrid laser-TIG welding process[J]. Materials Science and Engineering A, 2007 (447): 239-243.

[4] KITA A. Measurement of weld penetration depth using non-contact ultrasound methods. Doctor Degree Dissertation[M]. Georgia Institute of Technology, USA, 2005.

[5] SADEK C, ALFARO A, DREWS P. Intelligent systems for welding process automation[J]. J. of the Braz. Soc. Of Mech. Sci. &Eng, 2006(1):25-29.

[6] 陈善本,等.焊接过程现代控制技术[M].哈尔滨:哈尔滨工业大学出版社,2001.

[7] 吴林,陈善本,等.智能化焊接技术[M].北京:国防工业出版社,2000.

[8] 陈善本,林涛,等.智能化焊接机器人技术[M].北京:机械工业出版社,2006.

[9] 李士勇.模糊控制·神经控制和智能控制论[M].哈尔滨:哈尔滨工业大学出版社,1996.

[10] KIM I S, SON J S, PARK C E, et al. An investigation into an intelligent system for predicting bead geometry in GMA welding process [J]. Journal of Materials Processing Technology, 2005, 159(1): 113-118.

第1章 焊接过程典型物理量的传感方法

1.1 引 言

焊接是现代先进制造技术中不可缺少的材料加工工艺,全世界每年钢产量的 50% ~ 60%都需要焊接加工。随着航空航天、汽车、造船、石油化工、新能源、海洋工程等行业的高速发展,焊接技术尤其是生产中应用最广泛的电弧焊,正向着自动化、智能化方向发展。

作为一种材料加工工艺,焊接以产品质量作为最终的评价标准。在焊接过程中控制焊接质量主要依靠以下两个方面:

(1)提高燃弧过程的稳定性。主要有引弧的稳定性、燃弧的电流和电压、送丝速度、弧长、干伸长、熔滴过渡、飞溅和保护气体等。

(2)良好的焊缝成形,以提高接头的力学性能。包括焊缝起点、终点,焊缝对中,焊缝熔深、熔宽、熔透(反面熔宽)、余高,热影响区尺寸与组织等。

尽可能地排除干扰因素,也是控制焊接质量的重要方面。这些干扰因素包括:焊接工件的加工精度和装配精度,焊接过程中的扰动,焊工的疲劳等。因此,在焊接前提供哪些焊接条件,焊接过程中对哪些物理量进行检测和控制,是控制焊接质量的基本问题。

本章围绕焊接过程的物理量及其传感方法展开,首先介绍焊接过程典型的物理量及检测方法,其次介绍传感器的基础知识,然后从基于物理量转换的传感角度对位移传感器、温度传感器、视觉传感器、霍尔效应传感器分别进行介绍。

1.2 焊接过程的典型物理量

焊接过程是一个光、声、电、热、力、电磁等因素综合作用下的物理化学过程,其运动状态和变化过程反映为焊接过程信息。焊接过程信息主要是指以下内容:

(1)焊接工艺信息。指与焊接工艺参数相关的信息,包括接头位置、坡口尺寸、送丝速度、燃弧和收弧的电流和电压、焊接速度等。

(2)焊接物理信息。指与引弧、燃弧、收弧整个焊接过程相关的信息,包括电弧形态、熔滴形态、熔池的三维形貌、熔池尺寸、焊缝对中、焊缝温度分布等。

(3)焊接质量信息。包括熔宽、熔深、熔透、余高,热影响区尺寸与组织,气孔、裂纹等缺陷位置及尺寸等。

焊接过程信息与焊接质量直接相关,可以由焊接过程的物理量描述,一般通过传感器检测物理量来获得。焊接过程的典型物理量包括接头空间位置、坡口的几何尺寸、电弧电流和电压、电磁场强度、声波反射、温度等。通过传感器转换得到焊接过程信息量,把信息量反馈到焊接过程中实现闭环控制,控制焊接过程的熔滴过渡、焊缝跟踪和焊缝成形。

焊接过程的物理量和焊接过程信息之间的关系如图1.1所示。

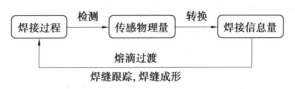

图1.1　焊接过程的信息量和典型物理量之间的关系

焊接传感器的工作原理就是把检测的物理量转换成焊接过程的信息量,控制焊接过程。焊接传感器的种类比较繁多,可以分为如下几类。

(1)根据焊接过程控制的目的不同分

①焊缝跟踪传感器:用于检测工件的位置、坡口尺寸位置或焊缝中心线位置达到自动跟踪焊缝的目的。分为电弧传感、光学传感、机械式传感、电磁传感等。

②焊缝成形传感器:主要通过控制焊接过程参数控制焊缝成形以达到提高焊接质量的目的。分为电弧传感、光学传感、电磁传感、超声传感等。

(2)根据传感器的转换原理不同分

①电弧传感器:把电弧的电信息转换为位置信息,如电弧跟踪传感器、弧长传感器等。

②光学传感器:把焊缝的光学信息转换为空间位置或几何尺寸等,如结构光传感器、CCD视觉传感器等。

③超声传感器:把超声信息转换为空间位置,用来实现焊缝跟踪,或者检测焊缝的缺陷。

④红外传感器:传感焊接工件和电弧的温度信息。

⑤机械传感器:主要用来实现焊缝跟踪。

实际应用中,焊接传感器除了通常的性能指标之外,还需要有很强的抗电弧干扰的能力,如电弧产生的电磁场、电弧光等。目前,焊接中常用的传感方式包括接触式传感(机械式)、图像传感等。焊接中的传感物理量、信息量、采用的传感方式及用途如表1.1所示。

表1.1　常用的焊接传感器

类别	传感物理量	反映信息量	主要应用范围
机械	空间位置	接头位置	焊缝跟踪
图像	空间位置、尺寸	接头位置、熔池尺寸	焊缝跟踪、焊缝成形传感
电场	电弧电流、电压	接头位置、电弧状态	焊缝跟踪、电弧参数控制、焊缝成形
磁场	涡流、磁场强度	接头位置、电弧形态	焊缝跟踪、焊缝成形控制
光学	光波反射、投射	熔滴形态、熔池状态	熔滴、焊缝成形控制
热像	温度辐射、梯度	熔池形状、温度分布	焊缝成形、热循环测量
声音	声波发射、反射	接头位置、内在缺陷	焊缝跟踪、无损探伤等

从表1.1可知,焊接过程传感的物理量包括位移、温度、基本电量以及光学信息。根据传感器不同的转换原理,电弧传感、光学传感、超声传感、红外传感等都可以归结到这些物理量的检测上。本章就从不同物理量传感的角度介绍具体的传感器及其原理。

1.3 传感器基本知识

1.3.1 传感器的概念

根据 GB/T 7765—1987 的定义,传感器是能够感受外界信息,并按一定规律将这些信息转换成可用的输出信号的器件或者装置。类似名词有变换器、变送器、探测器、换能器等。

传感器有下面四个方面的含义:

①传感器是检测装置,能够感受被测量和获取信号;

②输入量是某一个被测量,如物理量、化学量、生物量等;

③输出量一般为电信号(电流、电压、电感等),易于传输、转换、处理等;

④输入输出应有明确的对应关系,且应有一定的精确度。

传感器是检测技术的核心。检测技术是研究自动检测或自动控制系统中的信息采集、信息转换、信息处理以及信息传输的理论和技术,主要包括传感器技术、误差理论、测试计量技术、抗干扰技术。

焊接过程受多种因素制约,是有许多随机干扰的复杂工艺过程。焊接传感器主要用来传感焊接过程的多种物理量,用于控制焊接接头质量,满足产品的使用要求。

1.3.2 传感器的构成

传感器一般由敏感元件、转换元件和转换电路三部分组成,如图 1.2 所示。

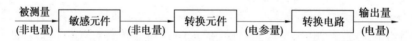

被测量　　　　　　　　　　　　　　　　　　　　　　　　　输出量
(非电量)　→　敏感元件　→　(非电量)　→　转换元件　→　(电参量)　→　转换电路　→　(电量)

图 1.2　传感器的构成框图

(1)敏感元件

敏感元件指传感器中能感受被测量的部分。感受被测量后,输出与被测量呈确定关系的某一物理量。例如,测量焊接热循环时的热电偶,将温度转换为电压,且温度与电压之间保持确定的函数关系。

(2)转换元件

转换元件是将传感器中敏感元件输出量转换为适于传输和测量的电信号部分,例如,应变式压力传感器中的电阻应变片,将应变转换成电阻的变化。

(3)转换电路

转换电路将电量参数转换成便于测量的电压、电流、频率的电量信号,例如,交直流电桥、放大器、振荡器、电荷放大器等。

并非所有的传感器必须同时包括敏感元件和转换元件,有些传感器很简单,最简单的传感器仅由敏感元件组成,如用于焊缝跟踪的机械式传感器。

1.3.3 传感器的分类

目前,通用传感器的分类标准不统一,如表 1.2 所示。

（1）按被测物理量：分为位移传感器、压力传感器、温度传感器等。

（2）按传感器的工作原理：分为结构型、物性型、复合型。

①结构型指依靠传感器结构参数的变化实现信号检测，多以某个物理定律或原理为依据，如测速发电机（法拉第电磁感应定律）。

②物性型指依靠敏感元件材料本身物理性质的变化实现信号检测，如热电偶（热电效应）。

③复合型指综合利用结构型和物性型的特性。

（3）按敏感元件与被测对象之间的能量关系：分为能量转换型和能量控制型。

①能量转换型也称换能器，直接从被测对象获得能量，工作时不需外加能量，如温度传感器等。

②能量控制型需要外部供给能量，如电阻传感器、电容传感器、电感传感器等。

表1.2　传感器的分类

分　类	种　类	命名方法
按被测物理量（输入量）	位移、湿度、温度、速度、压力等	"某物理量"传感器
按输出量	模拟式、数字式	模拟式传感器、数字式传感器
按工作原理	结构型、物性型、复合型	依赖结构特性变化、或者依赖敏感元件物理特性的变化、或者综合利用二者特性
按转换原理	应变、电容、电感、热电、压电	"工作原理名"传感器
按能量关系	能量转换型、能量控制型	内部的能量转换或者外部被测量的控制输出

1.3.4　传感器的特性

传感器的基本特性指输入输出之间的关系，输入量的状态（静态、动态）不同，传感器的输出状态也不同，因此传感器的特性可以分为静态特性和动态特性。

1. 静态特性

静态特性指传感器在被测量处于稳定状态时的输入量和输出量之间的关系。在理想状态下，输出和输入之间的关系为线性关系，如图1.3 所示，表示为

$$y = ax + b \qquad (1.1)$$

式中　a—— 理论灵敏度；

　　　b—— 零点输出；

　　　x—— 输入；

　　　y—— 输出。

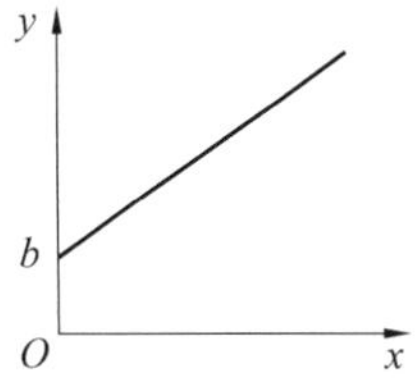

人们总是希望传感器的静态特性呈线性特性，使整个测量范围具有相同的灵敏度，但实际上，由于迟滞、蠕变、摩擦、间隙等因素，以及外界条件如温度、湿度、压力、电场、磁场等的影响，使输出和输入之间总是具有不同程度的非线性，如图1.4 所示。

图1.3　输入输出的线性关系

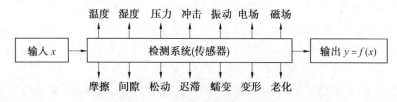

图 1.4　传感器非线性的影响因素

静态特性的主要指标包括线性度、迟滞、分辨力、重复性、稳定性等。

（1）线性度

传感器的线性度指传感器输出与输入之间关系曲线对其拟合直线的偏离程度，也称非线性误差。

在不考虑迟滞、蠕变等因素的情况下，静态特性可以用如下方程来描述

$$y = a_0 + a_1 x + a_2 x^2 + \cdots + a_n x^n \tag{1.2}$$

式中　y —— 输出量；

　　　x —— 输入量；

　　　a_0 —— 零点输出；

　　　a_1 —— 理论灵敏度；

　　　$a_2, a_3, \cdots, a_n$ —— 非线性项系数。

静态特性曲线可通过实际测试获得。在实际应用中，为了得到线性关系，一般引入各种非线性补偿环节。如果传感器非线性的次方数不高，输入量的变化较小，一般采用直线拟合来进行线性化。实际特性曲线与拟合曲线之间的偏差称为传感器的线性度，通常用相对误差 γ_L 表示，即

$$\gamma_L = \pm \frac{\Delta L_{max}}{y_{FS}} \times 100\% \tag{1.3}$$

式中　ΔL_{max} —— 最大非线性绝对误差；

　　　y_{FS} —— 满量程输出。

（2）迟滞

传感器在正（输入量增大）反（输入量减小）行程中输出-输入特性曲线不重合程度称为迟滞，也称回程误差或者空程误差，如图 1.5 所示。迟滞误差大小一般由实验确定，用最大输出差值 Δ_{max} 与满量程输出 y_{FS} 的百分比 δ_H 来表示，即

$$\delta_H = \pm \frac{1}{2} \frac{\Delta_{max}}{y_{FS}} \times 100\% \tag{1.4}$$

迟滞反映了传感器机械部分的缺陷，如轴承摩擦、间隙、紧固件松动、材料内摩擦和积尘等。

（3）分辨力和阈值

分辨力指传感器能够检测出被测量的最小变化量，表征测量系统的分辨能力。分辨力不同于分辨率，分辨力采用绝对值来表示，是有单位的量，如 10 ms、0.1 mg 等。分辨率指能检测最小被测量相对于满量程的百分比数，如 0.2%、0.01% 等。

在传感器输入零点附近的分辨力称为阈值。

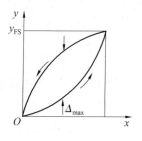

图 1.5　迟滞特性

（4）灵敏度

传感器的灵敏度指到达稳定工作状态时，输出变化量 Δy 与引起此变化的输入变化量 Δx 之比，表征为

$$k = \frac{\Delta y}{\Delta x} \qquad (1.5)$$

从物理含义上看，灵敏度是广义上的增益。

对于线性传感器，灵敏度 k 为一常数。以拟合直线作为其特性的传感器，可以认为其灵敏度为一常数，与输入量的大小无关。对于非线性传感器，灵敏度为变化量。

（5）重复性

重复性指传感器的输入在同一条件下，按照同一方向变化时，在全量程内连续进行重复测试得到的各特性曲线的差异程度，如图 1.6 所示。正行程的最大重复性偏差为 ΔR_{max1}，反行程的最大重复性偏差为 ΔR_{max2}。重复性误差取这两个偏差中的较大者为 ΔR_{max}，再求得占满量程的百分比，用 γ_R 来表示

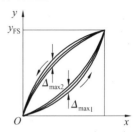

图 1.6 重复性

$$\gamma_R = \pm \frac{\Delta R_{max}}{y_{FS}} \times 100\% \qquad (1.6)$$

重复性误差只能用试验方法确定，其值常用绝对误差表示。

2. 动态特性

在实际测量中，许多被测信号是随时间变化的。有的传感器尽管其静态特性很好，但输出量不能够很好地跟随输入量变化，引起较大的误差。

传感器的动态特性是指输出对随时间变化的输入量的响应特性。一个动态特性好的传感器其输出将再现输入量的变化规律，具有短的暂态响应时间和宽的频率响应特性。研究动态特性可以从时域和频域两个方面进行。一般采用输入信号为单位阶跃输入量和正弦输入量进行分析和动态标定。对于阶跃信号，其响应为阶跃响应或瞬态响应；对于正弦输入信号，其响应为频率响应或者稳态响应。

（1）传感器动态特性的数学描述

一般传感器可以认为是线性系统，虽然传感器的种类很多，但是一般可以简化为一阶或者二阶系统。在分析线性系统的动态特性时，通常用微分方程描述

$$a_n \frac{d^n y}{dt^n} + a_{n-1} \frac{d^{n-1} y}{dt^{n-1}} + \cdots + a_1 \frac{dy}{dt} + a_0 y = b_m \frac{d^m x}{dt^m} + b_{m-1} \frac{d^{m-1} x}{dt^{m-1}} + \cdots + b_1 \frac{dx}{dt} + b_0 x \quad (1.7)$$

式中　x——输入；

　　　y——输出；

　　　a_i、$b_i (i = 0,1,\cdots)$——系统结构特性参数；

　　　$\dfrac{d^n y}{dt^n}$——输出量对时间 t 的 n 阶导数；

　　　$\dfrac{d^m x}{dt^m}$——输入量对时间 t 的 m 阶导数。

（2）传递函数

动态特性的传递函数在线性定常系统中是指初始条件为零时，系统的输出量的拉普拉斯变换与输入量的拉普拉斯变换之比。

根据式(1.7),当其初始值为零时,进行拉普拉斯变换,可得系统的传递函数 $H(s)$ 的一般式为

$$H(s) = \frac{y(s)}{x(s)} = \frac{b_m s^m + b_{m-1} s^{m-1} + \cdots + b_1 s_1 + b_0}{a_n s^n + a_{n-1} s^{n-1} + \cdots + a_1 s_1 + a_0} \tag{1.8}$$

式中　$y(s)$——传感器输出量的拉普拉斯变换;

　　　$x(s)$——传感器输入量的拉普拉斯变换。

式中的分母是特征多项式,决定系统的阶数,对于定常系统,当系统微分方程已知,只要把方程式中各阶导数用相应的 s 变量替换,即可求得传感器的传递函数。

对于正弦输入,传感器的动态特性(即频率特性)可由式(1.8)导出,即

$$H(j\omega) = \frac{b_m (j\omega)^m + b_{m-1} (j\omega)^{m-1} + \cdots + b_1 (j\omega) + b_0}{a_n (j\omega)^n + a_{n-1} (j\omega)^{n-1} + \cdots + a_1 (j\omega) + a_0} \tag{1.9}$$

(3)传感器的动态特性指标

①与阶跃响应有关的指标。由于传感器是一个系统,其动特性描述类似自动控制系统中动特性的描述。给定一个阶跃信号:$u(t) = \begin{cases} 0 & (t < 0) \\ 1 & (t \geq 0) \end{cases}$,输出为阶跃响应,如图 1.7 所示,是类似于二阶系统的阶跃响应曲线,与之相关的动态特性指标包括:

(a)上升时间 T_r:传感器输出从稳态值 y_c 的 10% 上升到 90% 所需时间;

(b)响应时间 T_s:输出值达到允许范围 $\pm \Delta\%$ 所需时间;

(c)超调量 a_1:响应曲线第一次超过稳态值 y_c 的峰高:$y_{max} - y_c$;

(d)稳态误差 e_{ss}:无限长时间后,传感器稳态值与目标值偏差。

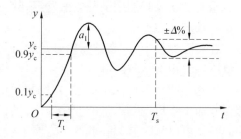

图 1.7　与阶跃响应有关的动态指标

②与频率响应有关的指标。传感器的瞬态响应是时间响应,在研究传感器的动态特性时,需要从时域中对传感器的响应进行分析,称为时域分析法。对于正弦输入信号的响应特性,称为频率响应特性。

将一阶传感器传递函数中的 s 用 $j\omega$ 代替,可以得到频率特性表达式,即

$$H(j\omega) = \frac{1}{\tau(j\omega) + 1} \tag{1.10}$$

频率响应特性指标有:

(a)频带。传感器增益保持在一定值内的频率范围为传感器频带或者通频带,对应有上下截止频率。

(b)时间常数 τ。表征一阶传感器的动态特性,τ 越小,频带越宽。

(c)固有频率 ω_n。二阶传感器的固有频率 ω_n 表征了其动态特性。

1.4 位移传感器

位移是焊接过程重要的物理量,通过检测位移,能够获得焊枪相对于坡口在横向和高度方向上的偏移量,进行闭环控制,实现焊缝跟踪。

位移检测分为线位移检测和角位移检测。根据检测的精度范围不同,可以分为检测微小位移、检测小位移以及检测大位移。

位移检测一般采用基于基本电量的电感式、电位式、电容式传感器检测,有基于应力应变的应变片式检测,同时还有光栅式、光学式、超声式等检测方法。

1.4.1 电感式传感器

目前应用比较多的位移传感器是电量传感器,包括电阻式、电容式、电感式、电涡流式。焊接或者切割中,电感式传感器一般用于调整焊枪高度。

电感式传感器也称为自感式或可变磁阻式传感器,其基本原理建立在电磁感应定律基础上,将位移转换为电感(或者互感的变化),从而将位移信号变换为电信号。在其他领域的应用中,也可以用来测量压力、流量、振动等。

图 1.8 是自感式传感器的工作原理图,由铁芯、线圈和衔铁组成。线圈套在铁芯上,铁芯与衔铁之间有一个空气隙,其厚度为 δ,传感器的运动部分与衔铁相连,运动部分产生位移时,空气隙厚度 δ 发生变化,从而改变电感值。

根据电工学的知识可知,线圈电感为

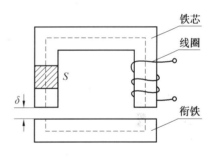

$$L = N^2 / R_m \qquad (1.11)$$

式中　N ── 线圈的匝数;

　　　R_m ── 磁路的总磁阻。

若不考虑铁损,且空气隙较小时,其总磁阻由铁芯与衔铁的总磁阻 R_c 和空气隙的磁阻 R_b 组成,即

$$R_m = R_c + R_b = l/\mu S + 2\delta/\mu_0 S_0 \qquad (1.12)$$

图 1.8　自感式传感器工作原理

式中　l ── 铁芯和衔铁的磁路总长度,m;

　　　μ ── 铁芯和衔铁的磁导率,L/m;

　　　S ── 铁芯和衔铁的横截面积,m^2;

　　　S_0 ── 空气隙的导磁横截面积,m^2;

　　　δ ── 空气隙厚度,m;

　　　μ_0 ── 空气隙的磁导率,L/m。

铁芯和衔铁一般是纯铁、镍铁合金或者硅铁合金等高导磁材料,在非饱和状态下工作,其磁导率远大于空气隙的磁导率,即 $\mu \gg \mu_0$,所以 R_c 可以忽略,因此

$$R_m = R_\delta = 2\delta/\mu_0 S_0 \qquad (1.13)$$

上式代入到式(1.12)中可得

$$L = N^2 / R_m = N^2 \mu_0 S_0 / 2\delta \qquad (1.14)$$

可知,当铁芯材料和线圈匝数确定后,电感 L 与导磁横截面 S_0 成正比,与气隙长度 δ 成反比,因此,通过改变 S_0 和 δ 即可以实现位移及电感之间的转换。

同时,由式(1.14)可知,电感式传感器可分为三种,改变空气隙厚度的自感传感器称为变间隙式电感传感器,如图1.9(a)所示;改变气隙截面积的自感传感器,称为变截面式传感器,如图1.9(b)所示;同时改变二者的自感传感器,称之为螺管式电感传感器,如图1.9(c)所示。

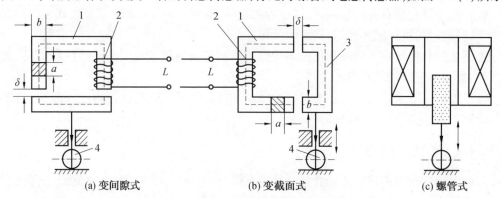

(a) 变间隙式　　　　　　　(b) 变截面式　　　　　　　(c) 螺管式

图1.9　电感式传感器

1—铁心;2—线圈;3—衔铁;4—被测件

1.4.2　电容式传感器

1. 基本原理

电容式传感器是将被测的位移量转换为电容变化量的传感器,其结构简单、体积小、分辨力高,可实现非接触测量,并能够在高温辐射、强烈振动等恶劣环境下应用,不但能够用来进行位移测量,而且可以应用于压力、液位、振动、加速度等的检测。

根据物理学的内容可知,两平行金属板组成的电容公式为

$$C = \frac{\varepsilon S}{d} \tag{1.15}$$

式中　ε——两个极板间的介电常数;

S——两个极板相对有效面积;

d——两个极板之间的距离。

改变电容C的方法有三种:改变介质的介电常数ε;改变行程电容的有效面积S;改变两个极板间距离d,从而得到电参数的输出为电容值的增量ΔC。因此电容传感器有三种类型:变极距型、变面积型、变介电常数型,其形状又分为平板型、圆柱形和球面型三种,如图1.10所示。

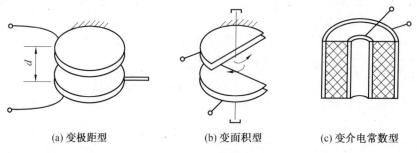

(a) 变极距型　　　　　　　(b) 变面积型　　　　　　　(c) 变介电常数型

图1.10　电容式传感器结构

2. 灵敏度和非线性

一般除了变极距型电容传感器外,其他电容式传感器的输入和输出之间都为线性关系。变面积型和变介电常数型电容式传感器具有较好的线性特性,但都是忽略了边缘效应得到的。实际上由于边缘效应引起漏电力线,导致极板间电场分布不均匀,因此存在非线性问题,且灵敏度下降。采用变极距型传感器,测量的范围不应该过大,在较大的范围内使用此传感器,会带来灵敏度下降的缺点。

与电阻式和电感式传感器相比,电容式传感器有如下优点:

(1)温度稳定性好;

(2)结构简单,适应性强;

(3)动态响应好;

(4)实现非接触测量,具有平均效应。

同时,由于其电极板间的静电引力很小,所需输入力和输入能量极小,因此可以测量极低的压力、位移和加速度等。电容式传感器灵敏度和分辨率都很高,能测量 0.01 μm 甚至更小的位移。

1.4.3　电位器式传感器

电位器式传感器主要用来测量位移,通过其他敏感元件将非电量(如力、位移、形变、速度、加速度等)的变化量,变换成与之有一定关系的电阻值的变化,通过对电阻值的测量,实现非电量测量。主要分为两种类型:电位器式电阻传感器及应变片式电阻传感器,前者主要用于非电量变化较大的测量场合,后者分为金属应变片和半导体应变片,用于测量变化量相对较小的情况,灵敏度较高。

图 1.11 为线绕电位器式传感器,图 1.11(a)为位移式,图 1.11(b)为角度式。图 1.12 为其结构原理图。

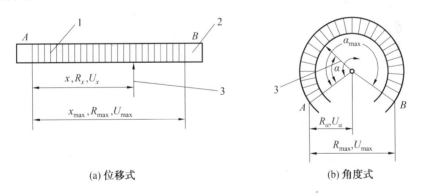

(a) 位移式　　　　　　　　　　(b) 角度式

图 1.11　线绕电位器式传感器示意图

1-电阻丝;2-骨架;3-滑臂

当电源电压 U_i 确定以后,电刷沿电阻器移动 x,输出电压 U_0 产生相应的变化,由于 $U_0 = f(x)$,因此,电位器就将输入的位移量 x 转换成相应的电压 U_0 输出。

线性位移传感器由匀质材料的导线按等节距绕制,骨架截面积处处相等。电位器单位长度上的电阻值处处相等,x_{max} 为总长度,总电阻为 R_{max},当电刷行程为 x 时,对应于电刷移动量 x 的电阻值为

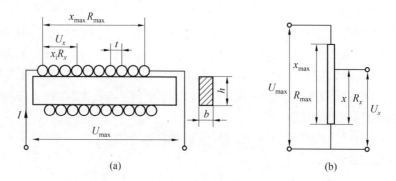

图 1.12　线绕电位器式传感器的结构原理图

$$R_x = \frac{x}{x_{max}} \times R_{max} \tag{1.16}$$

若把它作为分压器使用，U_{max} 为加在电位器 A,B 之间的电压，则输出电压为

$$U_x = \frac{R_x}{R_{max}} \times U_{max} \tag{1.17}$$

同样，对于电位器式角度传感器，电阻值与角度的对应关系为

$$R_\alpha = \frac{\alpha}{\alpha_{max}} \times R_{max} \tag{1.18}$$

触点输出电压为

$$U_\alpha = \frac{\alpha}{\alpha_{max}} \times U_{max} \tag{1.19}$$

由图 1.12 可知

$$R_{max} = 2\frac{\rho}{S}(b+h)n \tag{1.20}$$

$$x_{max} = nt \tag{1.21}$$

则电阻灵敏度和电压灵敏度分别为

$$K_R = \frac{R_{max}}{X_{max}} = \frac{2\rho(b+h)}{St} \tag{1.22}$$

$$K_u = \frac{U_{max}}{x_{max}} = \frac{2\rho(b+h)}{St} \times I \tag{1.23}$$

其中　　ρ——导线电阻率，Ω/m；

　　　　S——导线的横截面积，m^2；

　　　　n——绕线电位器总匝数；

　　　　h,b——骨架高和宽，m；

　　　　t——绕线节距，m。

由式(1.22)和式(1.23)可知，电阻灵敏度和电压灵敏度不仅与电阻率有关，还与导线横截面积 S、骨架尺寸 h 和 b、绕线节距 t 等参数有关；电压灵敏度与电流 I 的大小也有关系。

当有直线位移或角位移发生时，电位器的电阻值就会改变，外接测量电路可测出电阻变化，进而可以求得位移量。

1.4.4　应变片式传感器

应变片式传感器是应用范围最广的传感器,工作时,将电阻应变片粘贴到各种弹性敏感元件上,可以构成电阻应变式传感器,对位移、加速度、力、力矩、压力等各种物理量进行测量。

电阻应变片的工作原理是基于金属的应变效应,金属丝的电阻随着机械形变的大小而发生相应的变化,这种现象称为金属的电阻应变效应。图 1.13 为一根金属电阻丝,设其电阻值为 R,电阻率为 ρ,截面积为 S,长度为 l,则电阻值的表达式为

$$R = \rho l / S \tag{1.24}$$

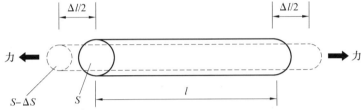

图 1.13　金属丝的应变效应

电阻丝受到应力作用,会引起 ρ、l、S 的变化,从而使电阻值 R 发生改变。如果电阻丝受到拉应力作用,它将在轴线方向伸长,设伸长量为 Δl,横截面积变化 ΔS,电阻率变化为 $\Delta \rho$,则电阻率相对的变化为

$$\frac{\Delta R}{R} = \frac{\Delta \rho}{\rho} + \frac{\Delta l}{l} - \frac{\Delta S}{S} \tag{1.25}$$

对于半径为 r 的圆导体,在弹性范围内,有 $\Delta S / S = 2 \Delta r / r = - 2 \mu t$;$\Delta l / l = \varepsilon$;$\Delta \rho / \rho = \lambda \sigma = \lambda E \varepsilon$,带入式(1.25)得

$$\frac{\Delta R}{R} = (1 + 2\mu + \lambda E)\varepsilon \tag{1.26}$$

其中　　ε—— 纵向应变,数量一般很小;

　　　　μ—— 材料的泊松比,金属的泊松比一般为 0.3 ~ 0.5;

　　　　E—— 材料的弹性模量;

　　　　λ—— 压电常数。

从式(1.26)可以看出,电阻相对变化量由几何尺寸的变化 $(1 + 2\mu)\varepsilon$ 和电阻的相对变化量 $\lambda E \varepsilon$ 决定,不同属性的导体,两项所占的比例相差很大。

通常把单位应变引起的电阻值的相对变化称为电阻丝的灵敏系数,用 K 表示,表达式为

$$K = \frac{\Delta R / R}{\varepsilon} = 1 + 2\mu + \lambda E \tag{1.27}$$

K 的大小与金属丝的材料和形状有关,大多数的电阻丝在一定的形变范围内,不管是拉伸还是压缩,其灵敏系数都保持不变,当超过一定范围才发生改变。K 越大,应变片的灵敏度越高,即单位应变引起的电阻变化越大。

1.4.5　光栅式传感器

光栅式传感器应用光栅的莫尔条纹现象进行精密测量。在圆分度和角位移测量方面,

光栅式传感器精度较高,可以实现大量程测量,兼有高分辨率,可以实现动态测量,并易于实现测量及数据处理的自动化,具有较强的抗干扰能力,近年来在精密测量领域中的应用得到了迅速发展。

1. 光栅的基本概念

光栅是指在透明玻璃上刻的大量相互平行、等宽等距的刻线。如图 1.14 所示,黑色的为不透光的刻线,宽度为 a,白色为透光的刻线,宽为 b,一般 $a = b$,$a + b$ 为光栅栅距。

光栅按照用途分为长光栅和圆光栅两类。长光栅也称为光栅尺,用于测量长度或者位移。刻在玻璃盘上的光栅称为圆光栅,也称为光栅盘,用来测量角度或者角位移。光栅栅距是光栅的重要参数,对于圆形光栅,除了光栅栅距,还有光栅角参数。

2. 光栅传感器原理

以黑白透射光栅为例,介绍光栅式传感器的工作原理。

黑白透射光栅传感器由光源、聚光镜、主光栅、指示光栅和光电元件组成,如图 1.15 所示,主光栅比指示光栅长得多,而主光栅和指示光栅的距离 d 可根据光栅的栅距来选择。

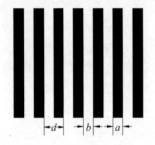

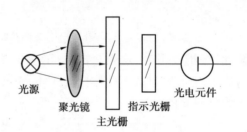

图 1.14　黑白型长光栅　　　　　图 1.15　黑白透射光栅传感器的组成

主光栅是光栅测量装置中主要部件,它决定了整个装置的测量精度。光源(白炽灯普通光源和砷化镓固态光源)和聚光镜组成照明系统,聚光镜使光线平行投向光栅。光电元件主要有光电池和光敏晶体管,把光栅形成的莫尔条纹的明暗强弱变化转换为电量输出。

光栅传感器是利用光栅的莫尔条纹现象进行测量。如图 1.16 所示,指示光栅和主光栅相交一个微小的角度,由于光的衍射和挡光效应,在光栅线纹大致垂直的方向上,即两刻线交角的平分线处,产生明暗相间的条纹。刻线重合处,光透过形成亮带;线纹错开处,挡光形成黑带,这种由光栅重叠形式的光学图案称为莫尔条纹。W_1 为主光栅的光栅常数,W_2 为指

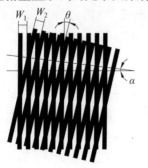

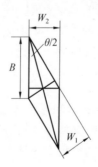

(a) 莫尔条纹　　　　　　　　　　(b) 横向莫尔条纹的距离

图 1.16　莫尔条纹

示光栅的光栅常数,二者交角为 θ,B 称为莫尔条纹的间距。

3. 光栅的信号输出

主光栅每移动一个栅距,莫尔条纹就变化一个周期,通过光电转换元件,莫尔条纹的变化可以看成近似的正弦波形电信号,暗条纹对应于电压小的电信号,明条纹对应于电压大的电信号。总的电信号可以看作直流分量和交流分量的叠加,设栅距为 W,主光栅和指示光栅的瞬时移动距离为 x,U_0 为电压的直流分量,U_m 为电压的交流分量,则总的输出电压 U 为

$$U = U_0 + U_m \sin\left(\frac{x}{W} 360°\right) \tag{1.28}$$

由式(1.28)可知,瞬时位移的大小通过输出电压的大小来反映,若 x 从 0 变化到 W,则电压角度变化了 360°。对于给定的光栅,如 50 线/mm 的光栅,通过计数器记录移动的条数 a,则可算出移动的相对距离为 $x = a/50$。

图 1.17 为辨向环节的逻辑电路框图。首先,由于光栅传感器只产生一个正弦信号使 x 的移动方向无法判断,所以为了辨别方向,一般要在间隔 1/4 个莫尔条纹间距 B 的地方设置两个光电元件。正向运动时,光敏元件 2 先感光,这时与门 Y_1 输出使加减控制触发器置 1,可逆计数器的加减控制线为高电位。同时 Y_1 的输出脉冲又经或门送到可逆计数器的计数输入端,计数器进行加法计数。反向运动时,光敏元件 1 先感光,计数器进行减法计数,这样就可以区别旋转方向。

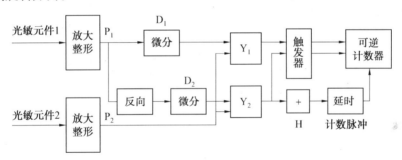

图 1.17　辨向环节的逻辑电路框图

1.4.6　超声波传感器

超声波传感器是利用不同介质的不同声学特性对超声波传播的影响来检测物体和进行测量,广泛应用在位置检测、厚度检测和金属探伤等方面。

1. 超声波传感器的原理

超声波是一种机械振动波,是机械振动在介质中的传播过程。人耳能听到的声波为 20~20 000 Hz,频率超过 20 000 Hz,人耳不能够听到的声波称为超声波,与光学的某些特性如反射、折射定律相似。

由于声源在介质中施力方向与波在介质中传播方向不同,声波的波形也不同。一般分为以下几类:

(1)纵波。质点振动方向与传播方向一致的波,称为纵波。能在固体、液体和气体中传播。

(2)横波。质点振动方向与传播方向相垂直的波,称为横波。只能在固体中传播。

（3）表面波。质点的振动介于纵波和横波之间,沿着表面传播,振幅随着深度的增加而迅速地衰减,称为表面波。只在固体的表面传播。

和其他声波一样,超声波的传播速度也受到传播介质的影响。一方面,介质的种类不同,超声波的传播速度就不同,如在常温下超声波在水中传播速度约为 1 440 m/s,而在空气中的传播速度约为 334 m/s;另一方面,介质的状态也会影响超声波的传播速度,对于空气来说,温度是最重要的影响因素,公式为

$$v = 20.067\sqrt{T} \tag{1.29}$$

当声波从一种介质传播到另一种介质时,由于两种介质的密度不同,所以声波在这两种介质中的传播速度也不同,且在分界面上声波会发生反射和折射现象。当超声波从液体或固体垂直入射到气体时,反射系数接近 1,几乎全部被反射。超声波测位移就是利用这种超声波的特性。

声波在介质中传播时会被吸收而衰减,气体吸收最强而衰减最大,液体其次,固体吸收最小而衰减最小,因此对于一给定强度的声波,在气体中传播的距离会明显比在液体和固体中传播的距离短。另外声波在介质中传播时衰减的程度还与声波的频率有关,频率越高,声波的衰减也越大,因此超声波比其他声波在传播时的衰减更明显。

衰减的大小用衰减系数 α 表示,其单位为 dB/cm,通常用 10^{-3} dB/cm 表示。在一般探测频率上,材料的衰减系数为一到几百之间,如水及其他衰减材料的 α 为 $(1 \sim 4) \times 10^{3}$ dB/cm。假如为 1 dB/cm,则声波穿透 1 mm 距离时,衰减为 10%;穿透 20 mm 距离时,衰减为 90%。

2. 超声波传感器

超声波传感器是能够对检测对象发射超声,并能够接收回超声波,转换成电信号的装置。通常,发射超声和接收超声部分称为超声换能器,也称为超声探头。

超声换能器根据其工作原理,有压电式、磁滞伸缩式和电磁式等多种,在检测技术中主要是采用压电式。换能器由于其结构不同,可分为直探头式、斜探头式和双探头式等多种。图 1.18 就是直探头式换能器的结构图。

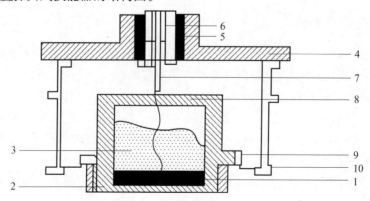

图 1.18　直探头式换能器结构

1—压电片;2—保护膜;3—吸收块;4—盖;5—绝缘柱;6—换能片;7—导线螺杆;

8—接线片;9—压电片座;10—外壳

超声波式位置传感器分为定点式物位计和连续式物位计两大类。

（1）定点式物位计可判断被测物体位置是否达到预定高度，进而输出相应的开关信号。可用来测量液位、固-液分界面、液-液分界面及检测液体的有无。

（2）连续式物位计采用回波测距法（声呐法）连续测量液位、固体料位、液-液分界面位置等。

1.5　温度传感器

温度是表征物体冷热程度的物理量。焊接属于热加工工艺，因此焊接过程中需要检测焊接工件温度、电弧温度，进行焊接过程分析和质量控制。检测温度的传感器和热敏感元件很多，主要有热电阻式、热电偶、光纤测温以及红外辐射测温等，其中在焊接中最常用的是热电偶测温。

温度检测方法一般分为两大类：接触测量法和非接触测量法。接触测量法是测温敏感元件直接与被测介质接触，使被测介质与测温敏感元件进行充分热交换。非接触测量法是通过辐射或对流实现热交换。

常用的温度传感及检测方法分类如表 1.3 所示。

表 1.3　常用测温方法、类型及特点

测温方式	温度计或传感器类型			测量范围/℃	精度/%	特点
接触式	热膨胀式	水银		−50~650	0.1~1	简单方便，易损坏（水银污染）
		双金属		0~300	0.1~1	结构紧凑，牢固可靠
		压力	液体	−30~600	1	耐震，坚固，价格低廉
			气体	−20~650		
	热电偶	铂锗-铂		0~1 600	0.2~0.5	种类多，适应性强，结构简单，经济方便，应用广泛。需要注意寄生热电势及动圈式仪表热电阻对测量结果的影响
		其他		−200~1 100	0.4~1.0	
	热电阻	铂		−260~600	0.1~0.3	精度及灵敏度均较好，需注意环境温度的影响
		镍		−500~300	0.2~0.5	
		铜		0~180	0.1~0.3	
		热敏电阻		−50~350	0.3~0.5	体积小，响应快，灵敏度高，线性差，需注意环境温度的影响

续表 1.3

测温方式	温度计或传感器类型	测量范围/℃	精度/%	特点
非接触式	辐射温度计 光高温计	800 ~ 3 500 700 ~ 3 000	1 1	非接触测温,不干扰被测温度场。辐射率影响小,应用简便
	热探测器 热敏电阻探测器 光子探测器	200 ~ 2 000 −50 ~ 3 200 0 ~ 3 500	1 1 1	非接触式测温,不干扰被测温度场,响应快,测温范围大,适于测温度分布,易受外界干扰,标定困难
其他	示温涂料 碘化银,二碘化汞,氯化铁,液晶等	−35 ~ 2 000	<1	测温范围大,经济方便,特别适于大面积连续运转零件上的测温,精度低,人为误差大

1.5.1 热电阻式温度传感器

热电阻式温度传感器是利用导体或者半导体的电阻率随温度变化的原理,将温度变化转换成电阻变化来实现检测的。按照制造材料分为金属(铂、铜、镍)热电阻、半导体热电阻(热敏电阻)。

1. 金属热电阻式温度传感器

金属热电阻主要包括铂电阻、铜电阻和镍电阻等,其中铂电阻和铜电阻最为常见。铂属于贵金属,是制造基准热电阻、标准热电阻和工业用热电阻的最好材料。铂电阻温度计的使用范围是−200 ~ 850 ℃。铂热电阻和温度的关系如下:

在−200 ~ 0 ℃的范围内

$$R_t = R_0 \left[1 + At + Bt^2 + C(t - 100 \text{ ℃}) t^3 \right] \tag{1.30}$$

式中　R_t——温度为 t 时的阻值;

　　　R_0——温度为 0 ℃ 时的阻值;

　　　A、B、C——常数,分别为 $3.908\ 02 \times 10^{-3} \text{℃}^{-1}$, $-5.802 \times 10^{-7} \text{℃}^{-2}$, $-4.273\ 50 \times 10^{-12} \text{℃}^{-4}$。

金属热电阻主要由电阻体、绝缘套管和接线盒等组成,其中电阻体的主要组成部分为电阻丝、引出线、骨架等。图 1.19 为热电阻的结构图。

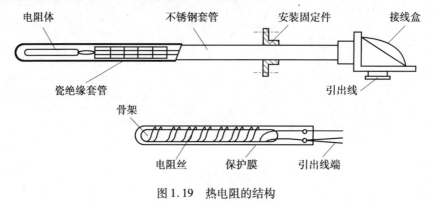

图 1.19　热电阻的结构

金属热电阻式温度传感器的测量电路常用电桥电路,为了减小或消除引出线电阻的影响,热电阻引出线的连接方式经常采用三线制和四线制。

2. 半导体热电阻式温度传感器

半导体热电阻也称热敏电阻,利用半导体材料的电阻率随温度变化而变化的性质制成,常用的半导体材料包括铁、镍、锰、钴、钼、钛、镁、铜的氧化物或者化合物。

热敏电阻的主要特性包括温度特性和伏安特性。热敏电阻就是利用其温度特性进行测量温度,按其性能可分为负温度系数 NTC 型热敏电阻、正温度系数 PTC 型热敏电阻和临界温度 CTR 型热敏电阻三种,它们分别有不同的温度特性。把静态情况下热敏电阻上的端电压与通过热敏电阻的电流之间的关系称为伏安特性,一般来说,热敏电阻只有在小电流的情况下电流与电压的关系符合欧姆定律,所以测温时电流不能选得过大。

热敏电阻的主要参数有:标称电阻值 R_H,耗散系数 H,电阻温度系数 α,热容 C,时间常数 τ,额定功率 P。热敏电阻的主要参数不仅是设计的主要依据,同时对热敏电阻的正确使用也有很强的指导意义。

1.5.2　热电偶式温度传感器

热电偶式温度传感器是目前应用最广泛的温度传感器,基于热电效应原理,测量温度的范围宽,从 $-271 \sim 2\ 800\ ℃$,性能稳定、准确可靠,信号可以远传和记录。

按照热电偶的材料可分为廉金属、贵金属、难熔金属、非金属等四类;按照用途分为普通工业应用和专业用途。

1. 热电偶的测温原理

如图 1.20 所示,在两种不同的导体或者半导体 A 和 B 组成的闭合回路中,如果两点的温度不同,则在回路中产生一个电动势,通常这种电动势为热电势,这种现象就是热电效应,热电偶就是基于热电效应进行工作的。两种不同导体组成的闭合回路称为热电偶,导体 A 或者 B 称为热电偶的热电极或热偶丝,热电偶的两个节点分别是测量端和工作端。

热电偶的电势由接触电势和温差电势组成。

（1）接触电势

接触电势就是由于两种不同导体的自由电子密度不同而在接触处形成的电动势。如图 1.21 所示,在两种不同导体 A、B 接触时,若

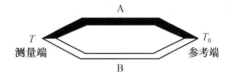

图 1.20　热电偶

$N_A > N_B$,由于材料不同,两者有不同的电子密度,则在单位时间内,从导体 A 扩散到导体 B 的自由电子数比相反方向的多,即自由电子主要从导体 A 扩散到导体 B,这时 A 导体因失去电子而带正电,B 导体因得到电子而带负电。因此,在接触面上形成了自 A 到 B 的内部静电场,产生电位差,即接触电势。在一定温度下接触电势最终会稳定在某个值,设 e 为单位电荷,k 为玻耳兹曼常数,$N_A(T)$ 和 $N_B(T)$ 分别为材料 A 和 B 在温度 T 下的自由电子密度,其电势的表达式为

$$E_{AB}(T) = \frac{kT}{e} \ln \frac{N_A(T)}{N_B(T)} \tag{1.31}$$

由式（1.31）可知,接触电势的大小与温度高低及导体中的电子密度有关,温度越高,接

触电势越大;两种导体电子密度的比值越大,接触电势也越大。

（2）温差电势

温差电势是在同一导体的两端因其温度不同而产生的一种热电势。如图 1.22 所示,设导体两端的温度分别为 T 和 $T_0(T > T_0)$,由于高温端(T)的电子能量比低温端(T_0)的电子能量大,因而从高温端跑到低温端的电子数比从低温端跑到高温端的电子数要多,结果高温端失去电子而带正电荷,低温端得到电子而带负电荷,从而形成了一个从高温端指向低温端的静电场。此时,在导体的两端就产生一个相应的电势差,这就是温差电势。

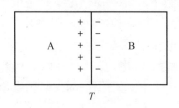 

图 1.21　接触电势　　　　　　　　图 1.22　温差电势

2. 热电偶的结构

以普通热电偶为例介绍热电偶的结构。普通型热电偶用于测量气体、蒸气、液体等的温度。由于使用条件基本相似,所以这类热电偶已做成标准型,其组成部分基本相同,通常都是由热电极、绝缘管、保护套管和接线盒等部分组成。普通工业热电偶的结构如图 1.23 所示。

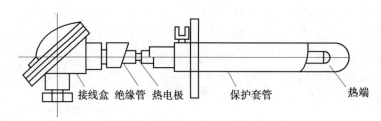

图 1.23　普通工业热电偶的结构

（1）热电极

热电偶常以热电极材料种类来命名,其直径大小是由价格、机械强度、电导率以及热电偶的用途和测量范围等因素决定的;其长度由使用、安装条件,特别是工作端在被测介质中插入深度来决定的。

（2）绝缘管

用来防止两根热电极短路,其材料的选用要根据使用的温度范围和对绝缘性能的要求而定,常用的是氧化铝和耐火陶瓷。一般制成圆形,中间有孔,使用时根据热电极的长度,可多个串起来使用。

（3）保护套管

其作用是使热电极与被测介质隔离,并使其免受化学侵蚀或机械损伤,热电极套上绝缘管后再装入套管内。

（4）接线盒

接线盒供热电偶与补偿导线连接用。接线盒固定在热电偶保护套管上，一般用铝合金制成，分普通式和防溅式（密封式）两类。为防止灰尘、水分及有害气体侵入保护套管内，接线端子上注明热电极的正、负极性。

3. 热电偶的温度补偿

热电偶热电势的大小不仅与测量端的温度有关，而且与冷端的温度有关。为了保证输出电势是被测温度的单值函数，就必须使一个结点的温度保持恒定，而使用的热电偶分度表中的热电势值，都是在冷端温度为 0 ℃ 时给出的。但在工业使用时，要使冷端的温度保持为 0 ℃ 是比较困难的，通常采用一些温度补偿的方法，主要有补偿导线法、计算法、补偿电桥法、冰浴法、软件处理法。

（1）补偿导线法

为了节约材料，通常热电偶做得比较短，这样热电偶的冷端离被测对象很近，使冷端温度较高且波动较大，可以用一种导线（称补偿导线）将热电偶的冷端伸出来，这种导线采用在一定温度范围内（0 ~ 100 ℃）具有与热电偶相同的热电性能，这种方法便是补偿导线法。图 1.24 是补偿导线法的示意图。

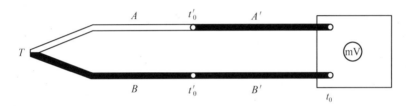

图 1.24　补偿导线法在测温回路中的连接

（2）计算法

当热电偶冷端温度不是 0 ℃，而是 t_0 时，根据热电偶中间温度定律，可得热电势的计算校正公式

$$E(t,0) = E(t,t_0) + E(t_0,0) \tag{1.32}$$

式中　$E(t,0)$——冷端为 0 ℃，而热端为 t 时的热电势；

$E(t,t_0)$——冷端为 t_0，而热端为 t 时的热电势，即实测值；

$E(t_0,0)$——冷端为 0 ℃，而热端为 t_0 时的热电势，即冷端温度不为 0 时热电势校正值。

（3）补偿电桥法

补偿电桥法是利用不平衡电桥产生的电势，补偿热电偶因冷端温度变化而引起的热电势变化值。如图 1.25 所示，不平衡电桥（即补偿电桥）串接在热电偶测量回路中，热电偶冷端与电阻 R_{Cu} 感受相同的温度，通常取 20 ℃ 时的电桥平衡，此时对角线 a、b 两点电位相等，即 $U_{ab} = 0$，电桥对仪表的度数无影响。当环境温度高于 20 ℃ 时，R_{Cu} 增加，平衡被破坏，a 点电位高于 b 点，产生一不平衡电压 U_{ab}，与热端电势相叠加，一起送入测量仪表。适当选择桥臂电阻和电流的数值，可使电桥产生的不平衡电压 U_{ab}，正好补偿由于冷端温度变化而引起的热电势变化值，仪表即可指示出正确的温度，由于电桥是在 20 ℃ 时平衡，所以采用这种补偿电桥须把仪表的机械零位调整到 20 ℃。

（4）冰浴法

冰浴法是在实验中经常采用的一种方法，为了测温准确，把热电偶的冷端置于冰水混合物的容器里，保证使 $t_0 = 0$ ℃。

（5）软件处理法

通过计算机软件进行热电偶冷端处理。例如冷端温度恒定，但不为零的情况下，只要在采样后加一个与冷端温度对应的常数即可。对于 t_0 经常波动的情况，可利用热敏电阻或其他传感器把 t_0 输入计算机，按照运算公式设计一些程序，便能自动修正。

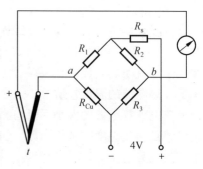

图 1.25 补偿电桥法

4. 常用热电偶传感器

常用热电偶分为标准热电偶和非标准热电偶两大类，标准热电偶是指国家标准规定了其热电势与温度的关系、允许误差，并有统一的标准分度表的热电偶。表 1.4 给出了经常使用的标准化热电偶的种类。

表 1.4　标准化热电偶

热电偶名称	分度号	测温范围/℃		特点及应用场合
		长期使用	短期使用	
铂铑 10-铂	S	0 ~ 1 300	1 700	热电特性稳定,抗氧化性强,测量精确度高,热电势小,线性差,价格高,可作为基准热电偶,用于精密测量
铂铑 13-铂	R	0 ~ 1 300	1 700	与 S 型性能几乎相同,只是热电势同比大 15%
铂铑 30-铂铑 6	B	0 ~ 1 600	1 800	测量上限高,稳定性好,在冷端温度低于 100 ℃。不用考虑温度补偿问题,热电势小,线性较差,价格高,使用寿命远高于 S 型和 R 型
镍铬-镍硅	K	−270 ~ 1 000	1 300	热电势大,线性好,性能稳定,用于中高温测量
镍铬硅-镍硅	N	−270 ~ 1 200	1 300	高温稳定性及使用寿命较 K 型有成倍提高,价格远低于 S 型,而性能相近,在−200 ~ 1 300 ℃范围内,有全面代替廉价金属热电偶和部分 S 型热电偶的趋势
铜-铜镍（康铜）	T	−270 ~ 350	400	准确度高,价格低,广泛用于低温测量
镍铬-铜镍	E	−270 ~ 870	1 000	热电势较大,中低温稳定性好,耐腐蚀,价格便宜,广泛用于中低温测量
铁-铜镍	J	−210 ~ 750	1 200	价格便宜,耐 H_2 和 CO_2 气体腐蚀,在含炭或铁的条件下使用也很稳定,适用于化工生产过程的温度测量

1.5.3　光纤温度传感器

光导纤维简称光纤,具有不受电磁干扰、绝缘性好、安全防爆、损耗低、传输频带宽、容量大、直径细、质量轻、可绕曲和耐腐蚀等优点。经特殊设计、制造及处理的特殊光纤,其一些参数可随外界某些因素而变化,具有敏感元件的功能,这样光纤的应用又开拓了一个新的领域——光纤传感器。

1. 光纤结构

玻璃光纤是目前最多采用的光纤,其结构如图 1.26 所示,它由导光的纤芯及其周围的包层组成,包层的外面常有塑料或橡胶等保护套。包层的折射率 n_2 略小于纤芯折射率 n_1,它们的相对折射率差为

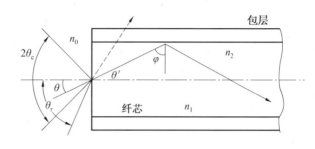

图 1.26　基本光纤结构示意图

$$\Delta = 1 - \frac{n_2}{n_1} \qquad (1.33)$$

通常 Δ 为 0.005 ~ 0.14,这样的结构可以保证入射到光纤内的光波集中在纤芯内传播。

2. 光纤传感器工作原理

光纤工作的基础是光的全反射,当光线射入一个端面并与圆柱的轴线成 θ 角时,根据折射定律,光纤内折射成角 θ',然后以 φ 角入射至纤芯与包层的界面。当 φ 角大于纤芯与包层间的临界角 φ_c 时,有

$$\varphi \geqslant \varphi_c = \arcsin \frac{n_2}{n_1} \qquad (1.34)$$

入射光线在光纤的界面上产生全反射,并在光纤内部以同样角度多次反复逐次反射,直至传播到另一端面。工作时需要光纤弯曲,只要满足全反射定律,光线仍继续前进,可见光线“转弯”实际上是由很多直线的全反射所组成。

当端面的入射光满足全反射条件时入射角 θ 为

$$n_0\sin \theta = n_1\sin \theta' = n_1\sin(\frac{\pi}{2} - \varphi_c) = n_1\cos\varphi_c \qquad (1.35)$$

设 n_0 为光纤所处环境的折射率,由式(1.35)可得

$$n_0\sin \theta_c = n_1(1 - \frac{n_2^2}{n_1^2})^{\frac{1}{2}} = (n_1^2 - n_2^2)^{\frac{1}{2}} \qquad (1.36)$$

称 $n_0\sin \theta_c$ 为光纤的数值孔径,用 NA 表示,有时也用光锥角表示。NA 是光纤的一个重要参数,它表示光纤接收和传输光的能力,传感器使用的光纤希望 NA 值大些,有利于提高耦合效率,满足全反射条件时,界面的损耗很小,反射率可达 0.999 5。

3. 光纤温度传感器分类

按其工作原理不同,光纤温度传感器可分为功能型和非功能型。

(1)功能型

功能型也称物性型传感器,光纤在这类传感器中不仅作为光传播的波导,而且具有测量的功能。它是利用光纤某参数随温度变化的特性作为传感器的主体,即将其作为敏感元件进行测温。

图1.27为三种功能型光纤温度传感器原理图。图1.27(a)为利用光的振幅变化的传感器,当光纤芯径与折射率随周围温度变化,就会因线路不均匀的形成而使传输光散射到光纤外,从而光的振幅发生变化。这种传感器结构简单,但灵敏度较差。图1.27(b)是利用光的偏振面旋转的传感器,这种传感器灵敏度高,但抗干扰能力较差。图1.27(c)和图1.27(d)是利用光的相位变化的光纤温度传感器,其原理如下:收到的相位发生变化的光与参考光相干涉以形成移动的干涉条,相位变化到满足谐振条件时,输出光出现峰值。

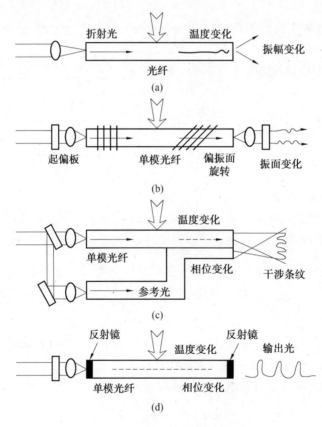

图1.27　功能型光纤温度传感器

(2)非功能型

非功能型也称结构型或传光型,光纤在这类传感器中只是做传光的媒质,还需要加上其他敏感元件才能构成传感器。它的结构比较简单,并能充分利用光电元件和光纤本身的特点,因此被广泛应用。

图1.28是非功能型光纤温度传感器原理图,图1.29是一个光纤端面上配置液晶芯片的光纤温度传感器,将三种液晶以适当的比例混合,在10～45 ℃时,颜色从绿到红,这种传感器之所以能用来检测温度,是因为利用了光的反射系数随颜色而变化的原理。传输光纤

中光纤的光通量要比较大,所以通常采用多模光纤,系统中照射部分和反射部分各用3根多模光纤,精度为0.1 ℃。

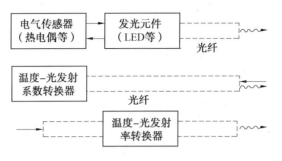

图1.28　非功能型光纤温度传感器

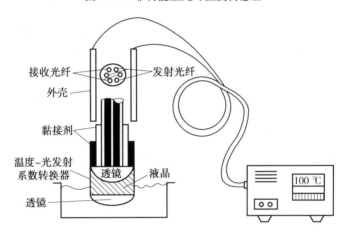

图1.29　利用液晶的光纤温度传感器

1.5.4　红外温度传感器

1. 红外辐射测温原理

红外线在电磁波谱中位于可见光与微波之间,是一种不可见光,其波长为0.7 ~ 1 000 μm。与所有电磁波一样,红外线也具有反射、折射、散射、干涉、吸收等性质。由于散射作用和介质的吸收,红外线在介质中传播时会产生衰减。红外辐射的物理本质是热辐射,红外辐射的强度及波长与物体的温度和辐射率有关。

红外传感器是一种能将红外辐射能转换为电能的装置,按照工作原理,红外传感器可分为热传感器和光子传感器两大类,其原理分别是热电效应和光子效应。

红外传感器一般由光学系统、敏感元件、前置放大器和信号调制器组成。根据光学系统结构不同,红外辐射传感器可分为反射式和透射式两种。图1.30为反射式红外温度传感器的示意图。

热释电元件基于物理的热效应,首先将光辐射能变成材料自身的温度。利用器件温度敏感特性将温度变化成电信号,包括了光—热—电,两次信号变换过程:光—热阶段,物质吸收光能,温度升高;热—电阶段,将热效应转化成电信号。

当红外辐射照射到已经极化的铁电体表面时,薄片温度 T 升高,使极化强度 P 降低,表

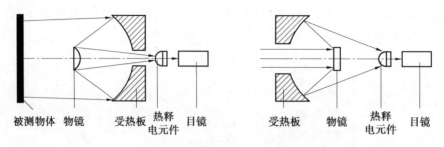

图 1.30　反射式红外温度传感器

面电荷 Q 减少,释放部分电荷,所以称为热释电。随着时间的流逝,极化产生的电荷会被富集在表面的自由电荷慢慢中和,最后不显电性。中和的平均时间为

$$\tau = \frac{\varepsilon}{\sigma} \tag{1.37}$$

式中　　ε——元件的介电常数;

　　　　σ——元件的电导率。

为使电荷不被中和掉,必须使晶体处于冷热交替变化的工作状态,使电荷表现出来。为此,热释电传感器应用时需要用光调制器,调制器的入射频率 f 必须大于中和频率

$$f > \frac{1}{\tau} \tag{1.38}$$

热释电元件可视为电流源,当热释电元件温度产生变化时,产生的电流为

$$I = S\frac{dP}{dt} = S \cdot g\frac{dT}{dt} \tag{1.39}$$

式中　　S——元件面积;

　　　　P——极化强度;

　　　　g——热释电系数。

如果元件的等效阻抗为 Z,则产生的输出电压为

$$U_0 = S\frac{dP}{dt}Z \tag{1.40}$$

由于热释电元件绝缘电阻很高,几十至几百万兆欧,使用时要求有较高的输入电阻。为此,通常热释电传感器已经将前极的场效应管 FET 和输入电阻安装在管壳中,起到阻抗变换的作用。

2. 红外温度传感器

常见的红外温度传感器包括红外测温仪、红外热像仪、红外无损探伤仪。红外热像仪是将人眼看不到的红外辐射转换成可视图像和照片,以反映被测物体表面或表面层的温度分布。焊接过程伴随着热量的持续,采用红外热像传感能够获取焊接工件的温度,可以用于焊缝跟踪和焊缝成形控制。

红外热像仪的基本结构由光学系统和显示系统两大部分组成,其原理如图 1.31 所示,实物和测量效果如图 1.32 所示。光学系统将物体辐射发射出的红外线收集起来。经过滤波处理后,将景物热图形聚焦在探测器上,而探测器位于光学系统的焦平面上。光学-机械扫描装置包括两个扫描组,一个用于垂直扫描,一个用于水平扫描。扫描器位于光学系统和探测器之间,由同步信号控制来实现扫描的运转,扫描镜摆动达到对景物进行逐点扫描的目

的,从而收集到物体温度的空间分布情况。由探测器将光学系统逐点扫描依次搜集到的景物温度空间分布信息,转换为时序排列的电信号,经过信号处理后,由显示器显示出可视的温度分布图像。

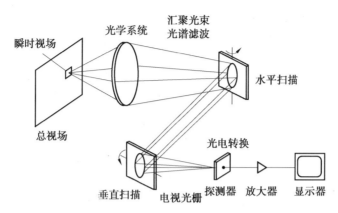

图 1.31　红外热像仪的测温原理图

图 1.32　红外热像仪实物和测量效果

1.6　视觉传感器

人们获取外界信息 80% 来自视觉,由人眼-大脑中的视觉中枢组成了视觉系统,人眼最大限度地获取环境信息,并传入大脑,大脑根据知识或经验,对信息进行加工、推理,实现对目标的识别、理解,包括环境组成,物体类别,物体间的相对位置、形状、大小、颜色、纹理、运动还是静止等。

视觉传感器就是将被测量转换成光学量,再通过光电元件将光学量转换成电信号的装置,视觉传感的检测一般通过光电效应。视觉传感器属于无损伤、非接触测量器件,具有体积小、质量轻、响应快、灵敏度高、功耗低、便于集成、可靠性高、适于批量生产等优点,广泛用于自动控制、机器人、航空航天、家电、工农业生产等领域。视觉传感器以及视觉检测成为当今科学技术研究领域的一个重要发展方向。

焊接过程的视觉信息主要包括:接头形式、坡口形貌、电弧形态、熔滴过渡、熔池三维形貌、温度分布、焊缝空间位置、焊缝成形、气孔裂纹等缺陷位置尺寸、熔透情况等。焊接信息按照检测对象的几何特征可以分为点特征、线特征、面特征和体特征四种类型。根据光源不同分为可见光图像、红外图像和 X 光图像。在实际的焊接自动化、智能化应用中,根据焊接特征的不同,选择不同的视觉传感器件或者视觉传感设备,采用不同的图像信号处理方法提取焊接特征信息,表1.5给出了几种主要几何特征的视觉传感方式。

表1.5　主要焊接几何特征的视觉传感器

几何特征	照射光源(器件)	视觉传感器件(设备)	视觉传感基本原理	对应的焊接信息
点	卤钨灯、红外发光二极管、激光管、可见光等	光电管、光电倍增管、光敏电阻、光电池、PSD等	三角测距	焊炬高度,焊缝位置等
线	卤钨灯、红外发光二极管、激光管、可见光等	光电管阵列、线阵CCD、线阵PSD等	三角测距	焊炬高度、接头尺寸、焊缝坡口特征、焊缝位置等
面	可见光、红外线、紫外线、X光等	面阵CCD、X光成像设备、线阵传感装置等	边缘检测图像分割	焊缝位置、熔池形状、熔深、缺陷位置与几何尺寸等
体	可见光	两个面阵CCD摄像机	双目视觉	焊缝空间位置、三维形貌等

1.6.1　光电管

1. 光电效应

光电效应指在光的照射下,材料中的电子逸出表面的现象。光电管及光电倍增管均属这一类。根据爱因斯坦的假设:一个光子的能量只能给一个电子。因此,如果一个电子要从物体中逸出表面,必须使光子能量 E 大于表面逸出功 A_0,这时逸出表面的电子具有动能,即

$$E_k = \frac{1}{2}mv^2 = hf - A_0 \tag{1.41}$$

式中　　m——电子质量;

　　　　v——电子逸出的初速度;

　　　　h——普朗克常数;

　　　　f——入射光频率。

该式又称为光电效应方程。

2. 光电管

光电管工作原理基于光电效应,光电管种类很多,图1.33为典型结构,在真空玻璃管内装入两个电极——光阴极与光阳极。光阴极可以做成多种形式,最简单的是在玻璃泡内涂以阴极涂料,即可作为阴极,或者在玻璃泡内装入柱形金属板,在此金属板内壁上涂有阴极涂料组成阴极。阳极为置于光电管中心的环形金属丝或者是置于柱面中心轴位置上的柱形金属丝。

光电管分为真空型和充气型,真空光电管内部抽成真空,充气光电管内部充有低压惰性气体。真空光电管的光电阴极受光照而发射光电子,在电场的作用下,光电子向阳极加速运动,由高电位的阳极接收,在回路内产生光电流。光电流数值的大小主要取决于阴极的灵敏度与照射光强等因素。充气光电管的阴极受光照产生光电发射后,光电子在电场作用下向阳极运动的过程中与气体原子碰撞而发生电离现象,在电离过程中产生新的电子与光电子

一起被阳极接收,正离子向反方向运动被阴极接收。因此,在回路内形成经过电离放大的光电流,一般比真空光电管的光电流大几倍。

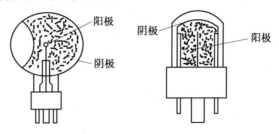

图 1.33　光电管结构图

1.6.2　光敏半导体器件

大多数的半导体二极管和三极管都是对光敏感的,因此,常规的二极管和三极管都用金属壳密封起来,以防光照,而光敏二极管和光敏三极管则必须使 PN 结受到最大的光照射。下面以光敏二极管为例介绍光敏半导体器件。

光敏二极管是利用 PN 结单向导电性的结构光电器件,要求 PN 结能受到最大的光照射,如图 1.34 所示,PN 结在电路中处于反向偏置状态,没有光照时,由于二极管偏置,所以反向电流很小,这时的电流称为暗电流。当光照射在二极管的 PN 结上时,在 PN 结附近产生电子-空穴对,并在外电场的作用下,漂移超过 PN 结,产生光电流。入射光的照度增强,产生的电子-空穴对的数量也随之增加,光电流也相应增大,光电流与光照度成正比。

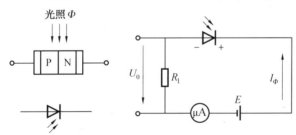

图 1.34　光敏二极管

1.6.3　光电位置传感器

光电位置传感器是一种对入射到光敏面上的亮点位置敏感的光电器件,又称为 PSD (Position Sensitive Detector),其输出信号与光点在光敏面上的位置有关。光电位置传感器的实物如图 1.35(a)所示,在激光束对准、位移和震动测量、平面度检测、二维坐标检测系统中有广泛应用。PSD 有以下特点:

(1)对光斑的形状无严格要求,输出信号与光的聚焦无关,只与光的能量中心位置有关,这给测量带来很多方便。

(2)光敏面上无须分割,消除了死区,可连续测量光斑位置,位置分辨率高,一维 PSD 可达 0.2 μm。

(3)可同时检测位置和光强,PSD 器件输出的总光电流与入射光强有关,而各信号电极输出光电流之和等于总电流,所以由总光电流可求得相应的入射光强。

图 1.35(b)为 PIN 型 PSD 的断面结构示意图,为三层组成,上面为 P 层,下面为 N 层,中间位 I 层,它们被制作在同一硅片上,P 层不仅作为光敏层,而且还是一个均匀的电阻层。当入射光照射到 PSD 的光敏层时,在入射位置就产生了与光强成比例的电荷,此电荷作为光电流通过电阻层(P 层)由电极输出。由于 P 层的电阻是均匀的,所以由电极 1 和电极 2 输出的电流分别与光点到各电极的距离(电阻值)成反比。设电极 1 和电极 2 距离光敏面中心点的距离均为 L,输出的光电流分别为 I_1 和 I_2,电极 3 上的电流为总电流 I_3,则若以 PSD 的中心点位置作为原点,光点离中心点的距离为 x_A,并且电极 3 处于中心点位置,位置表达式为

$$I_1 = \frac{L - x_A}{2L} I_3$$

$$I_2 = \frac{L + x_A}{2L} I_3$$

$$x_A = \frac{I_2 - I_1}{I_2 + I_1} L \tag{1.42}$$

利用上式可确定光斑能量中心相对于器件中心的位置 x_A,它仅与 I_1、I_2 电流的差值和总电流 I_3 之间的比值有关,而与总电流无关(即与入射光能的大小无关)。

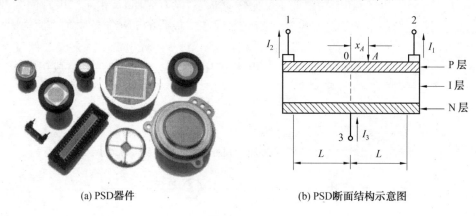

(a) PSD 器件   (b) PSD 断面结构示意图

图 1.35   PSD

1.6.4   电荷耦合器件

电荷耦合器件简称为 CCD(Charge-Coupled Device),又称 CCD 图像传感器。CCD 是 1969 年美国贝尔实验室发明的,是在 MOS 集成电路技术基础上发展起来的新型半导体传感器,它能够将光学影像转化为数字信号输出,广泛应用于航天、遥感、天文、通信等各个领域。CCD 有以下特点:

(1)集成度高,体积小,重量轻,功耗低(工作电压 DC 7 ~ 12 V),可靠性高,寿命长。

(2)空间分辨率高。

(3)可任选模拟、数字等不同输出形式。

CCD 按结构可分为线阵器件和面阵器件两大类,工作原理基本相同,但结构有很大差别。

1. CCD 的电极结构

CCD 是在半导体硅片上制作成百上千的光敏元(像素),使其在半导体硅平面上按线阵或面阵有规则地排列。当物体通过物镜成像照射在光敏元上时,会产生与照在它们上面的光强成正比的光生电荷图像,同一面积上光敏元越多分辨率越高,图像越清晰。

CCD 的基本结构由两部分组成,MOS 光敏元阵列和读出移位寄存器。CCD 的电极就是MOS 结构的栅极,若干电极为一组构成"位",每位有多少个电极就对应有多少个独立的驱动时序,称为"相"。

CCD 的电极都在同一个平面上的称为单层电极结构。传输方向是通过改变三相时钟脉冲的时序来控制的,并且在任一时刻总有一个电极为低电平,以防止信号电荷的倒流。电荷耦合器件具有自扫描能力,能将光敏元上产生的光生电荷依次有序地串行输出,输出的幅值与对应的光敏元上电荷量成正比。

2. CCD 的电荷储存和转移

(1)电荷储存

图 1.36(a)为一个 MOS 光敏元的结构图,当金属电极 V_G 上加正电压时,由于电场作用,电极下 P 型硅区的空穴被排斥形成耗尽区。对于电子而言,这是势能很低的区域,称为"势阱"(可以用来存放电子)。电子的注入方式既可用"光注入",也可以用"电注入"。有光线入射到硅片上时,光子被半导体吸引,产生光电子–空穴对,多数载流子空穴被排斥出耗尽区进入硅衬底内,电子被俘获到较深的势阱中去。如果照射在光敏元上的是明暗起伏的图像,那么这些光敏元就感生出一幅与光照强度相对应的光生电荷图像,这就是电荷耦合器件光电物理效应的基本原理。

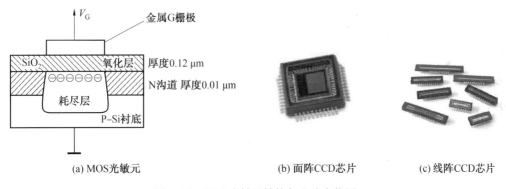

(a) MOS光敏元　　　　(b) 面阵CCD芯片　　　　(c) 线阵CCD芯片

图 1.36　MOS 光敏元结构与芯片实物图

(2)电荷转移

CCD 电荷耦合器件是以电荷为电信号,光敏元上的电荷需要经过电路进行输出,负责电荷输出的是读出移位寄存器,为 MOS 结构,每个电极也称一个相元。它与 MOS 光敏元的区别在于半导体底部覆盖了一层遮光层,防止外来光线的干扰。图 1.37 为典型的三相读出移位寄存器。

下面介绍三相 CCD 电荷的传输过程。在移位寄存器的三个相邻电极施加三相时钟脉冲波 Φ_1、Φ_2、Φ_3,波形如图 1.38 所示,设信号电荷已存入第一位的第一个栅极下的势阱中,分析不同时间 t 电荷的传输过程。

当 $t = t_1$ 时刻,Φ_1 高电平,Φ_2、Φ_3 低电平,Φ_1 电极下出现势阱,存入光电荷;

（a）CCD光敏元显微照片
（放大7 000倍）

（b）读出移位寄存器的
数据面显微照片

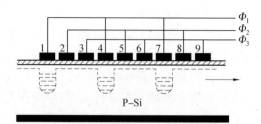
（c）读出移位寄存器

图 1.37　读出移位寄存器的结构

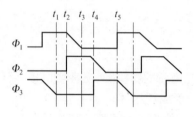

图 1.38　三相时钟脉冲波形

当 $t = t_2$ 时刻，Φ_1、Φ_2 高电平，Φ_3 低电平，Φ_1、Φ_2 电极下势阱连通，两栅极下面的贯通势阱内存入光电荷；

当 $t = t_3$ 时刻，Φ_1 电位下降，Φ_2 保持高电平，Φ_1 因电极下降而势阱变浅，电荷逐渐向 Φ_2 势阱转移，随 Φ_1 电位下降至 0，Φ_1 下的势阱中的电荷完全传输到 Φ_2 栅极下的势阱中；

当 $t = t_4$ 时刻，Φ_1 低电平，Φ_2 电位开始下降，Φ_3 高电平，Φ_2 中电荷向 Φ_3 势阱转移；

当 $t = t_5$ 时刻，Φ_1 再次高电平，Φ_2 低电平，Φ_3 高电平逐渐下降，使 Φ_3 中电荷向下一个传输单元的 Φ_1 势阱转移。

这样，信号电荷从上一位控制栅极下的势阱传输到了下一位电极控制栅极势阱内，完成一位信号电荷传输。CCD 器件通过时钟脉冲驱动完成信号电荷传输，按照设计好的方向，在三相时钟脉冲控制下，从寄存器的一端转移到另一端，这个过程就是电荷耦合的过程。

3. 信号输出方式

电荷耦合器的信号输出方式主要有电流输出和电压输出两种。

（1）电流输出

如图 1.39 所示，电流输出型包括的结构有输出栅 OG 和输出反向二极管以及片外放大器组成，Φ_1 栅极下面的电荷包经输出栅后，将 Φ_2 控制的脉冲从高电平变为低电平，同时提升二极管的电压，使其表面电势升高以收集 OG 栅下的输出信号电荷，形成反向电流，流入片外放大器，由于电荷转移到偏置的输出扩散结是完全的电荷转移过程，本质上是无噪声的，输出的信号噪声主要取决于片外放大器的噪声。

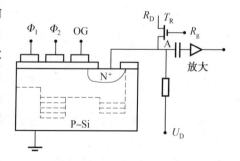

图 1.39　电流输出方式

（2）电压输出

电压输出有浮置扩散放大器（FDA）和浮置栅放大器（FGA）等方式，浮置扩散放大器如图 1.40 所示。与电流输出型不同，其结构是在 CCD 芯片上集成了两个 MOSFET，加复位管 VT_1 和放大管 VT_2，在 Φ_2 下的势阱未形成之前，加 Φ_2 复位脉冲，使复位管 VT_1 导通，将浮置扩散区上一周期的剩余电荷通过 VT_1 的沟道抽走。当信号电荷到来时，复位管 VT_1 截止，由浮置扩散收集的信号电荷来控制放大管 VT_2 的栅极电位。再次加复位脉冲 Φ_2，使复位管 VT_1 导通，通过 VT_1 的沟道抽走浮置扩散区的剩余电荷，直到下一时钟周期信号点到来，如此循环。

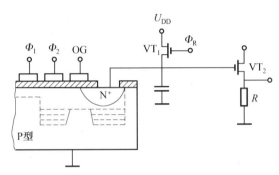

图 1.40　浮置扩散放大器

4. CCD 应用举例

CCD 的应用很广泛，在焊接中常用于工件尺寸检测、坡口轮廓检测等。

图 1.41 为自动检测工件尺寸系统，由光学系统、图像传感器和微处理机等组成。被测工件成像在 CCD 图像传感器的光敏阵列上，产生工件轮廓。时钟和扫描脉冲电路对每个光敏元顺次询问，视频输出馈送到脉冲计数器，并把时钟选送入脉冲计数器，启动阵列扫描的扫描脉冲用来把计数器复位到零。复位之后，计数器计算和显示由视频脉冲选通的总时钟脉冲数。显示数 N 就是工件成像覆盖的光敏元数目，根据该数目来计算工件尺寸。

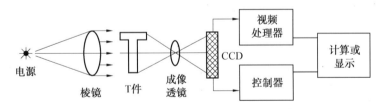

图 1.41　工件尺寸测量系统

例如，在光学系统放大率为 1∶M 的装置中，便有

$$L = (Nd \pm 2d)M \tag{1.43}$$

式中　　L——工件尺寸；

　　　　N——覆盖的光敏单元数；

　　　　d——相邻光敏元中心距离。

所以，$\pm 2d$ 为图像末端两个光敏单元之间的最大误差。

1.7 霍尔传感器

霍尔传感器是利用霍尔效应原理将被测物理量转换为电势的传感器。霍尔效应是1879年霍尔在金属材料中发现的,随着半导体制造工艺的发展,人们利用半导体材料制成霍尔传感器,广泛用于电流、磁场、位移、压力等物理量的测量。

1.7.1 霍尔效应的基本原理

半导体薄片置于磁场中,当它的电流方向与磁场方向不一致时,半导体薄片上平行于电流和磁场方向的两个面之间产生电动势,这种现象称霍尔效应。该电动势称霍尔电势,半导体薄片称霍尔传感器。霍尔传感器的结构很简单,如图 1.42 所示。从矩形薄片半导体基片上的两个相互垂直方向侧面上,引出一对电极,其中 1 - 1′ 电极用于加控制电流,称控制电极;2 - 2′ 电极用于引出霍尔电势,称为霍尔电势输出极。在基片外面用金属或陶瓷、环氧树脂等封装作为外壳。

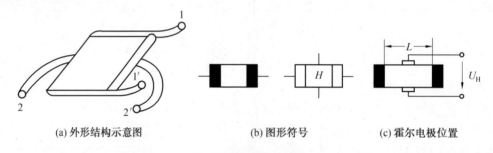

(a) 外形结构示意图   (b) 图形符号   (c) 霍尔电极位置

图 1.42　霍尔传感器

图 1.43 为霍尔效应原理图,在垂直于外磁场 B 的方向上放置半导体薄片,当半导体薄片通过电流 I(称控制电流)时,在半导体薄片前、后两个端面之间产生霍尔电势 U_H。

霍尔效应是半导体中的载流子(电流的运动方向)在磁场中受洛仑兹力作用发生横向漂移的结果。图 1.43 中电流是半导体导电板中载流子(电子)在电场作用下做定向运动,若在导电板的厚度方向上(垂直电流方向)再作用一个磁感应强度为 B 的均匀磁场,则每个载流子受洛仑兹力 F 的作用为

$$F = evB \qquad (1.44)$$

式中　　e——电子电量的绝对值,C;

　　　　v——电子定向运动的平均速度,m/s;

　　　　B——磁场的磁感应强度,T。

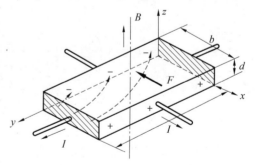

图 1.43　霍尔效应原理图

F 的方向在图中是向后的,这时的电子除了沿电流反方向宏观定向移动外,还向后漂移,结果使导电板的后表面相对前表面积累了多余的电子,前面因缺少电子而积累了多余的正电荷。这两种积累电荷在导电板内部宽度 b 的方向上建立了附加电场,称霍尔电场,该电场强度为

$$E_\text{H} = \frac{U_\text{H}}{b} \tag{1.45}$$

这时电子不再漂移,两面上积累的电荷数达到平衡状态。设导电板单位体积内电子数为 n,电子定向运动的平均速度为 v,则激励电流 $I = nbdve$,带入上式可得

$$U_\text{H} = \frac{1}{ne} \cdot \frac{IB}{d} \tag{1.46}$$

1.7.2　霍尔效应的主要特征

由式(1.46)可知,当磁场和环境温度一定时,霍尔传感器输出的霍尔电势与控制电流 I 成正比;当控制电流和环境温度一定时,霍尔传感器的输出电势和磁场的磁感应强度 B 成正比。利用这些线性关系可以制作多种类型的传感器。

霍尔传感器的主要特征参数有:

(1)输入电阻和输出电阻

霍尔传感器工作时需加控制电流,这就需要知道控制电极间的电阻,称为输入电阻。霍尔电极输出霍尔电势,对外它是个电源,这就需要知道霍尔电极之间的电阻,称为输出电阻。

(2)额定控制电流和最大允许控制电流

霍尔传感器有控制电流使其本身在空气中产生 10 ℃ 温升时,对应的控制电流值称为额定控制电流。以元件允许的最大温升为限制所对应的控制电流值称最大允许控制电流。由于霍尔电势和控制电流呈线性递增关系,所以一般总希望选较大的控制电流。

(3)不等位电势 U_0 和不等位电阻 r_0

当霍尔传感器的控制电流为额定值 I_N 时,若元件所处位置的磁感应强度为零,则它的霍尔电势为零,实际不为零,这时的空载霍尔电势称为不等位电势 U_0,这是由于两霍尔电极安装不在同一个电位面。如图 1.44 所示,不等位电势由霍尔电极 2 和 2′ 之间的电阻 r_0 决定,r_0 称为不等位电阻。

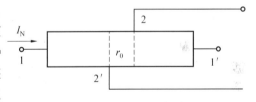

图1.44　不等位电势示意图

(4)寄生直流电势

没有加外磁场时,霍尔传感器用交流控制电流时,霍尔电极输出除了交流不等位电势外,还有一个直流电势,称为寄生直流电势。

(5)霍尔电势温度系数

在一定磁感应强度和控制电流下,温度每变化 1 ℃,霍尔电势变化的百分率,称为霍尔电势温度系数。

思考题及习题

1.1 举例说明焊接过程需要检测的物理量有哪些?常用的检测方法有哪些?

1.2 阐述传感器的概念、构成与分类。

1.3 传感器的静态特性与动态特性指标有哪些? 分别阐述。

1.4 常用的位移传感器有哪些? 工作原理分别是什么?

1.5 阐述热电偶测温的原理,并说明常用的热电偶有哪些? 各自的测温范围是多少?

1.6 阐述红外辐射测温的原理,并说明在焊接中有哪些应用?

1.7 说明视觉传感器的分类,并论述 CCD 图像传感器的工作原理。

1.8 什么是霍尔效应? 阐述霍尔效应传感器的原理。

参考文献

[1] 王其隆. 弧焊过程质量实时传感与控制[M]. 北京:机械工业出版社,2000.

[2] ZHANG YU MING. Real-time weld process monitoring[M]. England:Woodhead Publishing Limited, 2008.

[3] 林尚扬. 焊接机器人及其应用[M]. 北京:机械工业出版社,2000.

[4] 武传松. 焊接热过程与熔池形态[M]. 北京:机械工业出版社,2008.

[5] 中国机械工程学会. 焊接手册[M]. 3 版. 北京:机械工业出版社,2008.

[6] 孙运旺,李林功. 传感器技术与应用[M]. 浙江:浙江大学出版社,2006.

[7] 宋文绪,杨帆. 传感器与检测技术[M]. 北京:高等教育出版社,2004.

[8] 陈杰,黄鸿. 传感器与检测技术[M]. 北京:高等教育出版社,2002.

[9] 周四春,吴建平,祝宗明. 传感器技术与工程应用[M]. 北京:原子能出版社,2007.

[10] LI HAICHAO,GAO HONGMING,WU LIN,et al. Multi-modal human-machine interface of a telerobotic system for remote arc welding[J]. China Welding, 2008,17(3):72-76.

[11] LI HAICHAO,GAO HONGMING,WU LIN. Supervisory Control of Telerobotic System for Remote Welding[C]. Proceeding of the IEEE International Conference on Integration Technology, 2007:603-608.

[12] 李海超,杜霖. 管道全位置遥控焊接装置控制系统[J]. 焊接学报,2010,31(9):29-32.

[13] 魏秀权,李海超,高洪明,等. 基于力控制表面跟踪的机器人遥控焊接虚拟环境标定[J]. 机器人,2008, 30(2):102-106.

[14] WANG ZHIJIANG, ZHANG YUMING, WU LIN. Adaptive interval model control of weld pool surface in pulsed gas metal arc welding[J]. Automatica, 2012, 48(1):233-238.

[15] 李姣,唐新华,黄宣劭. 环形扫描激光视觉传感器的光学系统设计[J]. 应用激光,Applied laser,2007,27(4):295-299.

[16] SUN ZHENGUO, WANG JUNBO, CHEN QIANG, et al. Linear CCD based novel visual sensor for intelligent spherical tank welding robot [C]. Optical Design and Testing, Proceedings of SPIE, 2002,4927:612-617.

[17] TALAHASHI H,OWAKI K, MORITA I, et al. Development of seam tracking control using monitoring system for laser welding (iL-Viewer) [C]. First International Symposium on High-power Laser Macroprocessing, Proceedings of SPIE, 2003, 4831:154-159.

［18］ MAURICIO J, GUIHERME C, MCMASTER R S. Robot calibration using a 3D vision-based measurement system with a single camera ［J］. Robotics and Computer Integrated Manufacturing, 2001,17: 487-497.

［19］ KIM P, RHEE S, LEE C H. Automatic teaching of welding robot for free-formed seam using laser vision sensor ［J］. Optics and Lasers in Engineering, 1999,31:173-182.

［20］ KARADENIZ E, OZSARAC U, YILDIZ C. The effect of process parameters on penetration in gas metal arc welding processes［J］. Materials and Design, 2007,28: 649-656.

第 2 章　焊接过程的数据采集与信号处理

2.1　引　言

焊接过程信息以声、光、电、热、力、电磁等不同信号反映出来。在焊接科研和生产中常常需要对这些信号数据进行采集和处理,如弧压信号的采集、电弧和工件温度的采集等,以实现对焊接过程的监测和控制。随着焊接技术的发展,对焊接过程物理量的检测信号越来越多,以便能够实现焊接过程的控制。对焊接过程的物理量的实时性测量与控制的要求也越来越高。

数据采集与处理是指通过传感器把模拟信号转换成数字信号,采用计算机进行加工处理、显示和控制。数字采集与处理的理论基础主要是离散线性变换(LSI)系统理论和离散傅里叶变换(DFT)理论。具体而言,数据处理的过程包括信号采集(A/D 技术、采样定理、量化噪声分析)、信号时域分析、频域分析和各种变换技术,涉及信号处理中的快速傅里叶变换和快速卷积与相关数字滤波器的设计和实现、信号估值理论、相关函数与功率谱估计、信号处理的软硬件实现及应用。基本数学工具是微积分、概率统计、随机过程、高等数学、数值分析、复变函数等。

本章首先阐述数据采集、数据采集系统、信号、数据处理的基本概念,然后分别对数据采集、采集信号的预处理、信号分析与处理三个方面内容进行深入论述。

2.2　基本概念

2.2.1　数据采集

数据采集是指将电压、温度、弧光、熔池图像、焊缝空间位置等模拟量信息通过传感器按照预先设定的采样周期进行采集、转换成数字量后,再由计算机进行存储、处理,并进行显示或打印的过程。有时也需要对数字信号或者开关量信号进行采集,数字信号和开关信号不受采样周期的限制。

数据采集系统的工作流程是由传感器把各种物理量(温度、压力)等采集出来,采样保持信号,经过放大调节、低通滤波器、多路模拟开关、A/D 转换后输入计算机。因此,在实际工作中,如何确定采样频率保证信息不丢失,如何将采样信号正确地还原成模拟信号,如何分析采样信号的频谱,以选择和设计放大器,确定采样速度,是设计数据采集系统的首先需要考虑的问题。

数据采集系统的核心评价指标在于它的采集精度和采集速度,在保证精度的条件下,要尽可能地提高采集速度,以满足监控和控制过程的实时性要求。采集速度主要与采样频率、

A/D 转换速度等因素有关,采集精度主要与 A/D 转换器的位数有关。

随着计算机技术的飞速发展,数据采集技术得到迅速的应用,其具有以下优点:

①价格低。由于大规模集成电路和计算机技术的发展,硬件成本大大降低,因此配备计算机的数据采集系统成本也相应降低。

②功能得到最大的扩展。能够处理模拟量和数字量,另外还有采样保持电路、放大调节电路和逻辑控制电路等。

③维修方便。在生产过程中,能够对现场的工艺参数进行采集、监视和记录,提高产品质量降低成本。在科学研究中,数据采集系统可以采集大量的过程动态信息,是研究瞬间物理过程的强有力工具。

2.2.2　信　号

数据采集的信号分为三类:模拟信号、数字信号、开关信号。

(1)模拟信号

模拟信号是指随时间连续变化的信号,如光图像信号、正弦信号、三角波信号等,这些信号在规定的一段连续时间内,其幅值为连续值,即从一个量变为下一个量时中间没有间断,如正弦电压信号 $x(t) = A\sin(\omega t + \varphi)$。

模拟信号分为两类:一类是由各种传感器获得的低电平信号,另外一类是由仪器、送变器输出的 $0 \sim 10$ mA 或者 $4 \sim 20$ mA 的电流信号。这些模拟信号经过采样和 A/D 转换输入到计算机后,通常需要数据的正确性判断、标定和线性化等处理。模拟信号便于传输,但是对干扰信号很敏感,因此需要对模拟信号做零漂修正、滤波等。

(2)数字信号

离散信号是在一组特定的时刻取数值,在其他时间不取数值或者数值为零的信号。离散信号的幅值量化为二进制代码序列,称为数字信号。数字信号就是在有限的离散瞬态时间上取值间断的信号,用有限长的数字序列表示,其中每位数字不是 0 就是 1。数字信号只代表某个瞬态的量值,是不连续的信号。

数字信号在线路的传送形式分为并行传送和串行传送。数字信号对线路上的畸变和噪声等不敏感,在输入到计算机后经常需要进行码制转换,如 BCD 码转换成 ASCII 码显示。

(3)开关信号

开关信号主要来源于各种开关器件,如按钮、行程开关、继电器触点、软开关等。开关信号处理主要用于监控开关器件的状态变化。

2.2.3　数据处理

1. 分类

数据采集系统不但实现数据的采集,并且对采集的数据进行处理。一般数据处理方式分为以下两类:

(1)按照处理的性质,分为预处理和二次处理。预处理剔除数据的飞点,进行数字滤波、数据转换等。二次处理进行各种数学运算,如微分、积分和傅里叶变换。

(2)按照处理的时间,分为实时处理和离线处理。实时处理一般把处理后的数据用于控制,要求算法的实时性高,同时只能对一定数量的数据进行简单处理。离线处理的时间不受限制,可以进行复杂的计算。

2. 数据处理的任务

(1)对采集到的电信号进行物理解释。被采集的物理量(电流、电压、图像、声音等)经传感器转换成电量,经过放大、采样、量化、编码等环节之后,获得数据量。

(2)消除干扰信号。由于系统内部和外部干扰、噪声等,在数据采集过程及信号的传送和转换中混入干扰信号,需要采用数据预处理消除干扰,保证数据采集的精度。

(3)分析数据特征。对数据进行二次处理,得到该物理量内在特征的二次数据。如采集电弧弧光的频谱,可以进行傅里叶变换,求出电压变换的频谱。

3. 数字信号处理的实现方法

数字信号处理的实现就是把它常用的三种运算形式(加法、乘法和存储(延迟))以一定的方式实现,实现方式如下:

(1)硬件方式

采用三种运算器,即加法器、乘法器、延时器及其组合设计适合于各种应用场合的数字电路系统,以完成序列运算。在数字信号处理中,硬件电路的快速处理是一大优点。现在结合嵌入式系统理论设计的数字电路对处理数字序列有很大帮助。

(2)软件方式

在通用计算机上或嵌入式系统上,采用高级语言编制各种需要的计算程序,可以达到处理数字信号的目的。软件方法由于速度慢不适合实时性场合,但随着计算机性能的提高,如今用软件方法也可以达到较高的实时性处理要求。

(3)数字信号处理器(DSP)方式

数字信号处理器也是一种主要的数字信号处理方法,它结合软件和硬件方式,利用设计特殊的数字信号处理芯片及存储器构成处理硬件电路系统,其中采用高级语言编制的程序来完成运算。DSP 处理方式灵活方便,随着集成电路的发展,已经能达到很高的速度,可进行数字图像实时处理,已被广泛用于包括通信在内的众多领域。

2.3 数据采集

2.3.1 数据采集原理

1. 模拟信号的数字化

在数据采集系统中,传感器采集的信号大多数是模拟量,若要使计算机接收这些信息必须转换成数字量,此过程在 A/D 转换器中完成,其输入端的模拟信号是时间上的连续量,输出端的数字信号是时间上的离散量,整个转换过程至少通过采样、保持、量化、编码四个步骤完成。A/D 变换过程由时间断续和数值断续两个过程实现,图 2.1 中说明了这两个断续过程。

(1)时间断续→采样过程

对于连续的模拟信号 $x(t)$,按照一定的时间间隔 T_s,逐点抽取相应的瞬时值,也就是通常所说的离散化,这个过程称为采样。连续的模拟信号 $x(t)$ 经过采样后变为离散的模拟信号 $x_s(nT_s)$,称为采样信号。两个采样之间的时间间隔 T_s 称为采样周期。

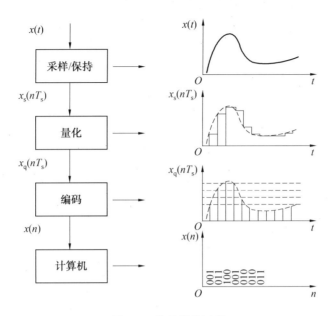

图 2.1　信号转换过程

（2）数值断续 → 量化过程

把采样信号 $x_s(nT_s)$ 以某个最小数量单位的整数倍来度量，这个过程称为量化。采样信号 $x_s(nT_s)$ 经量化后变换为离散的数字信号，称为量化信号 $x_q(nT_s)$。量化过程好像将信号分层，分层的单位就是 q，就是 A/D 转换器的最小二进制单位。量化信号再经过编码，转换为离散的数字信号 $x(n)$，其在时间和幅值上是离散的信号，即数字信号。

对连续的模拟信号进行数字化处理时，必须依据采样定理的原则进行，否则：

① 采样点增加，导致占用大量的计算机内存；

② 采样点太少，引起原始数据的失真，不能复现原始的模拟量。

2. 采样开关

数据采集过程就是信息变换过程。那么在信息变换中是否会损失信息，以及如何完成信息之间的转化呢？

采样开关是对采样过程的理想化抽象。由于 A/D 转换器不能瞬间完成输入量的编码，所以有一个编码时间 τ，对于大多数的 A/D 转换器的编码时间 τ 与采样周期 T_s 及数据采集系统中其余元件的时间常数来说，可以忽略。因此我们可以认为采样过程是瞬间完成的，用一个采样开关来形象表示理想采样过程，采样开关每隔一个采样周期 T_s 瞬间闭合一次。实际和理想采样过程如图 2.2 所示。

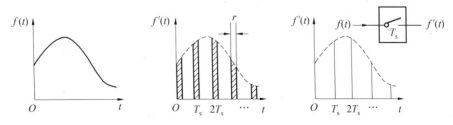

图 2.2　实际和理想采样过程

抽象成理想采样过程的实质是将持续时间极短的实际脉冲抽象成 δ 脉冲。因此,理想的采样过程可以看成信号 $f(t)$ 对 δ 脉冲序列 $p(t)$ 的调幅过程,采样器看成调幅器,信号 $f(t)$ 为调制信号,δ 脉冲序列 $p(t)$ 则作为载波,图 2.3 就是信号对 δ 脉冲序列的调制示意图。

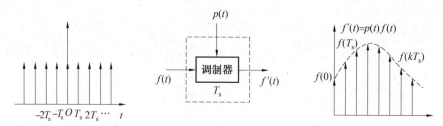

图 2.3　信号对 δ 脉冲序列的调制

δ 脉冲序列 $p(t)$ 的表达式为

$$p(t) = \sum_{k=-\infty}^{\infty} \delta(t - kT_s) \tag{2.1}$$

则采样信号 $f^*(t)$ 为

$$f^*(t) = p(t)f(t) = f(t) \sum_{k=-\infty}^{\infty} \delta(t - kT_s) = \sum_{k=-\infty}^{\infty} f(kT_s)\delta(t - kT_s) \tag{2.2}$$

由于 $f(t)$ 的单边性,上式可写为

$$f^*(t) = \sum_{k=0}^{\infty} f(kT_s)\delta(t - kT_s) \tag{2.3}$$

由此可见,我们把采样信号看作一串脉冲序列,脉冲的强度分别等于各采样瞬间上的采样值。

3. 采样定理

采样周期 T_s 决定了采样信号的质量和数量:T_s 太小,使 $x_s(nT_s)$ 的数量剧增,占用大量的内存单元;T_s 太大,会使模拟信号的某些信息被丢失,这样一来,若将采样后的信号恢复成原来的信号,就会出现失真。为了使 T_s 取得一个合适的值,确保 $x_s(nT_s)$ 不失真地恢复原信号 $x(t)$,我们引入采样定理。

(1) 采样定理

设有连续信号 $x(t)$,其频谱为 $X(f)$。若以采样周期 T_s 采得离散信号为 $x_s(nT_s)$,如果频谱 $X(f)$ 和采样周期满足下列条件:

① 频谱 $X(f)$ 为有限频谱,当 $|f| \geq f_c$(f_c 为截止频率) 时,$X(f) = 0$;

② $T_s \leq \dfrac{1}{2f_c}$ 或 $2f_c \leq \dfrac{1}{T_s} = f_s$。

则连续信号 $x(t)$ 唯一确定,表达式为

$$x(t) = \sum_{n=-\infty}^{+\infty} x_s(nT_s) \frac{\sin\left[\dfrac{\pi}{T_s}(t - nT_s)\right]}{\dfrac{\pi}{T_s}(t - nT_s)} \tag{2.4}$$

式中　$n = 0, \pm 1, \cdots$;

f_c —— 在采样时间间隔内能辨认的信号最高频谱,称为截止频率。

采样定理表明,对一个具有有限频谱 $X(f)$ 的连续信号 $x(t)$ 进行采样,当采样频率为 $f_s \geqslant 2f_c$ 时,由采样后得到的采样信号 $x_s(nT_s)$ 能无失真地恢复原来的信号 $x(t)$。

（2）采样定理两个条件的物理意义

采样定理的两个条件物理意义如图 2.4 所示。

条件 ① 的物理意义是:连续模拟信号 $x(t)$ 的频率范围是有限的,即信号的频率 f 在 $0 \leqslant f \leqslant f_c$ 之间。

条件 ② 的物理意义是:采样周期 T_s 不能大于信号周期 T_c 的一半。

一般来说,只要遵守采样定理,就能由采样信号 $x_s(nT_s)$ 无失真地恢复原来的信号 $x(t)$。 然而当 $f_c = 1/(2T_s)$ 时是不适用的。

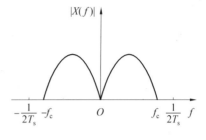

图 2.4　f_c 与 T_c 的关系

4. 数据采样控制方式

数据采样控制的方式有:无条件采样、条件采样（中断控制采样、程序查询采样）和 DMA 方式采样。图 2.5 为数据采样控制方式的分类图。

$$
采样
\begin{cases}
无条件采样 \begin{cases} 定时采样（等间隔采样） \\ 定点采样（变步长采样） \end{cases} \\
条件采样 \begin{cases} 程序查询采样 \\ 中断控制采样 \end{cases} \\
DMA 方式采样
\end{cases}
$$

图 2.5　数据采样控制方式的分类

（1）无条件采样

在无条件采样中,采样刚开始,模拟信号 $x(t)$ 的第一个采样点的数据就被采集。然后,经过一个采样周期,再采集第二个采样点数据,直到将一段时间内的模拟信号的采样点数据全部采完为止。这种方式主要用于某些 A/D 转换器可以随时输出数据的情况。CPU 认为 A/D 转换器总是准备好的,只要 CPU 发出读写命令,就能采集到数据。CPU 采集数据时,不必查询 A/D 转换器的转换状态,也无须控制信号的介入,只通过取数或存数指令进行数据的读写操作,其时间完全由程序安排决定。

无条件采样的优点是模拟信号一到就被采入系统,因此适用任何形式模拟信号的采集;无条件采样的缺点在于每个采样点数据的采集、量化、编码、存储,必须在一个采样时间间隔内完成。若对信号的采样时间间隔要求很短时,那么每个采样点的数据处理就来不及做了。

无条件采样处理使用"定时采样",还常常使用"变步长采样"。这种方法无论被测信号频率为多少,一个信号周期内均匀采样的点数总共为 N 个,"变步长采样"既能满足采样精度要求,又能合理使用计算机内存单元,还能使数据处理软件的设计大为简化。

（2）条件采样

①程序查询采样。程序查询是指在采样过程中 CPU 不断地询问 A/D 转换器的状态,了解 A/D 转换器是否转换结束。

当需要采样时,CPU 发出启动 A/D 转换的命令,A/D 转换结束后,由第一输入通道将结果取入内存,然后 CPU 再向 A/D 转换器发出转换命令,等到 A/D 转换结束,由第二通道将结果取入内存,直至所有的通道采样完毕;如果 A/D 转换未结束,则 CPU 等待,并在等待中做定时查询,直到 A/D 转换结束为止。

程序查询采样优点是要求硬件少,编程简单,询问与执行程序同步时,能确知 A/D 转换所需的时间;这种采样的缺点是程序查询浪费 CPU 的时间,使其利用率不高。

②中断控制采样。中断控制采样效率比程序查询采样要高,采用中断方式时,CPU 首先发出启动 A/D 转换的命令,然后继续执行主程序。当 A/D 转换结束时,则通过接口向 CPU 发出中断请求,请求 CPU 暂时停止工作,来取转换结果。当 CPU 响应 A/D 转换器的请求时,便暂停正在执行的主程序,自动转移到读取转换结果的服务子程序中。在执行完读取转换结果的服务子程序后,CPU 又回到原来被中断的主程序继续执行下去,这就大大提高了 CPU 的效率。

(3)DMA(Direct Memory Access)方式采样

此方式传送每个字节只需一个存储周期,而中断方式一般不少于 10 个周期,且 DMA 控制器可进行数据块传送,不花费取指令时间,所以 DMA 方式传送数据的速度最快,但其硬件花费较高。因此,一个数据采集系统是否采用 DMA 方式,常需在速度、灵活性和价格之间折中考虑。DMA 方式常用于高速数据采集系统。

5. 量化与编码

来自传感器的连续模拟信号经过采集器采样后,变成了时间上离散的采样信号,但其幅值在采样时间内连续,因此,采样信号仍然是模拟信号,要将其转换为数字信号,即将采样信号的幅值用二进制代码来表示。由于二进制代码的位数有限,只能代表有限个信号的电平,故在编码之前,首先要对采样信号进行"量化"。

量化是把采样信号的幅值与某个最小数量单位的一系列整数倍比较,以最接近采样信号幅值的最小数量单位倍数来代替幅值。最小数量单位称为量化单位,量化单位定义为量化器满量程电压 FSR 与 2^n 的比值,用 q 表示,设 n 为量化器的位数,因此有

$$q = \frac{FSR}{2^n} \tag{2.5}$$

量化后要进行的就是编码,编码是指把量化信号的电平用数字代码来表示,编码有很多种形式,最常用的是二进制编码。

二进制数码由多个位组成,最左边的位称为最高有效位,简称最高位,用符号 MSB 表示;数码最右端的位称为最低有效位,简称为最低位,用符号 LSB 表示。二进制数码的每一位有两种可能:"0"表示这一位没有贡献;"1"表示这一位有贡献,二进制数码的每一位的贡献为其右边一位贡献的 2 倍。数码作为一个数,代表一个量化信号量值,只有当码制和码制间的相互关系被定义后,数码才具体代表该量化信号的某一个量值。因此,所谓的二进制编码,就是用 1 和 0 所组成的 n 位数码来代表量化电平。

2.3.2　数据采集系统

1. 数据采集系统的硬件

焊接过程中的一个典型的数据采集与处理系统如图 2.6 所示,由传感器、调理电路、数模转换、采样保持器、数据处理单元、存储器、数据通信等几个模块组成。传感器检测焊接过程中的物理量,如电流、电压等信号,主要组成部分如下。

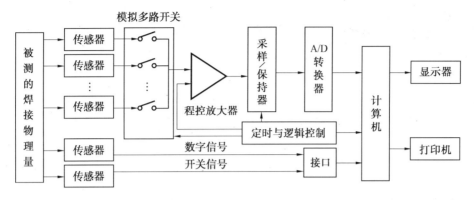

图 2.6　数据采集与处理系统

（1）传感器

焊接过程中的各种物理量，如电压、图像、电弧压力等都是非电量，把各种物理量转换成电信号的器件称为传感器。

（2）模拟多路开关

数据采集一般需要对多路模拟量进行采集，一般采用公共的 A/D 转换器，分时对各路模拟量进行模/数转换。模拟多路开关用来切换各路模拟量与 A/D 转换器件的通道，一般在一个指定的时间内只允许一路模拟信号输入到 A/D 转换器，实现分时转换的目的。

（3）程控放大器

传感器采集的模拟信号一般为弱的低电平信号。程控放大器的作用是将微弱的输入信号进行放大，以便充分利用 A/D 转换器的满量程分辨率。

（4）采样/保持器

A/D 转化器将模拟信号转换成数字信号的时间段内，希望 A/D 转化器的模拟端电压保持不变，通过采样/保持器来完成。采样/保持器大大提高了采样频率。

（5）A/D 转换与 D/A 转化

由于计算机只能处理数字信号，将模拟信号转换成数字信号称为 A/D 转换。当计算机需要输出模拟信号时，把数字信号转换成模拟信号称为 D/A 转化。

A/D 转换器是采样通道的核心，是影响数据采样速率和精度的主要因素之一。

（6）定时与逻辑控制电路

数据采集系统各器件的定时关系必须严格，否则会严重影响系统的精度。数据采集系统工作时，各个器件必须按照如图 2.7 所示的程序顺序执行。

图 2.7　各个器件的工作顺序

定时电路就是按照各个器件的工作次序产生各种时序信号，而逻辑控制电路是依据时序信号产生各种逻辑控制信号。

（7）接口电路

用来将传感器输出的数字信号进行整形或者电平调整，然后再传送到计算机的总线上。

（8）计算机外设

对采集系统的工作进行管理和控制,对数据进行必要的处理,然后根据实际需要进行显示、打印、控制。

2. 数据采集系统的软件

软件系统可以分解为各个功能模块,模块之间相互独立,采用全局变量进行信息传递。软件要求结构清晰,注释完整,便于开发、调试、修改和维护。一般数据采集系统的软件包括如下部分:

（1）信号采集和处理模块

模拟信号采集和处理主要功能是对模拟信号和数据信号进行采集、标定、滤波、二次处理、存储、输出等功能。数字信号需要进行采集和解码等工作。脉冲信号需要对输入的脉冲信号进行高低电平的判断。开关信号主要功能是判断开关信号输入状态的变化情况,如果发生变化则执行相应的处理程序。

（2）参数设置模块

该模块主要对数据采集系统的运行参数进行设置,包括采用通道、采样周期、采样点数、信号量程、放大系数、通信参数等情况。

（3）管理主程序

该模块主要功能是将各个功能模块程序组成一个程序系统,管理和调用各个功能模块程序,进行数据的存储和管理。该模块主要以文字菜单和图形界面来进行管理和运行系统。

（4）通信程序

用来完成上位机和数据采集终端或者传感器之间的数据传递功能。

3. 集散数据采集系统

一般在焊接生产线进行数据采集,采集焊机各个节点的信号,便于控制整个焊接工艺流程和车间管理,需要组成集散数据采集系统来完成。一个典型的集散数据采集系统如图2.8所示,包括一台上位机、通信网络和若干台终端节点。

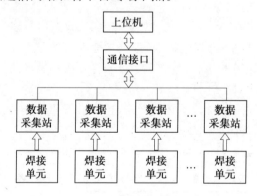

图2.8　集散数据采集系统

（1）数据采集终端

数据采集终端一般由单片机、DSP等数据采集设备组成,位于现场的生产设备旁边,完成数据采集和预处理任务,给上位机提供数字形式的数据。

（2）上位机

一般远离工作现场,用来显示各个数据采集终端的数据,并进行数据处理显示在屏幕上,或者以文件的形式存储的硬盘上。

集散数据采集系统有以下主要特点:

①系统的可靠性好,由于各个采集终端独立采集,某个终端的故障不影响整个系统;

②适应能力强,可以根据要求设置各种规模数量的采集终端;

③实时性好,由于各个数据采集终端数据并行采集,因此实时性好;

④抗干扰能力强,由于数据采用数字信号代替模拟信号,有利于克服差模干扰和共模干扰,适合于恶劣的工作环境。

2.4　采集信号的预处理

通过数据采集系统,将模拟信号转换成了数字信号。但由于传感器的非线性、采集过程中环境的变化和电磁干扰等因素的影响,采样信号不能直接使用,所以需要进行预处理。

测量数据预处理包括数字滤波、零点漂移、标度漂移、温度补偿、平滑处理等。

2.4.1　数字滤波

为了进一步改善信号品质,在数据处理前,首先要对采样值进行数字滤波。

数字滤波的方法有很多种,可以根据不同数据处理类型选择相应的数字滤波方法,下面介绍几种典型的数字滤波方法。

(1)中值滤波法

中值滤波法就是对某一个被测参数连续采样 n 次(一般取 n 为奇数),然后把几个采样值按照由小到大的顺序排列,再取中间值作为本次采样值。

中值滤波属于一种特殊的非线性滤波,它适于去掉脉动性质干扰,但对于快速变化的过程不宜采用。

(2)算术平均滤波法

算术平均滤波法是取 n 次连续采样值的平均值作为当前有效采样值。平滑程度完全取决于 n。n 越大,平滑程度越高,但灵敏度越低;反之,平滑度低,灵敏度高。

算术平均滤波法适用于压力流量等变化平缓的信号。

(3)程序判断法

当采样信号受到随机干扰和传感器不稳定而引起严重失真时,可采用程序判断滤波。该方法是根据生产经验确定出两次采样可能出现的最大偏差 Δy,若先后两次采样值的差大于 Δy,表明输入受干扰严重,去掉本次采样值,用上次采样值代替;若小于 Δy 表明采样值未受干扰。

程序判断滤波法适用于变化比较慢的信号,如液位、温度等。

(4)加权平均滤波

为了解决算术平均滤波中平滑程度与灵敏度的矛盾,可采用加权平均滤波,即先给各采样点相应权重,然后进行平均。加权系数一般是先小后大,以突出后面采样点的作用。各加权系数均为小于1的小数,且满足总和等于1。各加权系数以表格形式存在 ROM 中,各次采样值依次存在 RAM 中。

加权平均滤波法适用于系统滞后时间常数较大,采样周期较短的过程。

（4）防脉冲干扰复合滤波法

前面所述的算术平均值法和中值滤波法各有一些缺陷,前者不易消除由于脉冲干扰引起的采样偏差,后者由于采样点数的限制,使其应用范围缩小。为了消除这些缺陷,将两种方法合二为一,即先用中值滤波法滤去由于脉冲干扰的采样偏差,然后把剩下的采样值做算术平均,此方法就是防脉冲干扰复合滤波法。其原理为:

若 $x_1 \leqslant x_2 \leqslant \cdots \leqslant x_N$,则

$$Y = (x_2 + x_3 + \cdots + x_{N-1})/(N-2) \tag{2.6}$$

防脉冲干扰复合滤波法兼容了算术平均值法和中值滤波法的优点,既可以去掉脉冲干扰,又可以对采样值进行平滑处理。但复合滤波法由于多了一个滤波的步骤,会使滤波的时间增加,对于规定时间的场合,不宜使用复合滤波法。

上面所述的几种数字滤波的方法,各有各的特点,在选用时应该根据实际情况和工作要求,考虑各种数字滤波器一般适用情况,最终通过实验来决定采用什么样的数字滤波器或者是否采用数字滤波器。

2.4.2　信号补偿

信号补偿主要补偿零点漂移、标度漂移、温度补偿。

1. 零点漂移

数据采集与处理系统的工作过程可分成三个阶段,即信号变换、信号采集和信号处理。系统零点漂移主要来自信号变换和信号采集两部分。采用图 2.9 所示电路可消除信号采集部分的零点漂移。

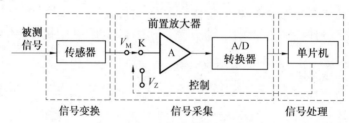

图 2.9　消除零点漂移的硬件连接

测量过程有两个步骤,一是开关 K 接通电压 V_Z,二是开关 K 接通传感器。设两次系统采集到的数据分别为 N_{01} 和 N_{02},则有

$$N_{01} = K_{conv}(V_Z + V_e) \tag{2.7}$$

式中　K_{conv}——转换系数;

　　　V_e——折算到输入端的零漂电压。

$$N_{02} = K_{conv}(V_m + V_e) \tag{2.8}$$

式中　V_m——被测信号对应的传感器输出电压值。

上面两式相减,得

$$N = N_{02} - N_{01} = K_{conv}(V_M - V_Z) \tag{2.9}$$

可见,两次采样值之差 N 与被测信号电压 V_m 及电压 V_Z 有关,与 V_e 无关,这样就消除了零点漂移的影响。

2. 标度漂移

标度漂移是指系统使用时间长后,因其内部器件参数的变化而引起测量数据的误差。对于一般系统,可用定期校验的办法消除或解决,对于微机化数据采集系统,可用微机配以一定的软、硬件解决。引起标度漂移的因素主要有信号变换及采集两部分。减小信号采集部分引起标度漂移的电路如图 2.10 所示。设被测信号处于下限时,传感器输出为零。测量分三步完成:

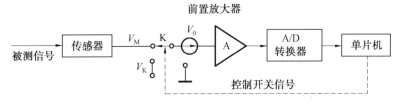

图 2.10　减少标度漂移的硬件连接

开关接地,测量值为 N_{01},则

$$N_{01} = K_{conv} V_e \tag{2.10}$$

开关 K 接 V_K,测量值为 N_{02},则

$$N_{02} = K_{conv}(V_R + V_e) \tag{2.11}$$

式中　V_K——基准电压。

开关 K 接 V_M,测量值为 N_{03},则

$$N_{03} = K_{conv}(V_M + V_e) \tag{2.12}$$

式中　V_M——传感器输出电压。

合并上面三个公式,得

$$N = \frac{N_{03} - N_{01}}{N_{02} - N_{01}} = \frac{V_M}{V_R}$$

即

$$V_M = \frac{N_{03} - N_{01}}{N_{02} - N_{01}} V_R \tag{2.13}$$

由上两式可以看出,N 与 V_M 成正比,与 V_e 和 K_{conv} 无关,表明该方法可以消除系统的零点漂移和标度漂移。测量中 V_R 的稳定必须要保证。

3. 温度补偿

如果实际环境温度与标准环境温度有偏差,会使系统的静态特性发生变化,从而给测量结果带来误差,因此,必须对环境温度变化引起的误差进行补偿。在测量系统中,如果温度本身就是一个被测量,那么实现系统温度补偿是容易的;否则,需在传感器工作的地方另加温度补偿装置进行误差校正。例如用热电偶进行温度测量时,其冷端受环境温度变化影响,使温度测量出现偏差,此时可将热电偶冷端放在冰水混合物中进行补偿。下面介绍补偿的方法。

(1) 传感器静态特性的确定

传感器可分为线性和非线性的传感器,图 2.11 中的(a)、(b)分别对应线性和非线性的传感器。途中三条静态特征曲线分别对应三个不同的环境温度 θ_c、θ'、θ'',其中 θ_c 为标准环境温度,θ' 和 θ'' 为偏离时的环境温度。三条曲线在 y 轴上的截距分别为 a_0、a_0'、a_0''。对于同一输入 x,在不同的温度曲线上有不同的 y。如图 2.11 所示,对应不同的环境温度,特性曲线为一簇截距不同、位置不同,但形状相同的直线或曲线。

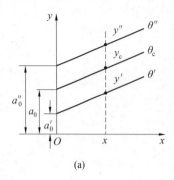 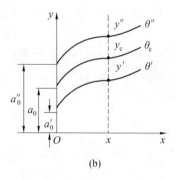

图 2.11　不同温度下传感器特性曲线

线性传感器的特性曲线为:

$$y = a_0(\theta) + a_1 x \tag{2.14}$$

非线性的特性曲线为:

$$y = a_0(\theta) + a_1 x + a_2 x^2 + \cdots + a_m x^m \tag{2.15}$$

式中　a_0—— 曲线或直线在 y 轴上的截距,是温度的函数;

$a_1, a_2, \cdots, a_m$—— 常数项系数。

其中不同温度下的截距可用多项式表示为:

$$a_0 = \beta_0 + \beta_1 \theta + \beta_2 \theta^2 + \cdots + \beta_k \theta^k = \sum_{i=0}^{k} \beta_i \theta^i \tag{2.16}$$

在量程下限 $x = x_0$ 时,$\beta_1, \beta_2, \cdots, \beta_k$ 可由不同的值和它对应的测量值用最小二乘法求出系数。于是线性和非线性传感器输出 y 与温度的关系分别为

$$\left. \begin{aligned} y &= \sum_{i=0}^{k} \beta_i \theta^i + a_1 x \\ y &= \sum_{i=0}^{k} \beta_i \theta^i + a_1 x + a_2 x^2 + \cdots + a_m x^m \end{aligned} \right\} \tag{2.17}$$

(2) 传感器的温度补偿

对式(2.16) 和式(2.17) 两边对 θ 求微分并将 $\theta = \theta_c + \Delta\theta$ 带入后,得到

$$\mathrm{d}y = \beta_1 \mathrm{d}\theta + 2\beta_2 \theta \mathrm{d}\theta + 3\beta_3 \theta^3 \mathrm{d}\theta + \cdots + k\beta_k \theta^{k-1} \mathrm{d}\theta \tag{2.18}$$

或写成

$$\Delta y = \beta_1 \Delta\theta + \beta_1 (\Delta\theta)^2 + \cdots + \beta_k (\Delta\theta)^k = \sum_{i=1}^{k} \beta_i (\Delta\theta)^i \tag{2.19}$$

式中,$\beta_1, \beta_2, \cdots, \beta_k$ 由一组观测值用最小二乘拟合法确定。

由于 $y_c = y - \Delta y$,所以传感器的温度补偿特性为

$$y_c = y - \sum_{i=1}^{k} \beta_i (\Delta\theta)^i \tag{2.20}$$

式中　y、y_c—— 传感器对某一输入量在温度补偿前后的输出值;

$\Delta\theta$—— 实际环境温度与标准环境温度之差。

2.4.3　平滑处理

为了消弱干扰影响,提高曲线的光滑度,常常要对采样数据进行平滑处理。平滑处理的

原则既要消弱干扰成分,又要保持原有曲线的变化特性。常用的平滑处理方法有:平均法、五点三次平滑法和样条函数法等。

2.5 信号分析与处理基础

2.5.1 信号分析

1. 信号的分类

信号分类方法很多,如按形式可分为模拟信号和数字信号,按其性质可分为确定性信号和随机信号,图 2.12 为按性质分类。

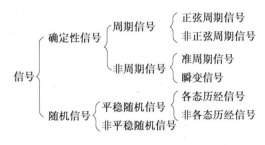

图 2.12 信号的分类

(1)确定性信号

确定性信号是指能用确定性时间函数描述的信号,它又包括周期信号和非周期信号。

① 周期信号。周期信号包括正弦周期信号和非正弦周期信号。

正弦周期信号是最简单的周期信号,数学表达式为

$$x(t) = A\sin(2\pi ft + \theta) \qquad (2.21)$$

式中 A, f, θ——信号的幅值、频率及初相。

很多实际信号接近正弦信号,如交流发电机输出电压等。

复杂周期信号的数学表达式为

$$x(t) = x(t + kT) \qquad (2.22)$$

式中 T——周期;

　　　　f——基频,$f = \dfrac{1}{T}$。

② 非周期信号。非周期信号包括准周期信号和瞬变信号。

(a)准周期信号。当两个或两个以上正弦波叠加时,只有各频率之比都为有理数时,才组成一个周期信号,否则组成的信号没有周期,或者周期为无穷大,这种信号即为准周期信号。图 2.13(b)所示的信号 $x(t) = 0.9\sin\sqrt{3}\,t + \sin 2t$,由两个周期分别为 $T_1 = 2\pi/\sqrt{3}$ 和 $T_2 = \pi$ 的谐波组成,两者最小公倍数趋于无穷大,它们组成的信号是准周期的。

(b)瞬变信号。除了准周期以外的所有非周期信号属于瞬变信号,瞬变信号一般具有持续时间短,有明显的开端和结束的特点,如碰撞、爆炸形成的激振力信号。瞬变信号的特征是不能用离散谱来表示,但可用傅里叶积分表示成连续谱。

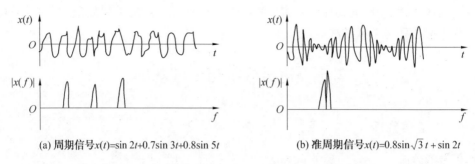

(a) 周期信号 $x(t)=\sin 2t+0.7\sin 3t+0.8\sin 5t$　　(b) 准周期信号 $x(t)=0.8\sin\sqrt{3}\,t+\sin 2t$

图 2.13　周期信号与准周期信号的时间波形及频谱

（2）随机信号

随机信号是指无法用确定的时间函数精确描述的信号。自然界有很多物理现象,当对其变化过程独立重复进行多次观测,所得信号是不同的,波形在无限长的时间内不会重复。

表示随机观察的单个时间样本称为样本函数。随机信号可能产生的全部样本函数的集合,称为随机过程。

2. 信号分析

信号的分析和处理中,一般把信号作为时间的函数来讨论。这样,需要从幅值域、时间域和频率域进行分析,对于不同的信号类型,采用的分析方法也不同。下面介绍确定性信号的分析。

（1）确定性信号分析

① 周期信号分析。通常用以下几个幅值参数描述:

（a）平均绝对值:周期信号平均绝对值的表达示为

$$\mu_{|x|}=\frac{1}{T}\int_0^T|x(t)|\mathrm{d}t$$

（b）峰值:周期信号的峰值 x_{p} 反映了周期信号的最大值,有时也用峰 – 峰值 $x_{\mathrm{p-p}}$ 来描述,峰 – 峰值是指周期信号最大值与最小值之差。

（c）周期:用信号的周期可以估计信号波形在单位时间内过零次数,从而确定信号中除直流分量以外的最低频率成分。

（d）有效值:周期信号 $x(t)=x(t+kT)$ 的有效值定义为

$$x_{\mathrm{rms}}=\sqrt{\frac{1}{T}\int_0^T x^2(t)\,\mathrm{d}t}$$

② 准周期信号分析。准周期信号的幅域分析只考虑均值和峰值两项。在计算均值时,平均时间要足够长。准周期信号的频域分析与周期信号的频域分析类似,只是准周期信号离散谱线的位置间没有整数倍关系,而是任意的。

③ 瞬变信号分析。通常用以下几个主要参数描述:

（a）最大幅值:信号的最大取值。

（b）持续时间 T_0:表示瞬变信号变化过程的时间长度,一般取从最大幅值 A 下降到90%的时间为持续时间。

（c）衰减因子 α: α 是瞬变过程变化快慢的一个指标, α 越大,则衰减越快。

（2）随机信号分析

随机信号不能用精确的数学关系描述，只能用统计平均值来描述。随机信号的分析中经常用到的描述方法有：均值和均方值、概率密度函数、联合概率密度函数、自相关函数和互相关函数等。

2.5.2　数字信号处理基础

1. 频域分析

频域分析指的是把时间域的各种动态信号通过傅里叶变换转换到频率域进行分析，也称为谱分析，包括：

（1）频谱分析：包括幅值谱和相位谱。

（2）功率谱分析：包括自谱和互谱。

（3）频率响应函数分析：系统输出信号频谱与输入信号频谱之比。

（4）相干函数分析：系统输入信号与输出信号之间谱的相关程度。

（5）倒频谱分析：频谱本身再进行傅里叶变换而得到新的谱，包括功率倒频谱和复倒频谱。

由于自相关函数与自谱、互相关函数与互谱分别构成傅里叶变换对，这就使谱分析与相关分析有机地联系在一起。

2. 傅里叶变换

任何一个周期为 T 的连续信号 $f(t)$ 可以表示为

$$f(t) = \frac{A_0}{2} + \sum_{n=1}^{\infty} (A_n \cos n2\pi ft + B_n \sin n2\pi ft) \tag{2.23}$$

式中，$f = \dfrac{1}{T}$ 为基频；A_n，B_n 为傅里叶系数，且有

$$A_n = \frac{2}{T} \int_{-T/2}^{T/2} f(t) \cos n2\pi ft \mathrm{d}t \tag{2.24}$$

$$B_n = \frac{2}{T} \int_{-T/2}^{T/2} f(t) \sin n2\pi ft \mathrm{d}t \tag{2.25}$$

可见，时域里的周期信号，在频域为离散的、以基频 f 为基本间隔谱线。

时间函数 $y(t)$ 在满足狄里赫利条件下，有

$$Y(f) = \mathscr{F}[y(t)] = \int_{-\infty}^{+\infty} y(t) \mathrm{e}^{-i2\pi ft} \mathrm{d}t \tag{2.26}$$

$Y(f)$ 称为 $y(t)$ 的傅里叶变换，同时还有

$$y(t) = \mathscr{F}^{-1}[Y(f)] = \int_{-\infty}^{+\infty} Y(f) \mathrm{e}^{i2\pi ft} \mathrm{d}f \tag{2.27}$$

$y(t)$ 可通过此式反变换求出，$Y(f)$ 是一个复函数表示为

$$Y(f) = \mathrm{Re}Y(\mathrm{e}^{if}) + \mathrm{Im}Y(\mathrm{e}^{if}) \tag{2.28}$$

傅里叶变换是沟通时域和频域的桥梁，它为信号分析及处理开辟一个新领域，即频率域。在模拟量的分析及处理中，傅里叶变换起到了十分重要的作用，如何把傅里叶变换引入到数字信号处理中，即用离散点作傅里叶变换，而且得到的傅里叶变换也是离散的数据点，这就是离散傅里叶变换（DFT）问题。

2.6 数据采集与处理常用工具软件

2.6.1 LabVIEW 简介

虚拟仪器(Virtual Instrument)是基于计算机的仪器,计算机和仪器的密切结合是目前仪器发展的一个重要方向。粗略地说,这种结合有两种方式,一种是将计算机装入仪器,其典型例子就是智能化仪器。随着计算机功能的日益强大以及其体积的日趋缩小,这类仪器功能也越来越强大,目前已有含嵌入式系统的仪器。另一种方式是将仪器装入计算机,以通用的计算机硬件及操作系统为依托,实现各种仪器功能。虚拟仪器主要是指这种仪器。

虚拟仪器与传统仪器相比,发生了由厂商定义功能到用户定义功能的转变,功能更加强大。图2.14 和图2.15 为虚拟仪器的组成图和系统图。

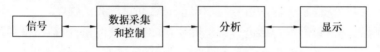

图2.14 虚拟仪器组成图

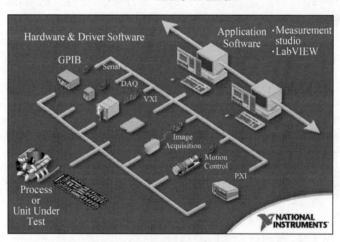

图2.15 虚拟仪器系统图

为了构建虚拟仪器,我们需要计算机语言开发环境,而 LabVIEW(Laboratory Virtual Instrument Engineering Workbench)就是一种图形化的编程语言的开发环境,它是一种广泛地被工业界、学术界和研究实验室所接受的,被视为一个标准的数据采集和仪器控制软件。LabVIEW 集成并满足 GPIB、VXI、RS-232 和 RS-485 协议的硬件及数据采集卡通信的全部功能,它还内置了便于应用的 TCP/IP、ActiveX 等软件标准的库函数,是一个功能强大且灵活的软件。利用它可以方便地建立自己的虚拟仪器,其图形化的界面使得编程及使用过程都生动有趣。

与 C 和 BASIC 一样,LabVIEW 也是通用的编程系统,有一个完成任何编程任务的庞大函数库。LabVIEW 的函数库包括数据采集、GPIB、串口控制、数据分析、数据显示及数据存储,等等。LabVIEW 也有传统的程序调试工具,如设置断点、以动画方式显示数据及其子程序的结果、单步执行等,便于程序的调试。

　　LabVIEW 提供很多外观与传统仪器(如示波器、万用表)类似的控件,可用来方便地创建用户界面。用户界面在 LabVIEW 中被称为前面板。使用图标和连线可以通过编程对前面板上的对象进行控制,这就是图形化源代码,又称 G 代码。LabVIEW 的图形化源代码在某种程度上类似于流程图,因此又被称为程序框图代码

　　LabVIEW 有很多优点,其在测试测量、控制、仿真、儿童教育、快速开发、跨平台等各种领域都有很好的应用。

2.6.2　MATLAB 简介

　　MATLAB 是矩阵实验室(Matrix Laboratory)的简称,是美国 MathWorks 公司出品的商业数学软件,用于算法开发、数据可视化、数据分析以及数值计算的高级技术计算语言和交互式环境,主要包括 MATLAB 和 Simulink 两大部分。

　　MATLAB 系统由 MATAB 开发环境、MATLAB 数学函数库、MATLAB 语言、MATLAB 图形处理系统和 MATLAB 应用程序接口(API)五大部分构成。

　　MATLAB 的基本数据单位是矩阵,它的指令表达式与数学、工程中常用的形式十分相似,故用 MATLAB 来解算问题要比用 C、FORTRAN 等语言完成相同的事情简捷得多,并且 MATLAB 也吸收了像 Maple 等软件的优点,使 MATLAB 成为一个强大的数学软件。在新的版本中也加入了对 C、FORTRAN、C++、JAVA 的支持。可以直接调用,用户也可以将自己编写的实用程序导入到 MATLAB 函数库中方便自己以后调用,此外许多的 MATLAB 爱好者都编写了一些经典的程序,用户可以直接进行下载就可以用。

　　MATLAB 的应用范围非常广,包括信号和图像处理、通讯、控制系统设计、测试和测量、财务建模和分析以及计算生物学等众多应用领域。总结起来 MATLAB 功能有:数值分析、数值和符号计算、工程与科学绘图、控制系统的设计与仿真、数字图像处理技术、数字信号处理技术、通信系统设计与仿真 、财务与金融工程。

思考题及习题

2.1 简述数据采集与信号处理的过程。

2.2 阐述采样定理的内涵与意义。

2.3 数据采集系统在硬件上如何实现?

2.4 举例说明数字滤波的作用及实现方法。

2.5 简述信号的分类。

2.6 如何进行信号补偿?

2.7 信号处理的方法有哪些?

参考文献

[1] 范云霄. 测试技术与信号处理[M]. 2 版. 北京:中国计量出版社,2006.

[2] 祝常虹. 数据采集与处理技术[M]. 北京:电子工业出版社,2008.

[3] 马明建. 数据采集与处理技术[M]. 西安:西安交通大学出版社,2005.

[4] 白云, 高育鹏, 胡小江. 基于 LabVIEW 的数据采集与处理技术[M]. 西安:西安电子科技大学出版社,2009.

[5] 张洪涛,万红,杨述斌. 数字信号处理[M]. 武汉: 华中科技大学出版社,2007.

[6] OPPENHEIM A V, WILLSKY A S, NAWAB S H. 信号与系统[M]. 刘树棠, 译. 西安: 西安交通大学出版社,2001.

[7] 王志江. 脉冲熔化极气体保护焊接熔深自适应区间模型控制[D]. 哈尔滨:哈尔滨工业大学材料科学与工程学院,2011.

[8] 马税良. 基于图像采集的 TIG 焊接电弧动态光谱诊断研究[D].哈尔滨:哈尔滨工业大学材料科学与工程学院,2009.

[9] 刘诚. 基于 LabVIEW 的点焊设备状态监测系统研究[D]. 哈尔滨:哈尔滨工业大学材料科学与工程学院,2009.

[10] 董娜. 面向核环境管道维修的多智能体遥控焊接系统研究[D]. 哈尔滨:哈尔滨工业大学材料科学与工程学院,2010.

[11] 罗璐. 基于激光视觉的不锈钢 GTAW 焊缝成形控制[D]. 哈尔滨:哈尔滨工业大学材料科学与工程学院,2008

[12] 兰玲. 基于 LabVIEW 的 CO_2 焊接过程实时监测与诊断系统的研究[D]. 哈尔滨:哈尔滨工业大学材料科学与工程学院,2008.

[13] 张连新. 基于多智能体技术的机器人遥控焊接系统研究[D]. 哈尔滨:哈尔滨工业大学材料科学与工程学院,2007.

[14] 赵雪梅. 铝合金搅拌摩擦焊接头超声信号特征与质量评价方法[D]. 哈尔滨:哈尔滨工业大学材料科学与工程学院,2010.

[15] 黄辉,马宏波,林涛,等. 铝合金 GTAW 弧压信号采集及分析建模[J]. 上海交通大学学报,2010, 10(44):22-25.

[16] 向建军,许蕴山,夏海宝. 一种高速数据采集处理系统的设计与实现[J]. 微电子学与计算机,2010, 12 (27),149-152.

第3章 焊缝跟踪传感

3.1 概 述

3.1.1 焊缝跟踪与智能化焊接

焊缝跟踪是指运动机构末端焊枪沿焊缝前进过程中,通过传感器检测焊缝的二维、三维信息,实时控制焊枪的位姿对中焊缝。简而言之,焊缝跟踪就是自动寻缝对中,保持焊枪尖始终对准焊缝,如图3.1所示。焊缝跟踪包括两个方面:焊缝特征信息识别、自动跟踪。焊缝特征信息识别是采用传感器实时采集焊缝信息,进行信息处理,提取焊缝特征点。自动跟踪是把提取的焊缝特征信息传给控制器的运动控制模块,控制焊枪的运动。

焊缝跟踪是实现智能化焊接的必要条件。智能化焊接装备,如焊接机器人等,已经大量应用到汽车、船舶、航空航天等制造工程中,在提高焊接效率,提升焊接质量方面发挥了重要作用。大部分机器人采用示教再现的工作方式,根据示教好的焊接程序进行焊接。但在实际工况下,焊接条件及参数经常变化,如工件坡口加工尺寸、工件装配误差、焊接过程的热变形引起的接头位置和尺寸的变化。因此要求在焊接过程中能够实时检测这种变化,得到机器人和焊缝之间的相互位姿关系,实时调整焊枪对中焊缝,保证焊接质量的可

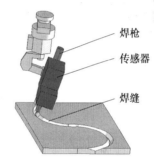

图3.1 焊缝跟踪示意图

靠性。焊接自动化、智能化的目的之一是提高焊接效率,而在机器人焊接中,机器人示教时间较长,一些复杂焊缝的示教时间远远超出了焊接时间,而采用焊缝跟踪传感则能够通过降低示教精度减少示教时间,提高焊接效率。

焊缝跟踪传感器主要采用两种工作方式:

(1)跟踪模式:焊接路径事先未知,完全靠焊缝跟踪传感器自动引导焊枪沿焊缝运动,实现焊接。

(2)修正模式:焊接路径事先已知,焊缝跟踪传感器通过实时检测焊枪对焊缝的偏移量,修正焊接路径,以提高焊枪对中精度和弧长精度。

3.1.2 焊缝跟踪对传感器的要求

从信息获取的角度而言,用于焊缝跟踪和焊缝成形的传感器都是直接或者间接地实时检测焊接过程信息,用于焊接过程控制。焊缝跟踪一般检测熔池前方的焊缝和电弧下方的熔池信息,焊缝成形传感一般检测电弧下方熔池和熔池后方的焊道信息。二者所采用的传感器类型有的相同,如主动视觉传感器、CCD视觉传感、超声传感、红外传感等;有的不同,

如电弧传感、接触式传感等一般只能用于焊缝跟踪。

焊缝跟踪传感对传感器有如下要求：

①精度。传感器的精度要求与板厚、焊缝形式、焊接方法相关，如熔化极气体保护焊，其精度一般要小于焊丝直径的一半；

②抗干扰能力。需要抗焊接过程的干扰，如弧光、热辐射、烟尘、飞溅及电磁场等；

③检测速度。需要检测速度快，实时性高。目前随着芯片技术的提高，传感器的实时性都有很大提高，能满足焊接要求；

④尺寸小、质量轻、价格低、经久耐用、易维修。除了电弧传感外，其他传感器都是附加传感器，都要求尺寸小、质量轻，便于安装。

3.1.3　焊缝跟踪传感器的分类

焊缝跟踪传感器可以分为直接式和间接式两种类型，如图 3.2 所示。

直接式是指不加外部机构，利用电弧进行传感，就是指电弧跟踪传感器。

间接式需要添加外部机构进行焊缝检测，包括接触式和非接触式两种类型。接触式是靠机械的探头与焊缝的接触来感知焊缝中心实现跟踪。非接触式包括电磁传感、光学传感和声学传感。电磁传感易受电弧的热辐射影响，而且在多层焊及无坡口、无间隙焊缝焊接中应用受到限制，已经逐渐被其他非接触式传感器取代。

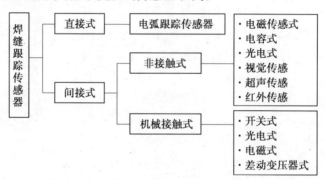

图 3.2　焊缝跟踪传感器的分类

在实际应用中，根据工况和焊接工件特点选用传感器。目前应用最广的是电弧跟踪传感器、结构光传感器和接触式传感器。电弧跟踪传感器最大的特点是不需要在焊枪上附加任何机构，抗弧光、高温及强磁场的能力很强。除了电弧跟踪传感器外，其他传感方式都需要在焊枪上添加附属机构。结构光传感器信息量大，并且抗电磁干扰能力强，与工件无接触，但是传感器的检测点导前电弧一定距离，在焊缝曲率较大时影响跟踪。

3.2　电弧跟踪传感

3.2.1　基本原理

电弧跟踪传感是利用焊接电弧本身的物理特性（电弧电压、电弧电流、弧光辐射、电弧声等）来提供电弧轴线是否偏离焊缝的信息，实时控制焊接电弧对中焊缝。为了能够获得电弧轴线偏离焊缝的信息,一般使电弧在垂直于焊缝方向做周期性运动,根据弧长变化和焊接参数之间关系获得偏差信息,并反馈给执行机构进行调节,使偏差减小到消失。

电弧稳定燃烧时,电弧电压和弧长的关系($U_a - L_a$ 关系)近似成正比,如图 3.3 所示。当焊接过程中,由于持续热输入导致焊接工件的变形,以及其他因素引起干伸长发生变化。图 3.4 说明了干伸长(导电嘴到焊接工件表面的长度)变化引起焊接参数变化的过程。

以缓降外特性电源为例,在焊接状态稳定时,电弧工作点为 A_0,弧长 l_0,干伸长 L_0,电流 I_0。当焊枪喷嘴到工件表面距离由 H_0 变化到 H_1 时,弧长突然被拉长为 l_1,此时干伸长 L_0 还来不及变化,电弧随即在新的工作点燃烧,电流变为 I_1。但是经过一定时间的电弧自调节作用,弧长逐渐变短,干伸长增加。最后电弧稳定到一个新的工作点 A_2,弧长 l_2,干伸长 L_2,电流 I_2,结果干伸长和弧长都比原来增加。在上述过程中,有两个状态变化,即调节过程的动态变化 ΔI_d 和新的稳定点建立后的静态变化 ΔI_s。动态变化的原因是焊丝熔化速度受到限制,不能跟随焊枪高度的突变。静态变化的原因是由于电弧的自调节特性。因此,当电弧沿焊缝的垂直方向运动时,获得焊缝的坡口信息实现传感。

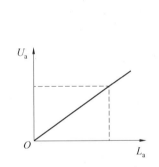

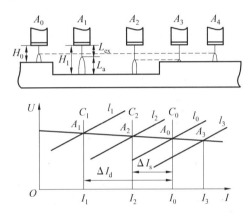

图 3.3 弧压和弧长之间的关系　　　图 3.4 干伸长和焊接参数之间的关系

针对熔化极气体保护焊,等速送丝配恒压外特性电源,当电弧受到外界干扰时,依靠电弧本身的自调节作用(即电弧在受到干扰后,有恢复原状态的倾向),电弧重新达到稳定状态;但是不能完全回到原状态,如图 3.4 所示,L_{ex} 发生了变化。

电弧跟踪传感具有如下优点:

①检测点就是焊接点,不存在传感器前置的问题,实时性好;

②焊枪上不用安装附属机构,可达性好;

③由于传感电弧信号,不用受焊丝弯曲和磁偏吹等引起电弧偏移的影响;

④不仅可以跟踪焊缝,而且可以改善焊缝成形;

⑤抗光、电磁、热的干扰,使用寿命长。

但是,在工程应用中,电弧跟踪传感器还存在一些问题,仅限某些特殊场合应用:

①要求焊枪摆动,需要一套摆动装置。对于某些场合不能摆动的,如 I 形坡口或者无间隙对接焊缝难以跟踪。因此,工业生产中主要用于 V 形坡口或者角焊缝,限制了传感器的应用范围;

②对电弧信号的信息处理。焊接过程中,短路电流的干扰、熔池液态金属的流动影响对

电弧信号的处理;

③控制方法的选择。由于焊接过程的非线性,传统的 PID 控制无法满足。

根据电弧相对焊缝运动方式的不同,电弧跟踪传感器分为:摆动扫描式电弧跟踪传感器、旋转电弧跟踪传感器、磁控电弧跟踪传感器。其他方式还包括并列双丝电弧传感器等。

3.2.2　摆动扫描式电弧传感

摆动扫描式电弧传感是采用机械的方法,使电弧相对于焊缝做横向摆动,电弧电流等参数产生周期性变化,获得摆动电弧中心对焊缝的偏离方向和偏移量。摆动频率一般在10 Hz以内。

当焊枪在 V 形坡口中进行横向摆动并沿焊接方向运动时,电弧将一方面沿焊接方向做正弦曲线轨迹运动,另一方面沿 V 型坡口边缘运动,结果产生弧长 l、电弧电流 I 及喷嘴和工件间电压 U_h 的周期性变化。如图 3.5 所示,从图(a)可见,L 为扫描面的左折返点,R 为右折返点,C 为扫描的中心点,通过比较 CL、CR 之间的电流电压波形也可以判断 C 是否对准坡口中心线。

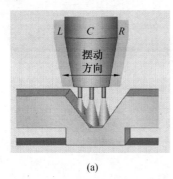

(a)

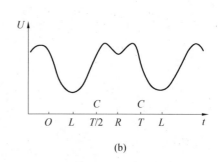

(b)

图 3.5　焊枪在 V 形坡口中摆动时的电弧变化

获得焊枪相对于焊缝中心的偏移量就能够实现对焊枪位置的控制。偏差识别一般采用以下两种方法:

①采用极位差法,即用电弧摆动中心至左右端点的电流积分差值来获得电弧轴线与焊缝偏离以及偏离方向和程度的信息,根据这些信息确定是否需要调节电弧的横向位置以及调节量。

②频谱法,根据焊枪摆动中心左右边平均电流差功率频谱来控制横向位移实现焊缝对中的方法。

摆动扫描式电弧传感器的焊缝跟踪技术适合在焊接机器人中应用,但是由于摆动频率的限制,不适合高速焊接。如果焊接速度过大会造成焊缝表面鱼鳞纹粗大,甚至焊缝不能连续焊接。尤其对于熔化极电弧焊,焊丝端部的熔化长度变化影响大,导致传感器的灵敏度低,为了克服这些缺陷,发展了旋转电弧传感焊缝跟踪方法。

3.2.3　旋转电弧传感

为了实现焊枪对焊缝中心的周期性运动,除了扫描式摆动之外,一般还采用机械装置或者电磁力来旋转电弧,实现焊缝跟踪,称为旋转电弧焊缝跟踪。一般旋转的频率为 10 ～

50 Hz,高的可达 50 ~ 100 Hz,频率的提高使旋转电弧跟踪传感器具有很高的灵敏度和控制精度。

根据旋转方式不同,旋转电弧跟踪传感器可以分为如下几种:

(1)导电杆圆柱转动式电弧传感器

旋转电弧传感焊缝跟踪首见于日本 NKK 公司用于窄间隙焊接,如图 3.6 所示,通过导电杆端面上的焊丝导出孔的偏心距来实现电弧的旋转运动,导出孔的偏心距就是电弧旋转半径。这种机构比较简单、紧凑。然而由于导电杆的高速旋转,需要通过电刷装置将几百安培的电流导通,使导电嘴磨损剧烈,使用寿命降低。由于电弧旋转半径是由导电杆断面焊丝导出孔的偏心距决定的,因此电弧旋转半径通常无法灵活调节。另外,传感器需要一级齿轮减速传动,影响焊枪的可达性。

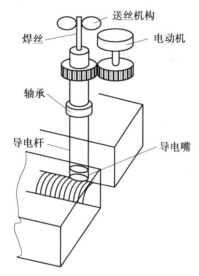

图 3.6　导电杆圆柱转动式电弧传感器

(2)圆锥摆动式旋转电弧传感器

原理如图 3.7 所示,导电杆本身不旋转,而是一端在球铰 A 上做圆锥摆动,导电杆不自转。由于没有导电杆、导电嘴与焊丝之间的相对运动,减少了导电嘴的磨损;通过控制旋转频率可以控制电弧旋转的速度,具有更高的转速精度。主要参数指标:

①扫描频率调节范围:1 ~ 50 Hz;

②扫描半径调节范围:0 ~ 4 mm;

③额定焊接电流:500 A;

④电机功率:25 W;

⑤焊枪冷却方式:水冷。

(3)空心轴电机驱动旋转扫描电弧传感

原理如图 3.8 所示,导电杆穿过电机的空心轴,旋转的频率可达到 100 Hz。电弧能够实现高速旋转,完成高精度的焊缝跟踪,对于小坡口或者高速焊的适应能力得以提高,可应用于焊枪横向与高低方向的偏差传感、焊缝坡口表面轮廓检测等。

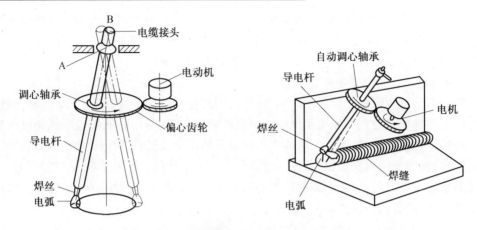

图 3.7　圆锥摆动式旋转电弧传感器

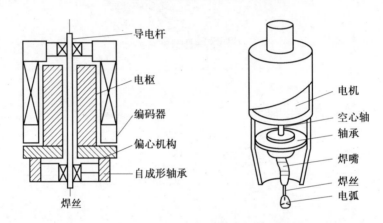

图 3.8　空心轴电机驱动旋转扫描电弧传感

3.2.4　磁控电弧传感

电弧的摆动还可以通过磁控的方式实现。磁控电弧传感焊缝跟踪是通过焊枪外壳上装有的激磁线圈及磁极控制电弧的旋转来实现的。当激磁线圈接通一定频率的交变电流时，导电杆产生一定频率的振动，从而使焊丝产生高速振动。利用振动时的焊接电流、电弧电压波形变化来获得电弧中心是否偏离焊缝的信息。

磁控电弧传感的特点如下：

①实现电弧高速摆动是在焊枪不动的情况下实现；

②焊枪结构比较简单，适合于安装在机器人上使用。

3.2.5　并列双丝电弧传感

利用相隔一定距离的焊丝产生两个电弧，排列在 V 形坡口焊缝的两侧，两个电弧参数的差值提供电弧的中线是否偏离焊缝的信息，从而实现焊缝跟踪，根据两个电弧参数和参考值比较的差值可以实现对导电嘴与工件表面距离的控制。如图 3.9(a)所示为跟踪的原理图，图 3.9(b)为传感器安装的线路图。

在使用中要求两个焊丝之间良好的绝缘，间距小于 8 mm，避免两个电弧之间的磁场干扰。此种方式虽然排除了摆动电弧传感或旋转电弧传感所必需的机械运动机构的麻烦,但是由于采用双丝,带来了送丝系统及焊枪结构较复杂的缺点。在实现上有一定的困难,应用上受到限制。

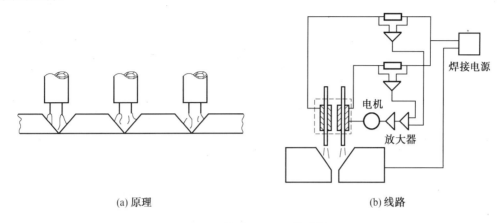

(a) 原理　　　　　　　　　　　　　　　　　(b) 线路

图 3.9　并列双丝电弧传感器

3.2.6　GTAW 弧长传感

上述都是针对熔化极气体保护焊的,虽然需要横向摆动机构,但在技术可靠性和经济性有较大的优势,在实际中广泛应用。对于非熔化极气体保护焊,由于必须使电弧产生横向摆动,结构复杂、成本较高,在实际中很少应用。而在非熔化极气体保护焊中,利用电弧的特性调整焊枪相对工件的高度,由于不需要横向摆动装置,则应用较多。

下面以管道全位置 TIG 焊来说明弧长传感的应用。

管道全位置 TIG 焊中,弧长是影响焊接质量最敏感的焊接参数之一。因为在全位置管道焊接中,完成一道焊缝需要经过平焊、向下立焊、仰焊和向上立焊过程。而焊枪处在不同的焊接位置时,熔池中液态金属所受的重力对焊缝成形影响不同,并且由于钨极的烧损、前道焊缝、熔池变化、焊件几何形状使弧长调节阻力不断变化,维持弧长恒定十分困难,一般采用弧压反馈控制。

在闭环弧压反馈环节中,需要对电弧电压进行采集和提取,并经过一定比例的转换输入到计算机中,因此需要特定的传感和数据采集设备。电弧电压的传感采用霍尔元件 LEM 电压传感器,如图 3.10(a) 所示。LV28-P 的采样电路如图 3.10(b) 所示。LEM 电压传感器采集到电弧电压信号后,通过数据采集卡完成电压信号到数字信号的转换。

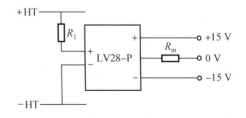

(a) LV28-P 电压传感器　　　　　　　　　(b) LV28-P 采样电路

图 3.10　电弧电压的采集元件

采集电压信号后,需要进行闭环控制。闭环弧压反馈调节的框图如图 3.11 所示,其中 u_g 为弧长给定信号,u_f 为弧长反馈信号,u 为电弧电压,l 为与 u 相应的电弧长度,传感器和整形器共同组成弧压 u 的测量,为比较环节提供反馈信号,执行机构构成驱动源,控制焊枪的上下运动,从而控制弧压 u,亦即控制弧长 l。

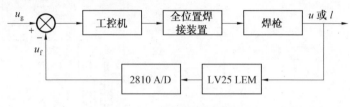

图 3.11　弧压控制系统框图

3.2.7　电弧跟踪传感器的应用

目前,电弧跟踪传感器的技术成熟,已经成为焊接机器人配置的可选项。在熔化极焊接角焊缝和 V 型焊缝中发挥作用。图 3.12 是机器人摆动电弧焊缝跟踪应用的例子。

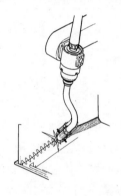

图 3.12　机器人摆动电弧焊缝跟踪应用示意图

3.3　视觉传感焊缝跟踪

由第 1 章的视觉传感器原理可知,视觉传感的基本任务就是实现物体目标的几何尺寸的精确检测和精确定位,如用于轿车三维车身尺寸检测、机械手自动装配中的焊缝定位等。视觉传感器具有信息量丰富、灵敏度和测量精度高、抗电磁场干扰能力强、与工件无接触的优点,适合于各种形式的坡口,能够同时实现焊缝跟踪和焊接质量控制。理论上来说,人眼可以观察到的范围都可以由视觉传感器检测,人眼观察不到的范围,如红外线等也可通过视觉的形式检测。

视觉传感检测系统通常由光源、镜头、摄像器件、图像存储单元、显示系统组成,如图 3.13 所示。

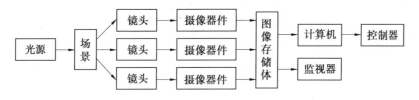

图 3.13　视觉传感检测系统组成

（1）光源。光源影响图像的清晰度、细节分辨率和图像对比度，光源的正确设计是视觉传感的关键。采用光源照明时，可以分为漫反射照明、投射照明、结构光照明、定向照明四种方式。结构光是指几何特征已知的光束，例如一束平行光通过光栅或者网格形成条纹光或者网格光，然后投射到物体上，由于光束的结构已知，可以通过投影模式的变化检测物体的二维或者三维几何特征。

（2）镜头。相当于人眼的晶状体，起到成像、聚焦、变焦功能，其主要的指标参数是焦距、光圈。

（3）图像存储单元。主要功能是接收摄像机的图像信号，并且对图像进行预处理（如灰度变化、图像叠加、直方图拉伸、滤波、二值化等），在计算机中通常就是图像卡。

（4）摄像器件。摄像器件通常称为视觉传感器，相当于人眼的视网膜，其主要作用是将镜头所成的像转变为数字或者模拟信号输出。在焊接中常用的就是电荷耦合器件 CCD 和光电位置传感器 PSD。

3.3.1　焊接中的视觉传感分类

从检测对象、背景光源、获取图像空间信息维度等角度，焊接视觉传感器的分类如表3.1所示。

表 3.1　焊接中的视觉传感器分类

分类方式	类　别
传感器用途	焊缝跟踪传感和焊缝成形传感
检测位置	焊接电弧前（坡口形式、坡口中心位置、焊枪高度、焊缝起始点）
	焊接电弧下方（正面熔宽、反面熔宽、电弧形态、焊丝端部位置、熔池辐射热）
	焊接电弧后（焊缝宽度、余高）
焊接背景光源	电弧光
	灯光或日光
	熔池辐射热
	激光条纹（单道、多道、环形条纹光、网格结构光等）
获取图像空间信息维度	点阵传感器（光电晶体管、光电二极管）
	线阵传感器（CCD、MOS、PSD）
	面阵传感器（IIV、CCD、MOS、PSD）

1. 根据背景光源的不同分类

根据焊接中的背景光源类型不同，视觉传感器可以分为主动视觉和被动视觉两类，如图3.14 所示。

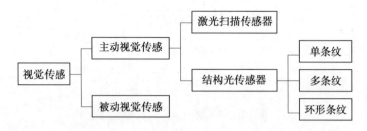

图 3.14　用于焊缝跟踪的视觉传感分类

主动视觉指使用具有特定结构特征的激光光源与摄像器件组成的视觉传感系统,根据光源的不同分为激光扫描法、结构光法(根据条纹不同分为单条纹、多条纹、环形光等)。由于采用的激光光源都比电弧的能量小,这种传感器放在焊枪的前面以避开弧光直射和飞溅干扰。被动视觉指利用弧光或者普通光源作为背景光源与摄像器件组成的视觉传感系统,一般采用单摄像机检测二维信息,或者采用双摄像机或者多摄像机检测三维信息。

目前,用于焊缝跟踪的视觉传感器主要是结构光传感器,被动视觉的应用较少。在焊缝跟踪的两阶段中,要求实时性达到 100 ms 以内,结构光传感的实时性较高可以达到 1 ms。随着计算机技术和图像处理技术的发展,被动视觉的图像处理速度逐渐提高,也能够满足焊缝跟踪的实时性要求。

2. 根据获取图像空间信息的维度分类

根据获取图像信息的空间维数,视觉传感器可以分为点阵式、线阵式和面阵式。

(1)点阵式

传感器通过一定的安装方式,在焊缝上方来回摆动,接收反射光来测定传感器的位置,通过控制执行机构进行调控实现跟踪,工作原理如图 3.15 所示。

(2)线阵式

线阵传感器(CCD、MOS 和 PSD)是接收由点光源投射到焊缝坡口的反射光,在驱动脉冲作用下,将光信号转换成电信号进行输出,得到与坡口形状相应的焊缝坡口尺寸。工作原理如图 3.16 所示。

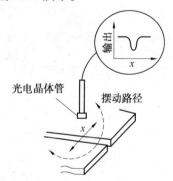

图 3.15　点阵传感器工作原理

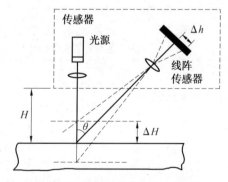

图 3.16　线阵传感器工作原理图

(3)面阵式

面阵传感器是由带图形元件的摄像器件组成,获得图像信息,通过图像处理进行焊缝特征点提取,从而进行跟踪控制。摄取的图像信息主要用于焊缝空间位置识别、熔池二维几何形状、焊缝几何尺寸和位置。由于视觉系统得到的原始图像随机干扰大,信噪比低,尤其对于焊接的应用,图像处理非常重要。多个面阵传感器组成三维视觉系统,一般用于焊缝识别和焊缝成形控制。机器人焊接中常用的三维视觉系统包括结构光传感系统、双目视觉系统、主动多基线立体视觉系统等。

3.3.2　主动视觉传感

主动视觉是相对于被动视觉而言,一般通过结构光传感或激光扫描传感实现,这两类传感器也统称为激光视觉传感器,其原理是采用小功率的激光光源作为主动光,投影到工件表面的焊缝上,通过 CCD 获取焊缝轮廓的信息,实现特征点的识别,并与执行设备构成外部的闭环系统,实现焊缝跟踪。

主动视觉传感焊缝跟踪过程包括如下步骤:

(1)视觉传感器检测焊缝轮廓信息;

(2)信息的图像处理;

(3)接头类型识别和焊缝特征点提取;

(4)实时跟踪的实现。

在第(1)步骤中,视觉传感器获得焊缝的轮廓信息基于三角测量原理。在第(2)步骤中的信息图像处理是对坡口轮廓的图形进行处理,得到精度较高的轮廓图像。在第(3)步骤中,进行接头类型的识别,判断各种焊缝接头形式,并根据各种不同的形式进行特征点的处理和提取。第(4)步骤将获得的特征点信息反馈给执行机构控制器,引导焊枪沿焊缝的中心线移动,完成焊缝跟踪。

1. 光学三角测量原理

光学三角测量原理提供了一种确定漫反射表面位置的非接触测量方法。小功率的激光器条纹通过镜头投射在漫反射表面上,漫反射激光的一部分通过透镜在光学位置敏感器 CCD 上成像,如果漫反射表面在与激光平行的方向有一定的位移,偏移的光点在敏感器上所成的像也产生一定的偏移,据此偏移量通过数字信号处理,可以确定出漫反射表面点到传感器之间的距离,其原理如图 3.17(a)所示。

为了对三角测量原理进行较为详细的分析,图 3.17(b)给出了通用的三角测量原理图。图中 P_1P_2 为激光光束上的一段直线,代表测量的深度范围 H,为了使 H 线段上的点能够在 CCD 上清晰的成像,并充分利用 CCD 的感光单元,传感器的设计要满足如下条件:

①激光束、透镜轴线、CCD 轴线在一个平面上,此平面与 CCD 表面垂直;

②使摄像头的主光轴 OP_0 作为镜头光心 O 对 P_1P_2 所成角度的平分线,这样可以使所有光线尽量靠近主光轴以减少像差。

在图 3.17(b)中,产生漫反射的目标点在 P_1P_2 上,其对应的像点用 F_1,F_2 等标记,H 为深度测量范围,P_0 为透镜光轴上的点,被测量点 P 的像 F 与 P_1 点的像 F_1 的距离 $F_1F = I$。由此可以推导出:

$$h = L \cdot \frac{S' \cdot \tan\beta - I \cdot \tan\beta \cdot \cos\alpha + I \cdot \sin\alpha}{S' - I\cos\alpha - I \cdot \tan\beta \cdot \sin\alpha}$$

式中　　α———成像光束与传感器接收平面之间的夹角;

　　　　β———传感器的观察角;

L——成像镜头到发射光束的距离；

S'——像距；

I——感光点位置的偏移量；

h——检测到的深度信息。

当传感器的结构确定后,式中只有 I 是变量。

采取三角测量法的激光传感器最高线性度可达 $1\ \mu m$,分辨率更是可达到 $0.1\ \mu m$。

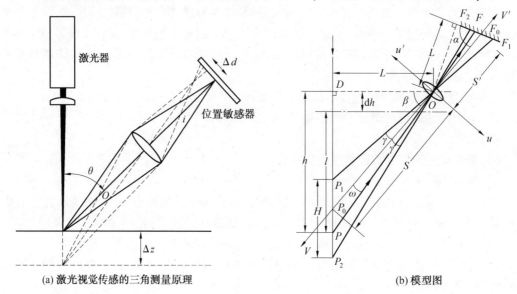

(a) 激光视觉传感的三角测量原理　　　　(b) 模型图

图 3.17　光学三角测量原理示意图

2. 传感器结构

若要实现对焊缝的跟踪,必须在焊枪前进过程中不断获得焊缝的轮廓信息。以结构光传感器为例说明传感器结构,如图 3.18(a)所示为结构光传感器的结构示意图,由激光发射器、CCD、滤光片等组成。图 3.18(b)是英国 Meta 公司的结构光传感器头的实物图。

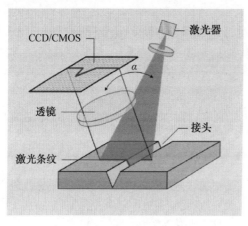

(a) 结构光传感器的结构图　　　　(b) 结构光传感器头的实物图

图 3.18　结构光传感器的结构

CCD 器件的光谱范围为 $0.4 \sim 1.1 \ \mu m$,峰值响应波长为 $0.9 \ \mu m$,氦氖气体激光器的激光波长为 $0.632\,8 \ \mu m$,其光谱响应灵敏度很接近峰值响应波长的光谱灵敏度,与其他激光器相比,采用相同功率的光束照明,可得到较大的输出信号。

扫描式激光视觉传感器通过激光点以一定角度的旋转形成激光条纹,打到焊缝上,如图 3.19 所示。与条纹结构光传感器相比,增加了扫描电机、同步扫描机构和测角元件,相应的光学结构变得更为复杂。这种同步扫描方法由于负载较轻,扫描频率可以很高。

在焊接中,由于电弧的能力密度大,电弧会给传感器的使用造成问题,原因不仅是电弧的辐射热量,而且可见光与紫外线波长范围发出的辐射也是构成干扰的主要原因,因此需要添加滤光片。基于三角测量原理的主动视觉方法,由于采用的光源的能量大都比电弧的能量要小,一般把这种传感器放在焊枪的前面以避开弧光直射的干扰。

主动光源一般为单光面或多光面的激光或扫描的激光束,对于曲率较大的曲线焊缝的跟踪,一般采用多条纹的方式。在实际的设计中还有一种环形条纹的激光视觉传感器。

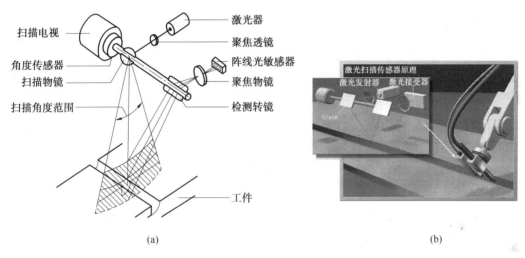

(a)　　　　　　　　　　　　　　　　(b)

图 3.19　扫描式激光视觉传感器结构示意图

激光视觉传感器的优点:

(1)获取的信息量大,精度高。可以获得接头截面精确的形状和空间位置姿态信息。

(2)检测空间范围大,焊接之前可以在较大范围内寻找接头。

(3)具有智能化特点,可自动检测和选定焊接的起点和终点,判断定位焊点等接头特征。

(4)通用性好,适用于各种接头类型的自动跟踪和参数适应控制,还可用于多层焊的焊道自动规划、参数适应控制和焊后的接头外观检查。

(5)实时性能好。

3.焊缝轮廓的图像处理

激光条纹光打到焊缝的表面,反射进入到 CCD 上成像。获取的焊缝轮廓图像需要经过图像处理和特征参数提取两个步骤获取焊缝的轮廓信息。图像处理主要分为两个部分:首先是通过滤波处理,滤掉背景光,获得激光条纹信息;然后是光纹中心线的提取。

一般的图像处理有中值滤波、二值化、低通滤波、高通滤波、图像分割等方法。对于实时跟踪系统,要求图像处理速度快,以保证数据点的信息量足够大,一般采用处理速度较快的二值化法滤除背景光。

二值化处理的过程是先设定某一阈值 θ，用 θ 将图像的数据分为两部分：大于 θ 的像素群和小于 θ 的像素群，使对象从背景中突现出来。然而，进行怎样的阈值选取的确是个比较困难的问题，必须根据图像的统计分布性质，即从概率的角度来选择合适的阈值。

在无弧光干扰和有弧光干扰时 V 型焊缝图像分别如图 3.20(a)、(b) 所示。

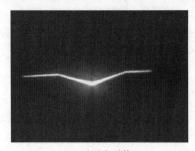 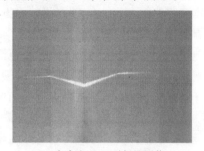

(a) 无弧光干扰   (b) 在直流120 A时焊缝图像

图 3.20　焊缝图像对比图

由图 3.20 可以看出，当存在弧光干扰时，焊缝图像上有较强的背景光，而光纹的中间部分由于焊缝根部存在二次反光，会有较大的光晕。在有弧光干扰时，背景光的灰度值明显增加，但在光纹处灰度值仍然有很大的突变，因此可以通过选取一定的阈值提取出光纹信息。

平均阈值法被认为是阈值自动选择的最优方法。阈值选取公式为

$$\theta = \sum_{i,j=0}^{m,n} p(i,j)/(m \times n) \tag{3.1}$$

其中，$p(i, j)$ 是图像上 (i, j) 点的像素灰度值；(m, n) 分别为图像的行、列数。

得到激光条纹信息后，还需要提取一个像素级别的光纹中心，这是进行直线拟合求取特征点坐标的前提。

由于在光纹中部激光强度较大处经常出现 CCD 饱和（灰度值等于 255）的情况，因此不能简单的取灰度最大值的点作为光纹中心，而应用一定阈值滤除背景光线的干扰，然后求取宽度方向上的重心坐标作为光纹的中心位置：

$$G_C = \sum_{i=N}^{M} i \cdot G_{V_i} / \sum_{i=N}^{M} G_{V_i} \tag{3.2}$$

式中　　G_C——某一列重心坐标；

　　　　i——某一列上光纹强度在设定阈值以上的行坐标值；

　　　　G_{V_i}——某一列上第 i 行像素灰度值。

对于高反光工件如铝合金等，由于传感器工作时激光倾斜照射焊缝表面，在图像上激光的反射光聚集于激光条纹的一面，而光纹的另一面不受干扰。另外，激光条纹宽度在图像上近似为一个常数，并且方向与焊缝近似垂直。利用这些特点，在图像处理时，可先找出结构光纹不受干扰的一面，提取边缘，然后在条纹宽度方向上取一定宽度像素，得到如图 3.21(a)所示的图像，然后再对这个宽度范围内的像素，利用重心提取法获得光纹中心位置，提取的结果如图 3.21(b)所示。这种提取方法会产生 3 ~ 4 个像素的误差，对于焊缝跟踪来说，这一误差在可接受的范围内。

视觉系统的精度和分辨率取决于激光条纹的宽度和滤光片。传感器的纵向精度取决于

(a) 原图像　　　　　　　　　　(b) 提取后的结果

图 3.21　高反光工件焊缝图像处理结果

光条纹在 CCD 上的位置精度和计算精度。在正常条件下,CCD 上的光强符合正态分布,如图 3.22 所示,光点中心在最大值区域。曝光过度,光强出现了一个很大的平坦区域,其变化值不大。对于不同的材料和传感器的倾角,漫反射激光条纹在 CCD 上成像的光强变化是非常剧烈的,如对于发黑的铝板和有锈斑的钢板等材料或者反射角度不好时,其光强非常弱,仅能够与背景光区别出来,而对于表面光洁度高的铝板和钢板等,其光强可以使 CCD 器件瞬间饱和几十个像素,光强变化可以相差很大。即使在同一个工件中,由于表面的加工、传感器的倾角,反射角度,表面锈蚀等状态差别很大,其漫反射的光强变化也非常大。

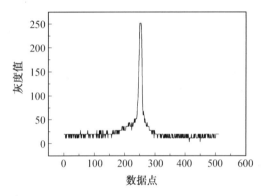

图 3.22　CCD 上的光强分布

4. 焊缝特征参数识别

焊缝特征参数是指能够体现坡口特征的几何参数,如图 3.23 所示,不同接头形式的焊缝,其坡口特征也不同,一般可以分为 I 坡口对接焊缝、V 形坡口对接焊缝、角焊缝、搭接焊缝等。经过图像处理得到焊缝的轮廓线后,需要根据坡口的类型进行特征参数的识别,如图 3.24 为 V 形坡口焊缝的识别,分别进行图像采集、图像处理和特征点识别。

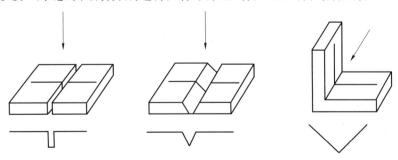

图 3.23　不同坡口形式的焊缝特征

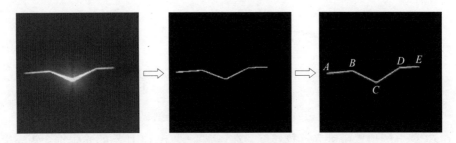

图 3.24　V 形坡口焊缝的识别

能体现特征参数的焊缝轮廓上的点称为特征点,如图 3.24 的 A、B、C、D、E 点,特征点提取方法主要有以下几种:

①断点法。主要是根据焊缝在特征点处光点在某个方向上发生较大突变这一特征进行提取,如搭接、对接坡口的特征点会有距离的突变。

②直线回归法。大部分情况下,图像中得到的焊缝截面轮廓可以分解成若干直线段,通过计算找出两条相邻直线的公共端点,再分别对各条直线做最小二乘拟合,求出相邻直线交点就可以得到特征点。

③模板匹配法。

(1)V 形坡口的特征点提取

对于 V 形坡口的特征点的提取,如图 3.25(a)为 V 形坡口特征的焊缝,图中 C 点为要提取的特征点,图(b)为结构光扫描得到的焊缝轮廓线。

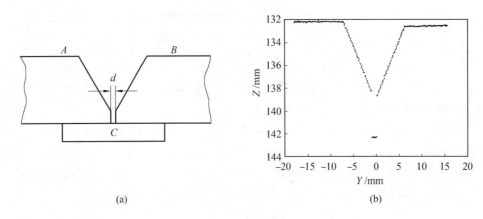

(a)　　　　　　　　　　　　　　(b)

图 3.25　焊缝轮廓特征

对于 V 形坡口,由于坡口间隙、钝边的尺寸不同,有图 3.26 所示的四种形式,提取算法大同小异,提取的结果如图 3.27(a)所示,具体过程如下:

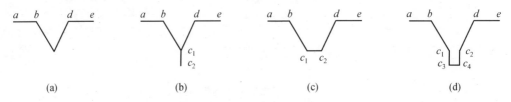

(a)　　　　　　(b)　　　　　　(c)　　　　　　(d)

图 3.26　不同的 V 形坡口获取特征点

① 寻找初始点 a 及末尾点 e；

② 在 a、e 之间连线求其最远点，作为 c 点；

③ ac、ec 间分别连线求距其最远点分别作为 b、d；

④ 对 ab、bc、cd、de 段分别拟合，得到拟合后各直线的交点。

（2）搭接焊缝的特征点提取

对于搭接焊缝，激光条纹在搭接处出现深度方向的突变，可以利用这一特征来提取搭接焊缝的特征点。其中 b、c 是搭接焊缝的两个特征点，在针对薄板的搭接焊接中，这种焊缝图形是最常见的，针对这种情况的处理结果如图 3.27（b）所示，具体处理过程如下：

第一个特征点的提取：沿扫描数据进行搜索，遇到突变点时检查是否满足焊缝条件，若不满足则认为是飞点予以剔除。满足的条件如下：①突变值小于一定的阈值，此值即是所能识别的最大的搭接焊缝厚度。②突变值与下一个点的差值小于给定的值，或突变点在相邻两点之间。如果两个条件都满足，则记下突变开始的位置作为搭接焊缝的一个特征点。

第二个特征点的提取：继续沿扫描数据进行搜索，直到找到另一个特征点。搭接焊缝结束的条件是下一点与当前点的差值小于给定的阈值，记下搭接焊缝结束的位置作为搭接焊缝的另一个特征点。

可以看出，考虑有一定间隙的对接焊缝，最少也应透过两个光点，透过两个光点是指至少有两个光点与 b 点或 c 点的差值大于阈值。当缝隙再小时可将其归入紧密对接焊缝。对于紧密对接焊缝，特征点的提取非常困难。

（3）对接焊缝的特征点提取

对于对接焊缝，a、b、c、d 都是特征点，对于跟踪来说，b 点和 c 点更重要一些，处理的结果如图 3.27（c）所示，具体处理算法如下。

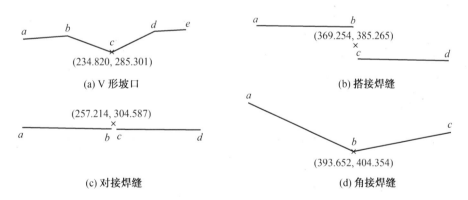

(a) V 形坡口　　　　　　　　　　　　(b) 搭接焊缝

(c) 对接焊缝　　　　　　　　　　　　(d) 角接焊缝

图 3.27　四种形式焊缝的特征点提取

沿扫描数据进行搜索，当满足如下条件时，认为是对接焊缝开始：

①当前扫描数据与前一点差值大于阈值并沿深度增加方向变化。

②相邻的下一点与其差值小于阈值或也沿深度增加方向变化，记下此时的位置作为 b 点。继续向前搜索，当满足如下条件时，认为对接焊缝结束：

当前扫描点与前一扫描点差值大于阈值并沿深度减小方向变化，相邻的下一点与其差值小于阈值，记下此时的位置作为 c 点。

（4）角接焊缝的特征点提取

对于角接焊缝，其处理比较简单，同 V 型焊缝的处理有些类似，可以认为是 V 型焊缝的简化，如图 3.27（d）所示。其具体处理算法如下：

①连接扫描数据两端 a、c 成直线，同前面一样，两端数据点都是经过去除飞点和多点平均处理的；

②求各扫描数据到直线 ac 的距离；

③沿扫描数据进行搜索，找出距离直线 ac 距离最远的点 b；

④分别对 ab 和 bc 内的数据进行直线拟合，求两条直线的交点作为新的 b 点，新的 b 点即为所求的特征点。

在提取特征点时，需要进行飞点的剔除。飞点即图像处理时个别偏离焊缝的点。剔除程序如图 3.28 所示。剔除的方法很简单，只要判断相邻点之间的差值，如果差值大于某一个给定的阈值，则认为是飞点。

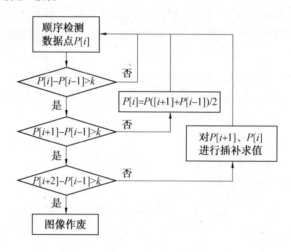

图 3.28　飞点剔除程序流程图

5. 焊缝跟踪的实现

提取的焊缝特征参数，反馈给焊枪的运动控制器，用于实时跟踪或者轨迹修正。

（1）实时跟踪

控制器不进行预先编程，通过预先设定焊接速度和焊接的大致方向，完全依靠传感器获得的信息进行焊缝实时跟踪。当控制器设置成实时跟踪时，控制器中的传感器接口实时接收传感器采集到的特征点信息，在控制器中把特征点计算得到的焊缝检测位置与焊缝当前位置进行比较，控制焊枪向焊缝中心方向回调。需要注意的是，采用实时跟踪，传感器采集的数据必须与焊枪运动控制器的控制周期相匹配，如果传感器的信息处理时间大大超过控制器的控制周期，容易使系统产生振荡，如果控制器的控制周期过短，则难以在运动中体现传感器实时检测的信息。

（2）轨迹修正

轨迹修正时，焊枪的实际轨迹是示教编程轨迹和传感器采集的特征点信息的合成。控制器焊接前进行编程，得到焊缝轨迹。在修正方式下，焊枪沿着编好的焊接轨迹运动，通过安装在焊枪前部视觉传感器采集焊缝的特征信息，当焊枪偏离实际焊缝轨迹时，将焊枪修正到实际的焊缝轨迹。轨迹修正与生产中的情况是相同的,在焊接一批工件之前先示教编程一次,焊接时视觉系统对焊枪运动轨迹作局部调整。具体的修正过程如下:

①传感器未检测到焊缝,即激光扫描面和焊枪都未到达焊缝,焊枪沿示教轨迹运动;

②传感器检测到焊缝,开始采集焊缝数据并记入缓冲区,焊枪未到达接头,此期间可以进行预调整;

③焊枪到达焊缝初始点,焊接开始,焊枪随时进行调整,使其始终沿接头向前运动;

④寻找到焊缝终结点,传感器离开焊缝,不再采集新的数据,焊枪仍继续修正轨迹;

⑤焊枪到达焊缝终结点,结束焊接过程和修正过程。

视觉传感器与焊枪之间的安装关系如图 3.29 所示,在应用视觉传感器进行传感跟踪时需要注意以下两个问题:

①传感器的外参数标定。标定出传感器和工具之间的位姿关系,从而把传感器坐标系下的焊缝特征点转换到在设备基坐标系下的特征点。

②导前量的计算。视觉传感器为外部传感器,一般导前安装 20～50 mm,需要根据机器人的工作周期计算出导前量。

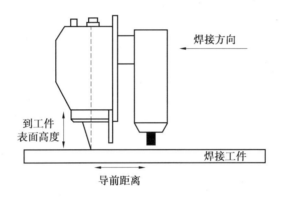

图 3.29　视觉传感器和焊枪之间的位置关系

6.应　用

与其他类型传感器相比,激光视觉传感器能够直接检测焊缝的视觉信息,检测精度高、速度快,适用不同坡口类型和坡口尺寸的变化,广泛应用在弧焊机器人和焊接专机的自动化焊接中,并且在科研生产中能够实现焊接熔池表面三维信息的检测、焊后焊缝表面检测等。

随着焊接自动化和机器人技术的发展以及劳动力成本的提高,发展焊缝自动跟踪系统显得越来越重要。目前,英国、加拿大、瑞典、日本、韩国等都有激光焊缝跟踪的商品化产品。如英国 Meta Machine 公司的传感器,如图 3.30 所示,传感器的安装与工具成一定的角度,避免了弧光的干扰,通过滤光片改善了光强,通过遮挡片防止了飞溅等的干扰,通过冷却系统,延长了传感器的稳定性和使用寿命,可以实现激光焊接,镜面部件的 TIG 焊的跟踪,其跟踪精度可达到 0.02 mm。加拿大魁北克的 Servo-Robot 公司的激光焊缝跟踪系统可用于自动焊接和机器人焊接的焊缝跟踪、导向和探伤,最高可跟踪的焊接速度为 10 m/min,跟踪精度可达 0.02 mm。

激光传感器通常与机器人或者焊接专机组成带有自主功能的自动焊缝跟踪系统进行焊接作业,一个完整带有跟踪功能的机器人系统结构框图如图 3.31 所示。

①激光扫描三维视觉系统。

②工业机器人系统。

③实现外部传感器实时控制的通讯接口及软件。

④跟踪实时控制软件。

⑤焊机及其与机器人的接口。

图3.30　安装在机器人焊枪上的激光传感器实物图

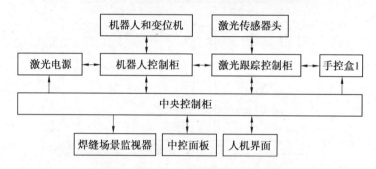

图3.31　激光视觉传感跟踪机器人系统

3.3.3　被动视觉传感

被动视觉传感区别于主动视觉传感,采用自然光或者电弧光作为背景光源,CCD直接采集焊接熔池区或者焊缝区的图像,通过图像处理检测熔池中心位置或者焊缝中心位置,将焊接熔池的中心位置和焊枪位置偏差值传给控制器。

被动视觉可以观测到电弧下方,检测对象(焊缝中线)与被控对象(焊枪)在同一个位置,不存在检测对象与被控对象的前后位置偏差,没有因热变形等因素引起的超前检测误差,能够获得接头和熔池的大量信息,更容易实现精确的跟踪控制。但是强弧光对所提取的图像有很大影响,存在随机干扰大、图像信噪比低,因此如何在强弧光下获取熔池区的清晰图像,成为实现跟踪的关键。

图像处理一般先经过图像变换、增强或恢复等处理,过滤噪声、校正灰度和畸变,然后借助一些数学工具,如快速傅里叶变换、小波变换、概率统计等进行图像的分析理解、特征提取和模式识别。图像处理结果转换为相应控制变量,为提高焊缝成形质量、实现焊缝实时跟踪创造条件。

被动视觉传感一般用于焊接电弧没建立之前的焊缝识别和焊接初始点定位。在实际的

应用中,被动视觉包括如下几种:

(1)单目视觉的焊缝中线识别;

(2)视觉伺服的焊缝初始点定位;

(3)双目立体视觉的焊缝识别;

(4)多基线立体视觉的焊缝识别。

1. 视觉伺服用于焊缝初始点定位

视觉伺服是机器人视觉的一个分支,利用视觉信息对机器人末端位置进行闭环控制。它综合了多个领域的研究成果,包括机器人运动学及动力学、高速摄像处理、控制理论、实时处理控制等。视觉伺服采用闭环控制方式,能够克服视觉传感中模型的不确定性,提高视觉传感系统的整体精度。

视觉伺服根据不同标准有多种分类:

(1)根据视觉系统反馈的误差信号的类型,可以分为基于图像的视觉伺服系统和基于位置的视觉伺服系统。基于图像的视觉伺服系统将视觉系统采集到的图像在二维平面系统中进行图像特征定义,据此计算出控制量;基于位置的视觉伺服系统直接利用采集图像定义目标物体在空间笛卡儿坐标系内的位姿。

(2)根据视觉伺服系统直接控制机器人关节角运动与否,可以分为动态看动系统和直接视觉伺服系统。动态看动系统采用视觉系统采集的信息,提供机器人运动控制器的输入信息,由机器人控制器控制关节角运动。直接视觉伺服系统由视觉伺服控制器直接控制机器人关节角运动。

(3)根据摄像机的安装位置,可分为摄像机与机器人末端工具之间固定的手眼(eye-in-hand)方式和摄像机在工作空间固定的fixed-in-workplace方式。

以基于位置的视觉伺服控制为例,阐述焊接视觉伺服的原理。如图3.32所示为典型的系统控制框图,图3.33为摄像头和焊枪之间的位置关系。摄像机拍摄目标物体的图像信息,计算目标物体相对于机器人末端工具的位姿,然后由当前位姿与视觉控制器期望的位姿计算控制量,机器人控制器根据此控制量控制机器人的运动。

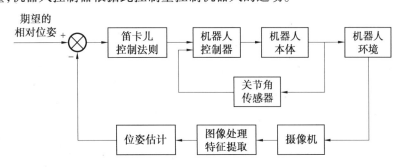

图3.32　基于位置的视觉伺服框图

2. 双目立体视觉法进行焊缝识别

双目立体视觉(Stereo or Binocular Vision)是计算机视觉的一个重要分支,由不同位置的两台或者一台摄像机CCD移动或旋转拍摄同一幅场景,计算空间点在两幅图像中的视差,获得该点的三维坐标值。Marr的视觉理论奠定了双目立体视觉发展理论基础。相比其他体视方法,如透镜板三维成像、投影式三维显示、全息照相术等,双目立体视觉直接模拟人

图 3.33　视觉伺服的摄像机与焊枪的位置关系

眼双眼处理景物的方式,可靠简便,在许多领域均极具应用价值。其实现可分为图像获取、摄像机标定、特征提取、图像匹配和三维重建等步骤。特征提取指从图像中提取边缘、角特征等基本特征。摄像机标定是指图像中的每一点的图像坐标与空间物体表面相应点之间的几何位置关系,这种对应关系是由摄像机的成像模型决定的,而成像模型的各个参数要通过摄像机标定来确定,包括摄像机内参数的标定、机器人和 CCD 之间手眼关系标定。立体匹配主要是指图像匹配,包括特征空间、相似性度量、搜索策略。立体视觉算法因此可以分为三类:灰度匹配、特征匹配和相位匹配。

　　在具体实现上,采用双摄像头对同一个物体从不同位置成像,或者通过移动、旋转一个摄像头获得同一个物体的不同位置成像,根据两幅图像中空间点的视差恢复空间距离,从而获得目标物体的空间三维坐标。如图 3.34 所示为双目立体视觉原理示意图。图中 C_1,C_2 为焦距、机内参数均相等的左右摄像头,两摄像头的光轴相互平行,x 轴相互重合,由于光轴与图像平面相互垂直,两个摄像头的图像坐标系 x 轴重合,y 轴平行。根据 P_1 与 P_2 的图像坐标可以求得空间点 P 的三维坐标 (x_1,y_1,z_1)。

　　图 3.35 所示为 Funuc 机器人的双目立体视觉系统,两个摄像头安装在机器人末端焊枪的前面,在焊接之前,打开摄像头底部的挡光板,提取焊缝的信息,当机器人转到焊接状态时,关掉挡光板开始焊接。

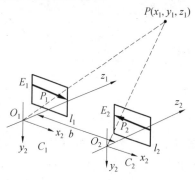

图 3.34　双目立体视觉原理　　　　图 3.35　Funuc 机器人的双目立体视觉系统

3. 多基线立体视觉的焊缝识别

多基线立体视觉系统利用多个摄像机(3个或者3个以上)或者采用同一个摄像机沿某一坐标轴线移动,从不同位置采集目标物体的图像,取某一位置的摄像作为参考摄像机,其所拍摄图像为参考图像,进而该摄像机与其余每一台摄像机之间(或者是处于不同位置的同一摄像机)均能构成双目立体视觉成像系统。

图3.36为采用4个CCD摄像机沿着水平方向排列构成的多基线立体视觉系统。图中C_1为参考摄像机,其他3个摄像机与C_1可以组成3对双目视觉对,基线长度为$B_i(i=1,2,3)$,沿着外基线方向计算各个视觉对的SSSD曲线,根据多基线视觉的基本原理,各个SSD曲线因基线长度不同,在最终求得匹配点时的作用不一样,因此将各个视觉对得到的SSD曲线相加得到SSSD曲线,如图3.37所示。SSSD曲线上的极小值点P就对应所求的匹配点的位置。为了提高匹配精度,可以采用对SSSD曲线极限值点附近一定邻域内的数据拟合,求极值。步骤如下:

①在SSSD曲线的极值点附近取3个点$d_1(x_1,s_1)$、$d_2(x_2,s_2)$、$d_3(x_3,s_3)$;

②令d_2为曲线上的极小值点,如图3.38所示;

③采用二次曲线$s=a(x-c)^2+b$来拟合3个数据点,其中$a<0,b>0$,然后求二次曲线的极值,即为精确匹配点。

多基线立体视觉法是针对传统视觉方法难以应用于焊接工件三维建模的问题而提出的,具有消除重复纹理图像匹配模糊性的特点,通过多基线立体视觉系统对焊接工件进行三维建模可以得到其位置信息,从而使机器人实现工件的自动定位和焊缝位置识别。

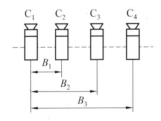

图3.36　多基线立体视觉系统

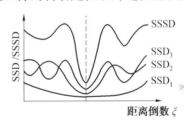

图3.37　SSD和SSSD曲线

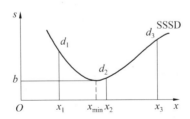

图3.38　在SSSD曲线的极小值处二次曲线拟合

3.4　接触式传感焊缝跟踪

接触式焊缝跟踪传感器一般是将导轮或者是导杆置于焊枪前方,与坡口直接接触检测焊接位置偏差,能够横向调节和高度调节,并能控制焊枪机构的运动。

接触式焊缝跟踪传感器包括机械式和机电式。机械式靠焊缝形状对导轮或者导杆的强制力来导向。机电式当焊枪与焊缝中心线偏离时,机电装置把位置信息转换为电信号,并传给控制器调整焊枪回复到中心位置,实现自动跟踪。根据信号转换原理不同,机电式又可以分为机械-开关式、机械-差动变压器式、机械-光电式、机械-电磁式等。

接触式焊缝跟踪传感器结构简单,成本较低,在一定程度上能够有效避免电弧磁、光、飞溅等的影响,是最先应用于焊缝跟踪的传感器,主要用于有可靠接触的 X、Y 形坡口、窄间隙焊缝及角焊缝的焊接,应用于长、直焊缝的单层焊和角焊缝的焊缝跟踪。焊接过程中飞溅过多时会影响跟踪的效果。当接触式焊缝跟踪传感器应用于多层多道焊填充焊道时,由于检测不到焊缝坡口的几何信息,因此不能用于填充焊道和盖面。

1. 机械-开关式

如图 3.39 所示为导杆(探针)或导轮与工件的接触形式,接触式传感器把接触到的位置信息根据不同的原理转换为相应的控制信息,对焊枪的运动机构进行调整。

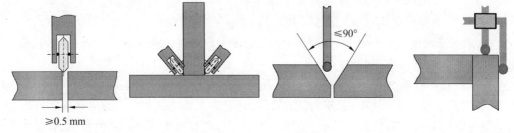

(a) 导轮接触对接焊缝间隙　(b) 用导轮接触角焊缝　(c) 用探针以坡口中心为基准　(d) 用双探针以工件为基准

图 3.39　导杆(探针)或导轮与工件的接触形式

机械-开关式接触式传感器工作原理图如图 3.40(a)所示,导杆中部用铰链固定,导杆端部在坡口内。当焊枪偏离焊缝中心时,导杆向一侧偏转,接通微动开关,驱动电机转动,使传感器回到平衡位置。此时开关断开、电机停转,焊缝对中。

2. 机械-差动变压器式

机械-差动变压器式传感器的原理如图 3.40(b)所示,由可滑动铁芯的差动变压器组成位置检测的装置。探针的前端部接触坡口,探针的后端及其附带机构插入电磁线圈中,并在线圈边缘施加恒定电压。当水平滑动的铁芯处于中间位置时,两个次级线圈的感应电势相等,输出电压 $U_0 = 0$,此为平衡状态;当探针在焊缝中运动时,带动线圈中铁芯位置变化,使两个次级线圈的感应电动势不相等,输出电压极性确定偏差方向,大小确定偏差的大小,从而确定探针相对于焊缝的位置信息,实现焊缝跟踪。

3. 机械-光电式

机械-光电式传感器如图 3.40(c)所示,它与机械-开关式相似,但在导杆的上端装有一个发光二极管。当焊枪偏离焊缝中心使导杆偏转时,光束指向两个光电接收管之一,这两个光电管就像开关一样接通电动机的控制电路,实现自动跟踪。

4. 电极接触式传感器

电极接触式传感器的工作原理如图 3.41 所示,在电极与工件之间施加检测电压,焊丝探出喷嘴一段距离,焊枪移动至工件附近,当焊丝与工件接触时,检测到的电流会陡升,通过检测焊丝与母材接触时的电流,记录此点的机器人当前位置,以此类推,焊丝接触工件表面的多个点。采用数学计算得到坐标交叉点 P,利用检测点与示教点之间的位置偏差量修正机器人程序。电极接触式传感器主要应用于弧焊机器人中,用于焊缝起点与终点位置的检测。图 3.42 给出了 T 形接头和搭接接头的接触方法。

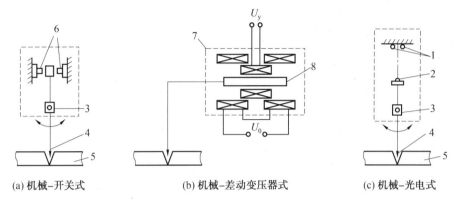

(a) 机械–开关式　　　　　(b) 机械–差动变压器式　　　　　(c) 机械–光电式

图 3.40　机械–电子式传感器原理图

1—光电管;2—发光二极管;3—杠杆轴;4—跟踪探头;5—工件;6—微动开关;7—位移传感器;8—铁芯

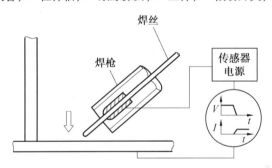

图 3.41　电极接触式传感器原理图

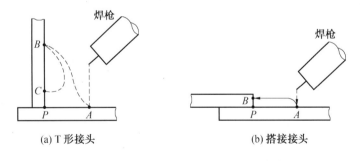

(a) T 形接头　　　　　　　　　　(b) 搭接接头

图 3.42　不同接头形式的电极接触式传感器

3.5　红外辐射传感焊缝跟踪

红外传感技术是一种非接触的热测量方法。焊接时,电弧对工件加热,在焊接熔池及其周围区域形成一定温度场,由于电弧分布的不对称程度与电弧偏离焊缝的程度有直接联系,因而可以采用红外摄像机获得焊接区域温度场,检测在电弧对中、电弧不对中、接头间隙发生改变、错边、接头具有杂质等情况下焊接区域温度场的变化,根据熔池温度场分布的对称性判断电弧是否对中和电弧偏移的方向。根据这些检测结果调整焊枪位置,使电弧回到正常焊接位置。这种类型的传感器在实验室中进行了研究,但是在生产中很少用到,由于传感器的价格、体积、检测精度、标定等因素的影响。如图 3.43 所示为检测的结果。

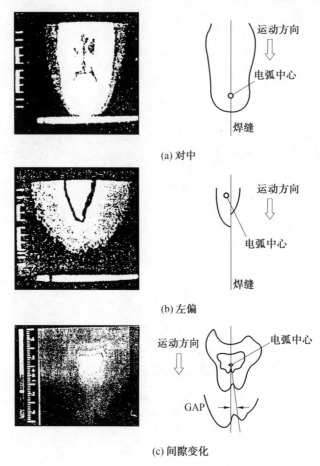

图 3.43　红外传感器对焊缝对中的传感

3.6　电磁传感焊缝跟踪

电磁传感器实质上是共用初级线圈的两个变压器,绕在中柱上的初级线圈通交流电压,两个次级线圈为反极性串联,通过检测次级输出的差动信号可判断偏离方向。图 3.44 所示为电磁传感器结构设计图。其中 N_{x1} 线圈和 N_{x2} 线圈的圈数相等,用来识别水平位移偏差;N_{y1} 和 N_{y2} 用来识别高度方向的位移偏差,N_1 线圈为励磁线圈。当励磁线圈 N_1 上加以交流激磁电压时,在铁芯及工件构成的磁路中产生交变磁通 Φ,在水平方向感应线圈 N_{x1}、N_{x2} 以及高度方向感应线圈 N_{y1}、N_{y2} 上分别有感应电动势。由磁场的边界条件可知,工件装配间隙将 Φ 分为 Φ_{x1}、Φ_{x2},当传感器相对工件移动时,Φ_{x1}、Φ_{x2} 呈差动变化。当水平偏差 $x = 0$ 时,由于传感器本身对称,附加通过对接间隙的磁路后仍然对称,水平方向传感输出电压为0;当

水平偏差 $x \neq 0$ 时,对接间隙将造成一侧磁路中的磁通增大,另一侧磁路中磁通变小,水平方向传感输出电压不为 0,且呈差动变化。根据检测到的传感输出电压的变化调整焊枪位置。电磁传感器是一种以磁场作为介质的非接触式传感器,结构简单,但是焊缝表面的平面度对其跟踪精度影响较大。

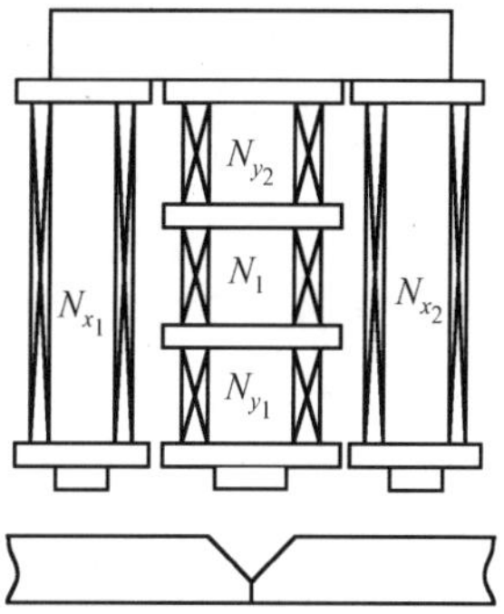

当励磁线圈 N_1 上加以交流激磁电压时,在铁芯及工件构成的磁路中产生交变磁通 Φ,在水平方向感应线圈 N_{x1}、N_{x2} 以及高度方向感应线圈 N_{y1}、N_{y2} 上分别有感应电动势。水平方向感应线圈 N_{x1}、N_{x2} 分别有感应电动势:

$$E_{x1} = -J\omega M_{x1} I_1 \tag{3.3}$$

$$E_{x2} = -J\omega M_{x2} I_1 \tag{3.4}$$

则水平传感输出电压为:

$$U_{SCX} = E_{x1} - E_{x2} = J\omega(M_{x2} - M_{x1})I_1 \tag{3.5}$$

式中,M_{x1},M_{x2} 分别为 N_{x1} 与 N_1,N_{x2} 与 N_1 之间的互感系数,由互感系数定义:

$$M_{x1} = N_{x1}\varphi_{x1}/I_1 \tag{3.6}$$

$$M_{x2} = N_{x2}\varphi_{x2}/I_1 \tag{3.7}$$

图 3.44 电磁传感器结构原理图

式中,N_{x1},N_{x2} 是水平感应线圈的匝数,由于对称,故有 $N_{x1} = N_{x2} = N_2$。

则传感器输出电压又可写为

$$U_{SCX} = \omega N_2(\varphi_{x2} - \varphi_{x1}) \tag{3.8}$$

当传感器相对工件移动时,Φ_{x1}、Φ_{x2} 呈差动变化。当水平偏差 $x = 0$ 时,由于传感器本身对称,附加通过对接间隙的磁路后仍然对称,则 $E_{x1} = E_{x2}$,根据式(3.8)可知此时水平方向传感输出电压 $U_{SCX} = 0$;当水平偏差 $x \neq 0$ 时,对接间隙将造成一侧磁路中的磁通增大,另一侧磁路中磁通变小,$E_{x1} \neq E_{x2}$,由式(3.8)得到 $U_{SCX} \neq 0$,且呈差动变化,即所谓差动变压器。

电磁传感器、调节器、执行机构三大部分组成了电磁传感器焊缝自动跟踪系统,并构成了一个闭环反馈系统,如图 3.45 所示。在焊接过程中,焊枪相对工件运动时,总会出现 x、y 两个方向的偏差,通过传感器 x、y 的位移量被转换成与之成比例的电压信号 $u(x)$、$u(y)$。输入调节器,根据 $u(x)$、$u(y)$ 的大小与极性控制电机转向与启停的信号,电机接受调节器

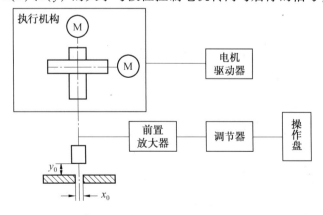

图 3.45 电磁传感焊缝自动跟踪系统框图

的信号纠正 x、y 两个方向的偏差,保证焊枪与工件的相对位置在要求精度范围内。

3.7　超声传感焊缝跟踪

超声传感是利用超声波在金属中传播遇到界面反射,接收反射波信号,根据发射信号与反射信号的时间差计算超声波行程,从而测得界面位置。由于超声波传感器具有频率高、波长短、方向性好、可定向发射和调制的特点,对于焊接过程中的弧光、电场、磁场等不敏感,越来越受到研究人员的关注。

1. 超声波焊缝跟踪传感器结构

由第 1 章的内容可知,超声波由压电体(也称为换能器)产生,具有正压电效应和逆压电效应,正压电效应可以使压电体产生超声波,逆压电效应可以接收超声波产生脉动电压,实现电能与声能的相互转换。

超声焊缝跟踪传感器由超声波发射及接收装置构成,如图 3.46 所示。传感器首先发射超声波,超声波在焊接金属中传播遇到界面发生反射,传感器接收反射的超声波信号,根据发射信号与接收信号的声程时间 t,可以得到传感器和焊接工件之间的垂直距离 H,从而实现焊枪与工件高度之间的距离的检测,再依据传感器与焊枪之间的相对位置关系,推算出焊枪相对于焊缝的位置。

$$H = t \cdot C/2 \tag{3.9}$$

式中,C 为超声波在空气介质中的声速。

超声波传感器可以分为固定式和扫描式两种。测量精度主要取决于超声波的频率,频率越高,误差越小。声波频率一般为 $1.25 \sim 2.5$ MHz,由于能够避免电磁、弧光和烟尘等干扰,且流动的液体不能传播横波,超声波可以投射到焊接熔池中,在固液界面也要反射,可以测量熔池的深度,所以超声波传感器兼具有焊缝跟踪和熔深测量的功能。

2. 超声波检测焊缝原理

焊缝左右偏差的检测,一般采用寻棱边法,如图 3.47 所示。在超声波声程检测原理的基础上,利用超声波反射原理进行检测信号的判别和处理。由于声波的传输与光的传输有类似的特点,遇到焊接工件是发生反射,当声波入射到焊接工件坡口表面时,由于坡口表面

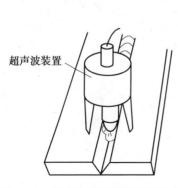

图 3.46　超声波传感器外形示意图

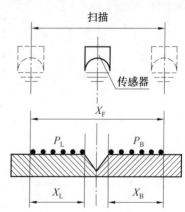

图 3.47　焊缝左右偏差的超声波检测原理

与入射波的角度不是 90°,因此其反射波就很难回到传感器。也就是说,传感器接收不到回波信号,利用声波的这一特性,就可以判别是否检测到了焊缝坡口的边缘。

3. 超声波传感焊缝跟踪的实现

在焊缝的跟踪过程中首先进行焊枪高低偏差调整,然后进行焊缝左右偏差的调整。在进行焊缝左右跟踪时,不进行焊枪高低的调整。

假设传感器从左向右扫描,在扫描过程中可以检测到一系列传感器与焊接工件表面之间的垂直高度。假设 H_i 为传感器扫描过程中测得的第 i 点的垂直高度,如果满足:

$$|H_i - H_0| < \Delta H \tag{3.10}$$

式中,ΔH 为允许偏差值。

则得到的是焊道坡口左边工件的信息。

当传感器扫描到焊缝坡口右边棱时,会出现两种情况,第一种是传感器检测不到垂直高度 H,这是因为对接 V 形坡口斜面把超声回波信号反射出探头所能检测的范围。第二种情况是该点高度偏差大于允许偏差,即

$$|\Delta y| = |H - H_0| \geqslant \Delta H \tag{3.11}$$

并且有连续 D 个点没有检测到垂直高度或是满足上式,则说明检测到了焊道的左侧棱边,在此之前传感器在焊缝左侧共检测到了 P_L 个超声回波。

当传感器扫描到焊缝坡口右边的焊接工件表面时,超声传感器又接收到回波信号或者检测高度的偏差,满足公式(3.10),并有连续 G 个检测点满足此要求,说明传感器已经检测到焊缝坡口右侧。

$$|\Delta y| = |H_j - H_0| \leqslant \Delta H \tag{3.12}$$

当传感器扫描到右边终点时,采集得到的右侧水平方向的监测点共有 P_R 个点,根据 P_L、P_R 可以算出焊枪的横向偏差方向及大小。控制系统既可以根据检测到的横向偏差的大小和方向进行纠偏调整。

4. 应用

在应用时超声波传感器安装在焊枪前端,其处理的方法与激光传感器相似,需要防止误差的积累,并利用模糊控制、神经网络控制、仿人控制或经典控制与智能控制相结合的方法进行焊缝自动跟踪系统的设计。

日本的一种超声波传感器导前焊枪安装,做圆周的扫描运动,用于检测坡口,跟踪精度可达 0.3 mm。国内有采用直线扫描和固定式边缘扫面的方法进行坡口检测,跟踪精度能够达到 0.5 mm。当前由于超声波传感器不断向小体积,高频率发展,可以考虑采用传感器阵列式,以减小体积,提高效率。

思考题及习题

3.1 简述焊缝跟踪的概念,对焊缝跟踪传感器的要求。

3.2 简述焊缝跟踪传感器的分类。

3.3 画图分析电弧传感焊缝跟踪的原理。

3.4 阐述结构光视觉传感焊缝跟踪的原理。

3.5 不同坡口的焊缝接头特征如何识别?

3.6 简述电磁跟踪传感器的工作原理。

参考文献

[1] 中国机械工程师学会焊接学会.焊接手册:第1卷.焊接方法及设备[M].3版.北京:机械工业出版社,2008.

[2] 王其隆.弧焊过程质量实时传感与控制[M].北京:机械工业出版社,2000.

[3] JEONG S K, LEE G Y, LEE W K, et al. Development of High Rotating Arc Sensor and Seam Tracking Controller Welding Robots[J]. ISIE 2001,Pusan, Korea:845-850.

[4] ZHANG Y M. Real-time weld process monitoring[M]. England:Woodhead Publishing Limited, 2008.

[5] 熊震宇,张华,潘际銮. 基于旋转电弧传感的空间位置曲线焊缝跟踪[J].焊接学报, 2003,24(5):37-41.

[6] 彭俊斐,张华,毛志伟,等. 新型旋转电弧传感系统的研究[J].传感器与微系统, 2007, 26(12):12-18.

[7] 熊震宇,张华,贾剑平,等. 旋转电弧传感器的研制[J].传感器技术, 2003, 7:1-3.

[8] 胡绳荪, 张绍彬, 侯文考. 焊缝跟踪中的非接触式超声波传感器的研究[J].仪表技术与传感器, 1999, 36(4): 5-6, 22.

[9] 叶建雄, 张华. 旋转电弧水下药芯焊丝电弧焊的智能化焊接系统[J]. 焊接学报, 2008, 29(03): 141-144.

[10] 张广军.视觉传感的变间隙填丝脉冲 GTAW 对接焊缝成形智能控制[D].哈尔滨:哈尔滨工业大学材料科学与工程学院,2002.

[11] 闫志鸿.基于熔池视觉传感的薄板 P-GMAW 焊缝成形过程控制[D].哈尔滨:哈尔滨工业大学材料科学与工程学院,2006.

[12] 林尚扬,陈善本,等.焊接机器人及其应用[M].北京:机械工业出版社,2000.

[13] 王忠立,等.主动多基线立体视觉及其在机器人焊接技术中的应用研究[J].高技术通讯,2001(4):82-85.

[14] 孔宇,等.机器人结构光视觉三点焊缝定位技术[J].焊接学报,1997,(9):188-191.

[15] KIM M Y, et al. Visual sensing and recognition of welding environment for intelligent shipyard welding robots[J]. 2000 IEEE International Conference on Intelligent Robots and Systems, Takamatsu, 2000:2159-2165.

[16] IBANEZ I, et al A low cost 3D vision system for positioning welding mobile robots using a FPGA prototyping system[J]. 28th Annual Conferenc of the IEEE,2002: 1590-1593.

[17] 陈强,等.计算机视觉传感技术在焊接中的应用[J].焊接学报,2001,(2):83-90.

[18] KIM P, et al Automatic teaching of welding robot for free-formed seam using laser vision sensor[J]. Optics and Lasers in Engineering, 1999,(31):173-182.

[19] 毛鹏军,等.焊接机器人技术发展的回顾与展望[J].焊接,2001,(8)6-10.

[20] 刘丹军,赵梅,等.视觉机器人 MAG 焊接参数的在线规划系统[J].焊接学报,1997,18(1):50-54.

［21］刘苏宜,王国荣,钟继光.视觉系统在机器人焊接中的应用与展望［J］.机械科学与技术,2005,24(11):1296-1300.

［22］沈鸿源.铝合金弧焊机器人视觉实时焊缝跟踪与成形控制方法研究［D］.上海:上海交通大学材料科学与工程学院,2008.

［23］陈希章.基于双目视觉的弧焊机器人焊缝三位信息获取研究［D］.上海:上海交通大学材料科学与工程学院,2007.

［24］卢昌福.基于激光视觉传感的焊后检测技术研究［D］.哈尔滨:哈尔滨工业大学材料科学与工程学院,2007.

［25］娄俊岭.一种三维视觉传感系统信息处理方法的软硬件实现［D］.哈尔滨:哈尔滨工业大学材料科学与工程学院,2011.

［26］晋连志.基于微束等离子弧的焊缝跟踪传感研究［D］.哈尔滨:哈尔滨工业大学材料科学与工程学院,2007.

第4章 焊缝成形传感

4.1 概 述

4.1.1 熔池及其尺寸参量

焊接过程中,在电弧热和电阻热的作用下,焊丝与母材被熔化,在焊件上形成一个具有一定形状和尺寸的液态熔池。随着热源的移动,熔池向前运动,在电弧后形成凝固的焊缝。熔池的形状和体积不仅决定了焊缝成形,而且对焊缝的组织、力学性能和焊接质量有重要影响。

焊接接头由焊缝区、熔合区、热影响区及邻近的母材组成。焊缝成形与焊接接头质量及性能紧密相关,熔池信息能直接反映焊缝成形、内部缺陷。熟练的焊工主要是通过观察熔池的变化等因素来调整焊接参数,来获得良好的焊缝成形。因此熔池检测是焊缝成形传感的重要内容。

如图 4.1(a)所示为用普通 CCD 拍摄的熔池图像,按照图中的不同位置,熔池分为电弧中心区、熔池边缘区、凝固区三个区域,其形状可以用图 4.1(b)来描述,尺寸参量定义如下:

①L_t为熔池长度;

②L_{tt}为最大熔池半长;

③W_t为最大熔池宽度。

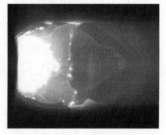

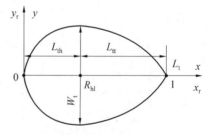

(a) 普通 CCD 拍摄熔池图像   (b) 熔池的尺寸参数定义

图 4.1 熔池的尺寸参量

熔池形状和体积受以下因素影响:

(1)焊接接头的形式和焊接时的空间位置不同,导致重力和表面张力对熔池作用不同,影响熔池的形状和体积;

(2)焊接工艺方法和焊接参数不同,熔池的体积和熔池长度不同。

因此,为了控制熔池的形状和体积,焊接时尽量采用平焊的位置,生产中一般采用焊接变位机变换工件的位姿,在船型焊位置进行焊接。在进行横焊、立焊、全位置焊接时,需要通过控制熔池的尺寸获得良好的焊缝成形,如在气电立焊和电渣焊时,一般采用强迫成形工装来控制焊缝成形。

4.1.2 焊缝成形参数

1. 焊缝成形参数的定义

焊缝形状是指焊件熔化区横截面的形状,常用三个焊缝成形参数来描述:熔深、熔宽、余高,定义如图4.2所示。

(1)熔深 H 表示焊缝的有效厚度,是指母材部分熔透时的熔化部分最深位置与母材表面之间的距离,在焊缝横截面上可以观察到熔透情况,如图4.2(a)所示。熔透指母材全部熔透时的焊缝成形,用反面熔宽 b 来表示其程度,如图4.2(b)、(c)所示。

(2)熔宽 B 表示焊缝宽度,在部分熔透、全熔透及角焊缝的表示方法相同。

(3)余高 h 表示焊缝加强高。

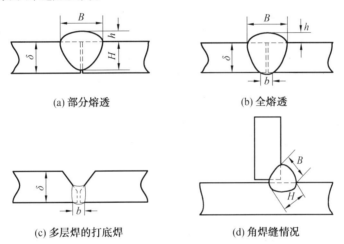

(a) 部分熔透   (b) 全熔透

(c) 多层焊的打底焊   (d) 角焊缝情况

图 4.2　焊缝成形参数 I

熔宽和熔深(或熔透)是由焊接过程中电弧对工件的热输入、工件的散热条件、工件材料、工件装配尺寸等决定的。如图4.3所示,熔池凝固后形成焊缝宽度,焊接速度和热输入决定了熔池的长度和深度。焊缝余高主要是由焊缝坡口尺寸、焊接工艺参数、填丝量决定的。

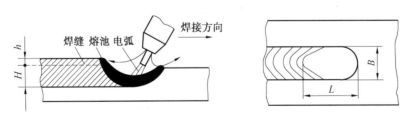

图 4.3　焊缝成形参数 II

合理的焊缝形状要求 H、B、h 之间有适当的比例关系,生产中常用焊缝成形系数和余高系数来表征焊缝成形特点。GB/T 3375—1994 中定义:

①焊缝成形系数 φ 为:$\varphi=B/H$;

②余高系数 ψ 为：$\psi = B/h$。

2. 焊缝成形参数对焊接质量的影响

焊缝成形参数对焊接质量的影响如下：

(1)焊缝成形系数 φ 对焊接质量的影响

φ 较小时，表示焊缝窄而深。若想得到 φ 小的焊缝，必须有集中的热源，获得较高的能量密度。但若 φ 过小，焊缝截面过窄，不利于气体从熔池中逸出，容易产生气孔，焊缝中心由于区域偏析会聚集较多的杂质，增大产生夹渣和裂纹的倾向。实际焊接在保证焊透(或达到足够焊缝厚度)的前提下，φ 大小应根据焊缝产生裂纹和气孔的敏感性来确定。埋弧焊时一般要求 $\varphi > 1.25$；而堆焊时，在保证堆焊成分的前提下可使 $\varphi = 10$。

(2)余高系数 ψ 对焊接质量的影响

余高的存在使焊缝和母材连接处不能平滑过渡，产生应力集中，降低了焊接结构的承载能力。理想的无余高又无凹陷的焊缝不可能在焊后直接获得。因此为了保证焊缝强度，一般允许焊缝有适当的余高，通常对接焊缝允许 $h = 0 \sim 3$ mm 或 $\psi = 4 \sim 8$。对于特别重要的承受动载负荷的结构，在不允许存在余高时，可先焊出带有余高的焊缝，而后用人工磨平。角接接头从承受动载的角度来看，也不希望有余高，最好有呈微凹的平滑过渡的形状。

(3)熔合比 Y 对焊接质量的影响

焊缝成形另一个重要的参数是熔合比。熔合比是指单道焊时，在焊缝横截面上母材熔化部分所占的面积与焊缝全部面积之比($Y = A_m / (A_m + A_H)$)。熔合比是表征焊缝横截面形状特征的重要参数，熔合比越大，则焊缝的化学成分越接近于母材本身的化学成分。在电弧焊工艺中，特别是焊接中碳钢、合金钢和有色金属时，调整焊缝的熔合比常常是控制焊缝化学成分、防止焊缝缺陷和提高力学性能的重要手段。

3. 焊缝成形的控制

一般通过控制焊接工艺参数控制焊缝成形。

电弧焊的焊接工艺参数包括焊接参数和工艺因数等，不同的焊接工艺参数对焊缝成形的影响也不同。通常将对焊接质量影响较大的焊接工艺参数(如焊接电流、电弧电压、焊接速度、热输入等)称为焊接参数。其他工艺参数(如焊丝直径、电流种类与极性、电极和焊件倾角、保护气等)称为工艺因数。此外，焊件的结构因素(如坡口形状、间隙、焊件厚度等)也会对焊缝成形造成一定的影响。

焊接参数决定焊缝输入的能量，是影响焊缝成形的主要因素：

①焊接电流 I。焊接电流主要影响熔深。其他条件一定时，随着电流的增大，电弧力和电弧对焊件的热输入量及焊丝的熔化量(GMAW)增大。熔深和余高增加，而熔宽几乎不变，焊缝成形系数减小。

②电弧电压 U。电弧电压主要影响熔宽。其他条件一定时，随着电弧电压的增大，熔宽显著增加，而熔深和余高略有减小。

③焊接速度 v。焊接速度主要影响母材的热输入量。其他条件一定时，提高焊接速度，单位长度焊缝的热输入量及焊丝金属的熔敷量均减小，故熔深、熔宽和余高都减小。增大焊接速度是提高焊接生产率的主要途径之一。但为保证一定的焊缝尺寸，必须在提高焊接速度的同时相应地提高焊接电流和电弧电压。

总之，不同的焊接方法对焊缝成形系数有自身的特定要求，为得到合适的焊缝成形，需要焊接工艺参数进行协同调整。

4.1.3　焊缝成形传感方法

目前还没有一种在焊接中直接检测熔池尺寸的可靠方法,只能利用一些间接的检测与控制方法。根据焊接过程伴随物质流和能量流的特性,采用力学、光学、电学、声学、热学原理设计的多种传感器应用到焊缝成形传感上。

从传感信息的不同来分,焊接成形传感方法可分为下列类型:熔池图像法、熔池红外热像法、熔池振荡法、光电测量法、熔深估算法、X 射线检测法、超声波法等。具体分类如表4.1所示。

表4.1　焊缝成形传感方法分类

方法类别	传感信息	原理	应用
熔池图像法	视觉信息	采用视觉传感器获取熔池图像,通过计算机图像处理得到熔池的二维、三维信息。目前是焊缝成形传感的主要方法	工程应用不多
熔池红外热像法	温度信息	采用远红外热像仪获取焊接区的热分布图像,可以消除弧光的干扰,直接传感正面,一般设备较为复杂	离实际应用还有一定距离
点红外测温及比色测温法	温度信息	测量焊接区和热影响区的温度进行成形传感	已逐渐应用于生产实际,并向低成本方向转化
熔池振荡法	力觉信息	利用熔池受激振荡时固有频率与熔池体积的关系来实现熔透或熔深的传感	已在实际生产中得到应用,但主要用于 GTAW
光电测量法	光学信息	利用光敏元件(光纤、光电二极管等)从焊缝正面或者背面采集可见光或者红外光,间接获取熔透或者熔深信号	实际应用较少
熔深估算法	工件背面焊道附近的温度	求解三维逆向热传导方程,得到工件内部的等温线分布,可用于 GTAW,也适合于 GMAW,此方法只能控制熔深,不能控制全熔透	主要是在实验室中应用,实际应用较少
超声波法	声音信号	将超声波用于熔池检测尚处于探索阶段	离实际应用还有一定的距离
X 射线检测法	X 射线	X 光的强穿透性,已用在焊接过程熔深检测的研究及应用中。X 射线发射装置比较昂贵,该法须在拍摄过程中添加防辐射装置	设备价格和辐射限制了在一般的焊接场合中应用

从传感的位置上来分,焊缝成形传感可以分为正面传感和反面传感:

(1)熔池正面传感需要建立模型,通过正面的信息控制反面熔宽;

(2)反面熔宽的检测方法简单直接,容易实现,但由于需要在反面安装视觉传感器,受空间位置的约束,并且需要传感器与焊枪同步,相对位置固定。

从传感熔池的信息而言,焊缝成形传感可以分为:熔池轮廓和表面信息的传感;熔深或熔透的传感;焊缝宽度和加强高的传感。前二者主要是对熔池的检测,包括熔池的二维信息、三维信息,如熔池表面最大宽度、长度、面积,后拖角、余高,熔池反面熔宽、熔深等。检测的方法包括声学、超声波、力学、熔池震荡、光学(X 射线、红外温度传感、图像传感)等。后者主要是对焊道余高和焊道宽度的检测,一般采用视觉的方法进行检测。但是由于是检测后方信息,具有滞后性,需要配合相应的预测控制算法进行闭环控制。

焊缝成形传感与焊缝跟踪传感在传感原理上相类似。焊缝跟踪传感一般是传感焊接电弧前方焊缝和下方熔池的信息,实现焊枪对焊缝的实时对中;焊缝成形传感主要是检测焊接电弧下方熔池、反面熔宽或者电弧后方焊道的信息,根据检测的信息对焊缝成形进行闭环控制,从而获得优良的焊缝质量。

熔池传感是焊接质量控制的重要内容,其核心是对熔透与熔深的传感与控制。焊缝宽度与加强高不像焊缝熔深与熔透对接头强度的影响那样大,但有时一些质量要求很高的焊接产品也要求将焊缝宽度与加强高控制在一定的尺寸范围内,焊缝宽度与加强高只能作为焊接结果在焊后表现出来,所以只能采用焊后检测的方法。

4.2　视觉传感检测焊缝成形

视觉传感器不与焊接回路相接触,检测不影响焊接过程的进行,但它能提供丰富的信息,如接头形式、熔池形状、电弧形态等,因此是目前受到普遍关注的焊接过程传感器。在焊接过程中采用视觉传感方法实时获得焊接区域信息,具有信息大、灵敏度高、精度高、抗电磁干扰能力强、传感器与工件不接触等优点,通过合理的图像处理,可以对焊缝成形进行监控。

根据视觉检测系统中成像光源是辅助光源还是焊接区自身光源,视觉传感可分为主动视觉传感和被动视觉传感两类。

根据所获得信息的不同,视觉传感技术可以分为二维视觉传感和三维视觉传感。二维视觉传感技术主要是通过图像提取焊接区的二维信息,在弧焊过程和焊缝跟踪中的研究开展得比较早。相对于二维信息而言,焊接区的三维信息在表现焊接熔池形状、焊缝成形方面更具有优势。

4.2.1　被动视觉成形传感

1.被动视觉传感的分类

被动视觉传感一般采用滤光片去除弧光的干扰,使摄像机在弧光对熔池辐射比例适当的较窄的光谱范围内获取熔池图像,设备简单、成本低。该方法的重点是如何既避免电弧光对焊接区成像的干扰,又对其加以利用使焊接区成像质量更好,有利于焊接区特征信息的提取。根据抑制弧光对成像质量的影响的方法不同,分为以下三类:

(1)利用电极和导电嘴挡住电弧的烁亮区,以减小成像系统对电弧的曝光量;

(2)在脉冲基值电流或维弧电流条件下取像;

(3)利用滤光和中性减光技术滤除或降低成像系统对电弧光的曝光量。

实际应用中,一般为以上两种或三种方法的综合作用。

如表 4.2 所示,被动视觉传感从焊接方法上分,包括:TIG 焊、MIG/MAG 焊、CO_2 气体保护焊、等离子焊及激光焊等;从焊接电流形式上分,包括:直流、交流及脉冲电流等;从母材材质上分,包括:低碳钢、中碳钢、不锈钢、铝合金及纯铜等。总体而言,材质、焊接方法、电流形式、保护气体成分等因素都可能使成像质量下降,需要根据实际焊接条件设计相应的取像系统。

表4.2　被动视觉传感的分类

焊接方法	母材材质	取像系统设计特点
连续电流 TIG 焊	低碳钢 不锈钢	光学参数的优化 窄带复合滤光
交流 TIG 焊	铝合金	采用二次滤光方法
脉冲 TIG 焊	低碳钢	复合滤光,脉冲基值取像
TIG 堆焊	T2 纯铜	近红外波段取像
脉冲 MIG 焊	LF6 铝合金	窄带滤光片+减光片+吸热玻璃
MAG 焊	45#钢	射流过渡,近红外窄带滤光,$\lambda_0 = 1\ 064$ nm,$\Delta\lambda = 10$ nm
脉冲 MAG	低碳钢	维弧电流下取像
GMAW	低碳钢	管焊缝,短路期间取像 红外滤光+中性滤光
CO_2 气体保护焊	低碳钢	短路过渡,短路期间取像
VPPAW	铝合金	窄带滤光,$\lambda_0 = 658$ nm,$\Delta\lambda = 10$ nm
Nd:YAG 激光焊	低碳钢	分光镜的选用和窄带滤光减阻片的使用

2. 被动视觉传感的实现步骤

采用被动视觉传感进行焊缝成形控制时,不用辅助激光照射,采用 CCD 摄像系统来传感熔池图像。为了建立准确的焊接过程动态模型,需要采集正反面熔池信息。一般采用价格相对较便宜的普通 CCD,采用一些特殊技术的配合,也可获得较清晰的熔池图像。如图4.4所示,步骤如下:

(1)首先构建取像系统,选择滤光片;

(2)进行熔池图像的获取,包括正面熔池或者反面熔池图像。针对不同的方法需要选择恰当的拍照时间,比如针对脉冲 TIG,利用在维弧电流期间弧光较弱,可拍摄到较清晰的焊接熔池原始图像;

(3)图像处理和分析,主要是对正面图像和反面图像进行一系列的处理,从熔池正面熔池图像的形状参量得到焊缝熔透信息(或焊缝反面熔宽);

(4)几何参数提取,从处理得到熔池几何参数。

一般用得到的熔池几何参数进行焊缝成形的熔透控制,也可以用于熔池或者焊道表面三维形貌恢复,用于焊接过程中的熔池监控。

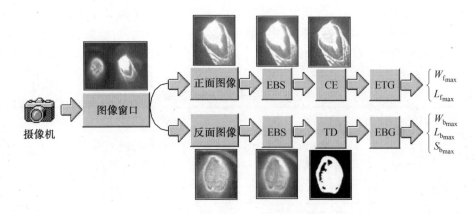

图 4.4　被动视觉传感的实现步骤

（注：图中 EBS 为指数基滤波算法，CE 为对比度增强算法，TD 为根据反面图像直方图分布特点寻找最佳阈值的图像二值化算法，ETG 为熔池正面特征尺寸提取算法，EBG 为熔池反面特征尺寸提取算法。）

3. 取像系统构建

被动视觉传感系统包括四个部分：计算机、焊接系统、焊接参数测控系统、正反面熔池视觉传感系统。系统框图如图 4.5 所示。在正面和反面分别放置 CCD，CCD 镜头上装有滤光片，后面连接图像采集卡采集正面和反面熔池图像。

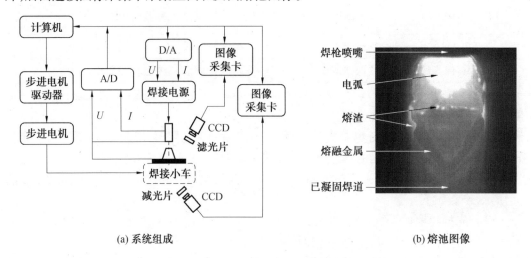

(a) 系统组成　　　　　　　　　　　(b) 熔池图像

图 4.5　GMAW 熔池图像视觉传感系统框图

CCD 也可以放置在焊枪内部与电极同轴观测焊接熔池。同轴观测系统框图如图 4.6(a)所示，TIG 焊枪改装成轴为水平，钨极用一个特殊的电极夹具以 90°安装，保护气喷嘴顶部由一个光学玻璃密封，从焊枪正上方观察孔对熔池进行同轴观察。图 4.6(b)为同轴观察视觉系统得到的 TIG 堆焊熔池图像，能看出这个图像是反射电弧光得到的，电极阴影（黑的斑点）在熔池图像中心，周围是明亮的电弧光环，电弧最亮的芯部藏在电极下方。同轴观察由于电弧烁亮区被电极和导电嘴挡住，既减小了图像系统对电弧光的过量曝光，又可以清晰地观察到全部的焊接区。但这种方法设备复杂庞大，当电弧不稳致使其烁亮区偏离电弧轴线时将大大降低图像的质量,这个现象是电弧本身的特性,无法消除。

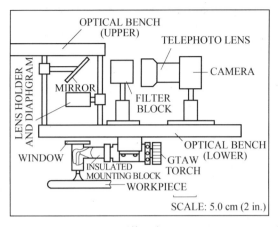

(a) 系统组成

(b) 熔池图像

图 4.6　GTAW 熔池同轴观测方法

在熔池图像传感系统中,滤光片的选用和焊接方法相关,以 P-GMAW 为例说明。GMAW 弧光光谱分布较为复杂,如图 4.7 所示,其特征是在连续的背景谱上叠加着一些离散的特征谱线。这些谱线既包括非金属谱线,主要为 Ar 谱线,也包括金属谱线如 Fe 谱线。滤光片的选择有两种方法:

(1)利用熔池表面附近的金属特征谱线,而避开 Ar 谱线,由于单一金属特征谱线强度相对于其频域内附近的所有谱线积分强度来说,仍然较弱,所以这一方法要求滤光片要有极窄的带宽,而一般的滤光片难以满足要求。

(2)避开所有的特征谱线。从上面的光谱分布可以看出,在 602.49 ~ 696.79 nm 区域和 922.11 nm 以上的近红外区域,弧光的特征谱线较少,基本为强度较弱连续谱,为较合适的滤光窗口。

根据文献,低碳钢 TIG 焊时,最佳观察窗口波长为 406.4±2 nm,低碳钢 CO_2 气体保护焊时,最佳观察窗口波长为 601±2 nm。

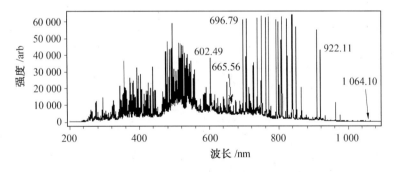

图 4.7　GMAW 电弧弧光光谱分布

4. 熔池图像的获取

下面分别以 P-GMAW 和 P-TIG 为例说明熔池图像的获取。

（1）P-GMAW 熔池图像获取

图 4.8 为 6 mm 平板堆焊过程,从正后上方连续采集得到的 P-GMAW 熔池图像,取像周期为 2 ms/f。图 4.8(b)、(c)、(m)、(n)为脉冲峰值期间的熔池图像,图 4.8(a)、(d) ~ (l)为脉冲基值期间的熔池图像。在脉冲峰值期间由于焊接电流较大,弧光辐射强度很强,电弧外层虚弧辐射的电弧弧光足以超出 CCD 摄像机的响应范围,得到的熔池图像中熔池全部或几乎全部笼罩在弧光之下;在脉冲基值期间焊接电流较小,弧光辐射强度较弱,电弧外层虚弧被有效的去除掉了,只有焊枪正下方电弧中心区辐射强度非常高,超出 CCD 摄像机的响应范围,在图像上呈亮区,而熔池边界均清晰可见。

在焊接电流基值期间的开始阶段,电弧烁亮区的范围仍较大,几乎覆盖整个熔池头部,并在其周围有虚弧,随着时间的推移,该烁亮区逐渐减小,在脉冲基值结束期间,达到最低,熔池边界最为清晰,为最佳的取像时间。

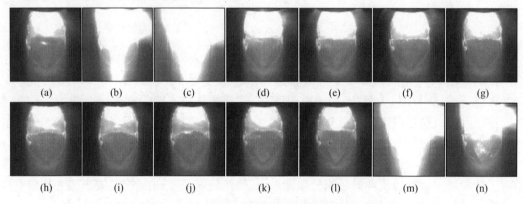

图 4.8　连续采集得到的正面熔池图像 I(2 ms/f)

图 4.9 为采用中心波长为 1 064.10 nm 的窄带滤光片获取的熔池头部的连续图像,采样周期为 1 ms/f,容易看出,图 4.9(a)为脉冲峰值期间的熔池图像,图 4.9(n)为第二个脉冲峰值起始时刻的熔池图像,图 4.9(b) ~ (m)即为一个脉冲基值周期内的熔池图像,从图中可以较清楚地看到熔滴的过渡。对于"一脉一滴"的熔滴过渡形式来说,一般认为脉冲基值期间是最佳的熔滴过渡时间。由于 P-GMAW 脉冲频率较高,基值时间相对较短,可以看出在基值期间的初期与后期,熔池形状变化很小,也就是说在脉冲基值期间后期取像对熔池动态成形过程的研究及建模的影响较小。

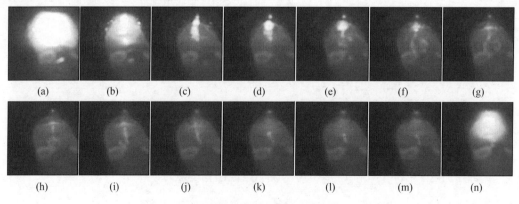

图 4.9　连续采集得到的正面熔池图像 II(1ms/f)

图 4.10(a) 为 6 mm 平板堆焊过程中脉冲基值期间取到的正面熔池图像,图 4.10(b) 为该过程熄弧后采集到的正面熔池图像,为了有效利用 CCD 的像素空间,摄像机绕其对称轴顺时针旋转 35°。可以看出,在熄弧后,熔池图像仍有较高的亮度,且熔池边界清晰可辨,这说明熔池成像除电弧反射的贡献外,熔池自身辐射起到了很大的作用,对于熔池边界成像来说是主要作用。

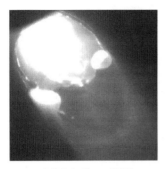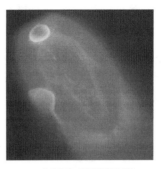

(a) 基值期间的正面图像　　　　　　　　(b) 息弧后正面熔池图像

图 4.10　基值期间及熄弧后正面熔池图像

图 4.11 为得到的反面熔池图像。在反面熔池刚开始形成阶段,熔池的长宽比近似为 1。由于 P–GMAW 焊接速度较快,而熔池的凝固需要一段时间,所以随着焊接过程的进行,熔池不断地被拉长。由于材质、散热条件等因素的不均匀性,熔池的长度即使在恒规范稳定焊接阶段仍有较大的波动,而反面熔池宽度相对稳定,因此反面熔宽是反映反面焊缝成形的较适合的特征参量。由于不存在其他照明光源,反面熔池成像的主要光源也为熔池自身的辐射,可由图 4.11(b) 看出熔池边界较为清晰。

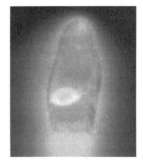

(a) 起始焊接阶段　　　　　　　　　　(b) 稳定焊接阶段

图 4.11　典型的反面熔池图像

将正反面熔池视觉传感系统集成在一起,采用同时同幅传感方法,即正反面熔池图像通过一个光路系统在同一个 CCD 靶面上同时成像。图 4.12 为正反面连续取像时序,t_1 为正面取像延时时间,即在检测到脉冲电流的下降沿后延时 t_1 开始取像。在脉冲基值时间的后期,熔池边界最为清晰,所以选择 $t_1 = 2/3 T_b$(T_b 为脉冲基值时间),可以由焊接电流计算得到。t_2 为正面取像及图像保存时间,周期为 2 ms。正面取像结束后,随即开始采集反面熔池图像,图像采集及保存时间为 t_3,t_3 的值与图像大小有关。可以看出,t_2 即为正反面取像的时间差。2 ms 内反面熔池形状的变化很小,该时间差不会影响焊接反面熔池采集的实时性。t_3 结束后,延时等待下一个取像周期的到来,整个正反面取像周期为 t_4,t_4 的值根据需要设定。

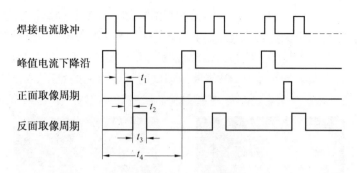

图 4.12　正反面熔池取像时序

（2）P–TIG 熔池图像获取

采用普通 CCD 摄像装置获取脉冲 TIG 熔池图像时，摄像机和焊接工件的摆放关系如图 4.13 所示。

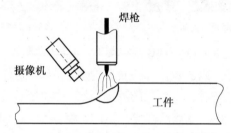

图 4.13　普通 CCD 观察脉冲 TIG 焊熔池图像

CCD 拍摄角度一般约为 45°，放置在焊枪的前方指向熔池，摄像头与工件及焊枪的距离以不受电弧热的严重影响为选择依据。为了利用弧光照明又避免强弧光的干扰，通过电路控制，使摄像时刻与焊接电流波形精确配合，保证较弱弧光的照明作用而又避开强弧光的干扰，其时间配合关系如图 4.14 所示。

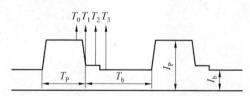

图 4.14　摄像时刻与焊接电流波形的配合示意图

在脉冲电流峰值期间（T_p），工件被熔化形成熔池，摄像机快门关闭，当脉冲电流转变为维弧电流的 T_1 时刻，虽然弧光已经变弱，但由于热惯性作用，熔池金属温度仍很高，红外辐射仍较强，不利于获得清晰图像，此时的熔池体积由于热惯性作用还未"长"成最大，其图像不能表示真实的最大熔池，因此 T_1 并不是采集熔池图像的理想时刻。当再经过约 60 ~ 100 ms，到达 T_2 时刻时，熔池的体积"长"到最大，熔池金属的温度稍有降低，辐射减弱，熔池边缘的液态金属刚开始凝固，熔池边缘的固、液金属界面更清晰，利用维弧期间较弱弧光的照明作用可以得到较清晰的熔池图像。T_2 时刻亦即维弧电流开始后的 60 ~ 100 ms，是开始摄像的较理想时刻。取像时间（$T_2 \sim T_3$）约为 80 ms。其余的维弧电流时间为计算机图像处理时间。为了充分利用维弧弧光的照明作用，维弧电流取 30 ~ 60 A，摄影镜头前辅加一个中性减光片与窄带滤光片组成的复合光学系统对维弧弧光进行处理,窄带滤光片的波长为 600 ～ 700 nm,目的是阻止弧光的线光谱波段通过,只通过弧光的连续光谱波段的光,从而得到非常清晰的熔池正面原始图像,如图 4.15 所示。由于这个熔池原始图像是二维的,无法直接提供熔透信息。此图像送入计算机进行图像处理,以获得能反映焊缝熔透情况的正面熔池图像特征尺寸与形状参量,它们才可以被用来进行熔透的实时控制。

图 4.15　普通 CCD 采集 P-TIG 熔池正面原始图像

5. 图像处理

以 P-GMAW 的焊接熔池图像处理进行阐述。

从图 4.16 可以看出,整个熔池被熔渣分割为两部分:熔池头部与熔池尾部。熔池最大宽度位于熔渣附近,且在熔渣前较长的范围内基本保持一恒定值;另外,在熔池与母材之间有较大的灰度梯度。基于这些特征,熔池头部的边界可以通过检测灰度梯度局部极值得到。为了减小弧光对这一检测的干扰,可以先求熔池头部多列灰度的平均值,如图 4.17 中实线所示,可以看出,该操作同时代替了平滑处理;然后再求这一灰度平均值的一阶导数,图 4.17 中虚线为该一阶导数的绝对值;最后由图中的 a,b 两点开始,搜索一阶导数的局部极值,在搜索的过程中给定一阈值,将小于该阈值的点跳过。图 4.16(b)为最大宽度检测结果,由图像行方向的两直线来表示。

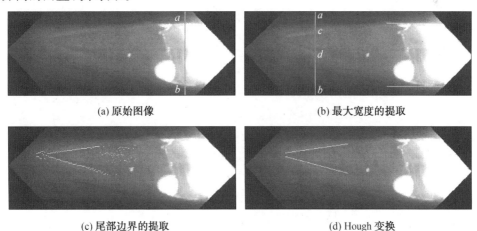

(a) 原始图像　　　　　　　　　　　　　　(b) 最大宽度的提取

(c) 尾部边界的提取　　　　　　　　　　　(d) Hough 变换

图 4.16　正面熔池图像处理

图 4.18 为图 4.16(b)中 ab 线段上的灰度分布,可以看出熔池尾部的灰度梯度从焊道边缘向中间逐渐增大,在熔池边缘附近达到最大值,然后开始急速下降,熔池边界表现为阶跃型边界。这样,可以通过检测列方向上灰度的梯度值和二阶导数的值来得到边界点。如

图 4.18 所示,边缘点的搜索从 a 点开始,实际从 a 点向前偏移一段后开始,当检测到灰度一阶导数的负值,即灰度开始下降的位置后,同时检测灰度二阶导数由负变正的点,即检测灰度值曲线由凸向凹变化的点,在二者同时满足的点处跳出,认为该点即为边界点。实际检测中可以使用一阶和二阶微分算子实现。同时,根据熔池尾部边界灰度值较大的特点,为了避免在离实际熔池边界较远点检测到阶跃型边界,也设定一灰度阈值,当该点的灰度值大于这一阈值时才认为是边界。

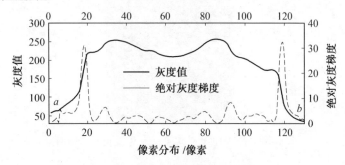

图 4.17　熔池头部的横向灰度分布

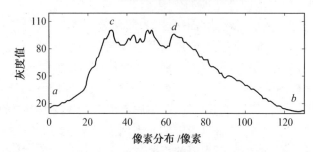

图 4.18　熔池尾部的横向灰度分布

为了滤除图像中噪声对该边界检测的影响,在检测之前首先进行了一维高斯滤波。一维高斯滤波形式为

$$G_0 = \sum_{i=-n}^{n} \alpha_i G_i \tag{4.1}$$

式中　　G_0——0 点滤波后的灰度值;

　　　　G_i——0 点 $[-n, n]$ 邻域内各点的灰度值;

　　　　α_i——i 点的高斯加权系数,由下式求得:

$$\alpha_i = \exp[-(x_i - x_0)^2/\sigma^2] / \sum_{k=-n}^{n} \exp[-(x_k - x_0)^2/\sigma^2] \tag{4.2}$$

式中　　x_0、x_i 及 x_k——对应点在图像列方向上的位置,单位为像素。

图 4.16(c) 为熔池尾部边界检测结果。在边缘检测结束之后,仍有许多飞点或孤立的线段。观测表明,由于 P – GMAW 焊接速度较大,熔池尾部边界在接近后拖角顶点较长的一段范围内接近于一条直线,采用直线 Hough 变换来滤除这些飞点与孤立线段。

根据尾部边界的特点,Hough 变换采用极坐标形式,它将直角坐标系中的线变为极坐标系中的点,如某一直线在直角坐标系可以用参数表示为:

$$Y = X\cos q + Y\sin q \tag{4.3}$$

式中　　r——从原点到直线的距离；

　　　　q——从 X 轴到该直线的垂线沿逆时针所转过的角度。

这条直线在极坐标系 $r-q$ 平面中为一点。通过 XY 平面上一点的一簇直线变换到 $r-q$ 平面时，将形成一条类似正弦状的轨迹，也即是 XY 平面上一个点对应 $r-q$ 平面上一条曲线。如果在 XY 平面上有三个共线点，它们变换到 $r-q$ 平面上为有一公共交点的三条曲线，交点的参数就是三点共线直线的参数。根据这个原理，可以用变换抽取直线，通常将 XY 平面称为图像平面，$r-q$ 为参数平面。

提取直线的 Hough 变换可以概括如下：

（1）在 r、q 合适的最大值、最小值之间建立一个离散的参数空间；

（2）建立一个累加器 $A(r,q)$，并置每一个元素为零；

（3）对图像平面中的每一个候选点作 Hough 变换，计算出该点在 $r-q$ 平面上的对应曲线，并在相应的累加器加 1，$A(r,q) = A(r,q) + 1$；

（4）找出对应图像平面中共线点的累加器上的局部最大值，这个值就提供了图像平面上共线点的参数；

（5）在此 r 的分辨率设为一个像素，q 的分辨率设为 0.017 弧度，并且根据图像的特征，上下边缘极角在变换域中的值域分别限定为 $[\pi/2, 3\pi/4]$ 和 $[\pi/4, \pi/2]$，以缩短 Hough 变换的处理时间，图 4.16(d) 为 Hough 变换的结果。

6. 熔池特征参量与反面熔宽

熔池的特征参量包括熔池特征尺寸参量及熔池特征形状参量。焊缝反面熔宽(熔透)不能用单一的正面焊接熔池图像的特征尺寸参量或单一的特征形状参量来表征，而只有将正面熔池图像的特征尺寸参量与特征形状参量联合起来才能较好地表征焊缝熔透的情况。

（1）P – GMAW 的熔池特征参量

图 4.19 为 P – GMAW 熔池及焊道边界在图像坐标系中的投影(在以下的描述中，所有符号在图像坐标系中加"′"，在工件坐标系中不加"′")，为了描述方便，取图像的行方向为 $O'x'$ 方向，容易得到，熔池的宽度为：

$$W_t = W'_t / \sin \beta \tag{4.4}$$

其中，W'_t 可由图像处理得到；β 为取像轴线与工件平面的夹角。

OP 直线在 x 方向的度量值即为熔池拖尾长度 L_{tt}，P 点容易从图像中直接获取，但 O 点定位较为困难，一般位于熔渣附近。

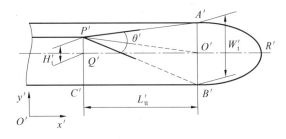

图 4.19　熔池及焊道边界在图像坐标系中的投影

熔池后拖角顶点高度为

$$H_t = P'Q' / \cos \beta \tag{4.5}$$

Q' 点在图像中不能直接得到,由于富氩气体保护焊射滴过渡有较好的轴向性,因此,熔池形状有较好的左右对称性,这样熔池后拖角顶点的高度为

$$H_t = \frac{P'C' - A'B'/2}{\cos \beta} \tag{4.6}$$

依上式同样可求得 $O'P'$ 上各点高度。熔池尾部接近后拖角顶点附近的边界可以用一直线近似,如 $A'P'$,$B'P'$ 中实线段。如设 $\tan \gamma'_1$,$\tan \gamma'_2$ 分别为 $A'P'$,$B'P'$ 的实线段的斜率,则其中线 $O'P'$ 的斜率为 $\tan \alpha'$,即

$$\tan \alpha' = \frac{\tan \gamma'_1 + \tan \gamma'_2}{2} \tag{4.7}$$

设 $\tan \alpha$ 为熔池尾部边界中线在工件坐标系 xOz 面中投影的斜率,则 α 可由下式确定:

$$\tan \alpha = \tan \alpha' / \cos \beta \tag{4.8}$$

则后拖角的大小为

$$\tan (\theta/2) = \frac{(\tan \gamma'_1 - \tan \gamma'_2) \cos \alpha}{2 \sin \beta} \tag{4.9}$$

后拖角 θ 在工件坐标系 xOy 面的投影角度 θ_L 可由下式确定:

$$\tan (\theta_L/2) = \frac{\tan \gamma'_1 - \tan \gamma'_2}{2 \sin \beta} \tag{4.10}$$

后拖角 θ 的在工件坐标系 yOz 面的投影角度 θ_H 可由下式确定:

$$\tan (\theta_H/2) = -\frac{(\tan \gamma'_1 - \tan \gamma'_2) \operatorname{ctan} \alpha}{2 \sin \beta} \tag{4.11}$$

一般情况下,P – GMAW 薄板焊接熔池尾部要凸起在工件表面上,所以 $\alpha < \alpha' < 0$。从前面的图像处理可以看出很难从熔池图像得到焊接熔池全部的高度信息,为了得到焊缝截面及熔池更全面的高度信息,在此将焊缝截面的形状作一简化。如图 4.20 所示,在正面焊缝宽度的 1/2 处将焊缝截面的侧边截为一折线,定义该处焊缝的高度值为半宽高 H_h,该高度也即为熔池尾部边界半宽处的高度。该折线上半部分的高度信息可直接由图像处理得到,而下半部分的高度平均值可近似为 $H_h/2$。以两部分折线的高度,可近似得到焊缝截面的平均高度,该值是正面熔池尾部边界在焊缝截面上投影的平均高度,简称正面熔池高度,用 H_m 表示。

以上高度的计算利用了熔池的对称性约束,实际熔池的不对称性会给高度计算引入一定误差,其绝对误差可由下式求得:

$$\Delta H = \Delta W \tan \beta \tag{4.12}$$

式中　　ΔW —— 熔池尾部边界中线的偏心量;

　　　　β —— CCD 取像角度。

(2) 反面熔宽

在焊接过程中,一般都采用恒定规范的参数,但由于各种干扰的影响,可能会出现反面熔

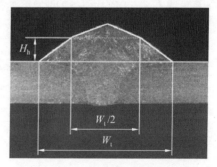

图 4.20　焊缝截面形状简化

宽发生变化或反面局部无法焊透的情况,这会严重影响焊接的质量,所以采用合适的传感方法对反面熔宽进行监控就显得尤为重要。

对于反面熔宽的控制,由于反面空间位置的可达性差,大多都是利用摄像机观察正面熔池,获取正面熔池的特征信息,然后通过一系列的图像处理,提取正面熔池特征,再利用已经建立的关系模型推导出反面熔宽。在反面可以放置摄像机装置的情况下,可以直接获取到反面熔宽,避免了正面拍摄受到弧光干扰的影响,也不需要用正面熔池图像的特征尺寸变量与特征形状变量来表征熔透。显然,在反面可以放置摄像机的情况下直接采用 CCD 拍摄反面熔宽更加简便实用。

普通 CCD 观察反面熔宽的关键技术是图像处理,图4.21 为图像处理流程图。

由于直接拍摄反面熔宽受到的弧光干扰非常小,所以拍摄的图像已经非常清晰,不需要像正面观察熔池时那样设计电路,避开较强的弧光。在对焊缝特征进行提取之前,还要对获取的图像进行滤波和锐化处理,使图像增强,从而将图像转换成更适合于人或机器进行分析处理的形式,使焊缝边缘与母材更容易区分,便于焊缝特征点的提取。

图 4.22(a) 为十字中值滤波处理后的焊缝图像,从图中可以看出,干扰被很好地消除,焊缝边缘与母材灰度分明。对图 4.22(a) 的图像,再进行锐化。锐化的方法是使各点的灰度等于梯度,这样增强的图像仅显示变化较陡的边缘轮廓,而灰度较平缓的区域则呈黑色,经过梯度锐化之后,再将图像取反,效果如图 4.22(b) 所示。

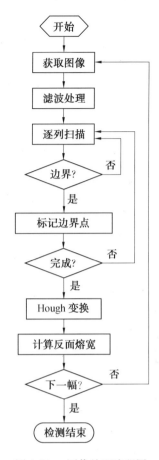

图 4.21 图像处理流程图

图像增强后焊缝边缘十分清楚,焊缝与母材的边界处灰度变化大,根据这一特征,对图像逐列扫描,提取灰度变化大的特征点并标记,最终找到所有的焊缝边缘特征点。

经过特征点的提取,得到了所有焊缝边缘点,由于干扰的影响,并不是所有的标记点都正好落在实际的焊缝边缘上,因此需要对标记点进行拟合,考虑焊缝近似为直线,所以采用Hough 变换对其进行线性拟合。拟合后的效果如图 4.23 所示,加粗边线即为显示的拟合焊缝边缘,拟合焊缝边缘中点间的距离就为实际的反面熔宽。

(a) 中值滤波后的图像

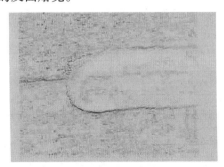

(b) 边界提取效果

图 4.22 图像处理过程

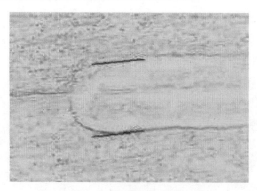

图 4.23 反面熔宽特征参量提取

7. 取像系统标定

一般取像方位为熔池的正侧上方,CCD 沿自身轴线有一定的转角,所以需要对取像视角（即取像轴线与工件平面的夹角)β、CCD 的转角 φ 以及像素值与实际尺寸之间的比例关系 k 进行标定。实际上,CCD 的放置并不能保证为熔池的正侧上方,也就是 CCD 轴线与焊接方向并不一定完全垂直,因此还需要标定 CCD 的轴线在 xOy 平面上的投影与 Oy 轴的夹角 φ,如图 4.24 所示。

图 4.25(a) 为利用该取像系统得到的标定圆的图像,该圆位于工件平面上,直径为 15 mm,圆中黑线为两相互垂直的直径线,其中一条直径线与焊接方向平行,该圆在图像中变形为一转向的椭圆,Ox 方向为焊枪行走方向,Oy 方向为与其垂直方向。标定圆的边界特征明显,可以通过简单的阈值分割并边缘细化得到,边界搜索的方向由圆的中心以辐射形式向外,每隔 $\pi/180$ 弧度搜索一次。当摄像机与标准圆的距离远大于该圆直径,且摄像机模型可

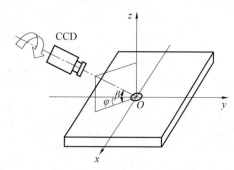

图 4.24 取像系统标定示意图

以由针孔模型简化时,该圆在任意取像平面上的投影应为一椭圆(特殊情况下,取像平面平行于标定圆平面时为一圆),且椭圆的长轴(长度设为 a) 与取像平面平行,短轴(长度设为 b) 的方向即为摄像机轴线在工件平面上的投影方向,因此找到椭圆的方向为标定的第一步。较简单的方法是沿椭圆边界寻找通过圆心的最长轴,但当 a/b 接近于 1 时,长轴方向椭圆边界的曲率较小,该检测有较大的误差。

利用椭圆的 Hough 变化来检测其方向与长短轴长度,该方法利用了检测到的所有边界点的位置,因此精度较高。Hough 变换采用极坐标形式,直接定义椭圆的原点为极坐标的极点,该点在图像中的位置通过求图像中表示 Ox 方向和 Oy 方向的直线的交点得到,定义极轴的正向为图像的行方向右向,极角的正向为逆时针方向。这样,图像中的任一中心为极点的椭圆可表示为

$$\frac{\rho^2 \cos^2(\theta - \theta_0)}{a^2} + \frac{\rho^2 \sin^2(\theta - \theta_0)}{b^2} = 1 \tag{4.13}$$

θ_0 为椭圆长轴偏离极轴的角度,a,b 分别为长轴和短轴的长度,这三个参数也构成了

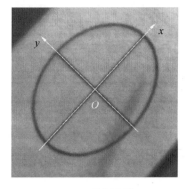

(a) 待标定圆

(b) Hough 变换结果

图 4.25　正面取像系统的标定

Hough 变换变换域的坐标系,此处称为参数坐标系,该坐标系描述了一个三维空间。

图像中的每一个椭圆的边界点对应于参数坐标系中的一个曲面,将三维空间以该坐标系中特定的长度为单位划分为网格,并使每一个网格对应一个初值为 0 的计数器,当这些曲面通过某一网格时,对应的计数器加 1,最后寻找所有计数器中值最大的一个,对应的网格的坐标即为椭圆参数。

假设 θ_0 的分辨率为 $\pi/1\,800$ 弧度,a 与 b 的分辨率为 0.1 像素。可求得 θ_0 为 0.804 6°,a 为 110.6 像素,b 为 82.7 像素,图 4.25(b) 为 Hough 变换得到的椭圆的边界和长短轴。

CCD 的绕自身轴线的转角 $\varphi = -\theta_0$,CCD 的取像视角 β 可由下式求得:

$$\sin \beta = b/a \tag{4.14}$$

一般来说,并不能保证取像方位为熔池的正侧上方,也就是说 CCD 的轴线在 xOy 面上的投影并不一定在 Oy 轴上或与 Oy 轴平行,设两者的夹角为 φ,φ 的大小可用下式求得:

$$\sin \varphi = \frac{-\sin \varphi'}{a\sin \beta \sqrt{\cos^2 \varphi'/a^2 + \sin^2 \varphi'/b^2}} \tag{4.15}$$

式中　φ'——图像中椭圆长轴与 Ox 轴的夹角。

最后可以利用长轴的长度确定实际值与图像像素值之间的比例关系 k。

以上的标定方法忽略了图像深度方向的变形,该变形对最终图像尺寸计算的影响很小。

8.应　用

下面是一个管道 GMAW 焊接的焊缝成形控制的例子。

管 GMAW 焊接,保护气体为 CO_2,观察方向为焊接方向的正前方,CCD 轴线与管环焊缝近似相切于焊点,在短路过渡下获取熔池图像,取像光路中加入了红外滤光片和中性减光片,由图 4.26(a) 可以看出,焊丝和熔池边界较为清晰,利用该熔池图像来提取焊丝相对于焊缝的位置的示意图如图 4.26(b) 所示。

被动视觉传感经过熔池图像获取、图像处理、熔池特征参量提取及反面熔宽提取等步骤,能够获得熔池的特征信息;然后根据焊接参数、熔池特征信息建立控制模型;最后设计控制系统实现焊缝成形控制。

由于焊接规范,正面熔池特征尺寸参量和特征形状参量与熔池反面熔宽的关系是非线性的关系,无法采用自控理论的传统方法建立较准确的数学模型来描述它们之间的关系,一

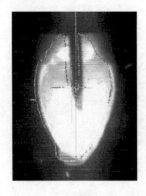

(a) 熔池图像

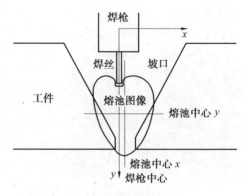

(b) 熔池特征提取

图 4.26　管 GMAW 短路过渡取像

般采用神经网络建立较精确描述。利用获得的较精确描述焊接规范、熔池特征尺寸参量、熔池特征形状参量与熔池反面熔宽关系的神经网络模型,设计智能控制系统。

4.2.2　主动视觉焊缝成形传感

主动视觉检测方法采用激光等辅助光源对焊接区进行人工照明,以提高图像的质量。由于激光具有单波长、方向性好、相干性好等特点,所以采用激光作为辅助光源可以获得较清晰的图像。目前应用较多的是通过一定的方法产生一条、多条或网状分布的结构光投射到焊件上,根据结构光条纹的变形获取有关的几何形状信息。

根据文献报道,主动视觉传感主要有激光频闪法、结构光法和熔池投影法三种。

1. 激光频闪法获得熔池的 2D、3D 图像

美国学者提出了一种由高能量密度脉冲激光器和与激光脉冲同步的电子快门摄像机组成的"频闪视觉"检测高亮度区景物的方法,如图 4.27 所示。

辅助光源采用脉冲激光或者氙灯闪烁光源,视觉传感器采用 CCD 摄像机。频闪视觉方法在 GTAW、等离子弧焊等过程中均获得了清晰的熔池图像,该熔池图像的对比度和清晰度都很好,易于获得熔池的各种参数信息。

在这种方法中,高能量密度窄脉冲激光作为主动光源照射熔池,配合与脉冲激光同步的频闪高速摄影机,捕捉熔池图像。高密度脉冲激光只是为了能在脉冲瞬时使脉冲激光的强度压过同时照射在熔池上的弧光强度,使同步频闪高速摄影机能捕捉到这一瞬时的清晰熔池图像。脉冲激光的瞬时功率高达 50 kW 以上,而脉冲时间极短,仅有 3 ns 左右,激光器的平均功率为 7 mW。

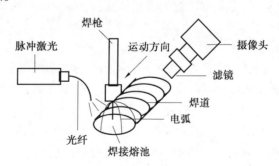

图 4.27　频闪视觉熔池图像传感

频闪高速摄影机捕捉的熔池图像送到计算机,经过图像处理,可实时得到清晰熔池边缘

信息。通过实际焊件的大量试验分析获知(图4.28),二维熔池图像的熔池长(l)及拖尾夹角(θ)与焊缝熔透(反面熔宽b)有良好的对应关系。为此,经过样本数据获得、模型结构辨识、神经网络模型训练学习、模型验证等步骤,建立了能准确反映熔池二维图像几何特征参量(l、θ)与焊缝背面熔宽(b)关系的神经网络模型。另外采用相同原理再建立能较准确反映焊接参量(主要是电流、焊接速度)与l、θ关系的神经网络模型。根据所建立的模型,设计可实现熔透闭环实时控制的焊接参量控制器。当检测到的反面熔宽b与所期望的反面熔宽b_0产生偏差时,控制器及时调节焊接参量(单独调节焊接电流或焊接速度,或者二者同时调节),进而达到控制熔透的目的。

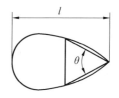

图4.28 反映熔透的二维熔池图像几何特征参量

目前频闪视觉熔池图像传感装置的价格仍较昂贵,推广应用还有较大困难。

2. 结构光法

为了获取熔池表面的三维信息,美国学者专门设计了一套由强脉冲激光栅格状多结构光条纹和高电子快门摄像机组成的熔池视觉检测系统。脉冲激光器的平均功率为 7 mW,激光脉冲持续时间为 3 ns,激光脉冲功率可达 50 kW,激光波长为 337 nm。激光脉冲与摄像机快门同步,在激光脉冲持续时间内,激光的能量密度远远大于弧光的能量密度,可以有效抑制弧光干扰,获得清晰的熔池表面反射图像。图4.29(a)为获得的 GTAW 熔池正面的三维图像,电流为 118 A,弧长为 3 mm,母材材质为不锈钢板 SS304。

采用一定的图像处理算法可以提取出结构光条纹的栅格框架和轮廓,如图4.29(b)所示,进而计算出熔池正面的三维高度。

　　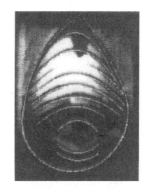

(a) 原始图像　　　　　　　　　　　(b) 栅格框架与轮廓

图4.29 GTAW 熔池表面结构光视觉图像

还有学者将结构光三维视觉传感器用于检测正面熔池的下塌量,如图4.30所示。激光器产生的点光源经柱面镜变成线光源,与工件相交而形成所需要的激光条纹。在熔池根部附近提取出了 TIG 焊正面焊缝平均下塌量及正面熔宽等重要信息,建立了正面焊缝平均下塌量与反面熔宽之间关系的数学模型,从而完成了 TIG 焊熔透正面视觉自适应控制。

3. 熔池投影法

上述主动视觉传感方法都是采用昂贵的大功率激光器,从而限制了其推广应用。那么,有没有可能采用几十毫瓦的普通激光器投射到熔池表面,来获得清晰的熔池表面三维图像

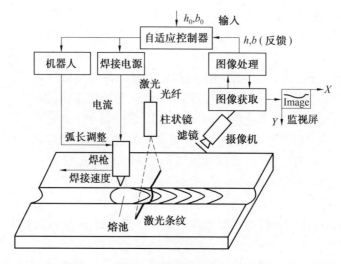

图 4.30　结构光法检测熔池尾部的下塌量

呢？如图 4.31 所示是一种新的主动视觉传感的方法。将由小功率激光器(30 mW)发射出的平行结构光条纹投射到熔池表面,经熔池镜面反射到一成像屏上,用摄像机观察成像屏上的激光反射条纹,条纹的变化反映了熔池表面形貌的变化。

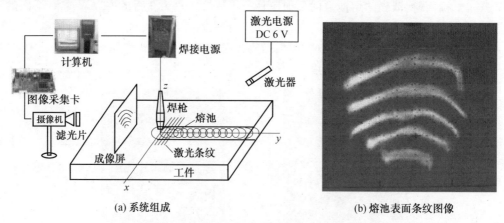

(a) 系统组成　　　　　　　　　　　　(b) 熔池表面条纹图像

图 4.31　低成本激光投射法熔池图像传感

此法在结构光法基础上,巧妙利用熔池表面镜面反射特性,改结构光法恢复物体形状中的光源投射模型为反射模型,使其成像于有一定透过率的成像屏之上。成像屏是附贴一张白纸的平板玻璃上,既保证了成像屏有一定的透过率,同时白纸的漫反射表面改变了激光的传播方向,变镜面反射为漫反射,克服了传统结构光法在镜面反射物体恢复中取像方位不易确定的缺点。

该方法主要采用了两种措施来抑制弧光干扰。如图 4.32 所示,弧光强度随着距离的增加呈几何级数的衰减,而激光由于相干性、方向性好,其强度的衰减微弱,将成像屏置于一合理位置,可以有效抑制弧光。另一方面,借助了被动式视觉传感器中的滤光技术,采用滤光片减小弧光的干扰。

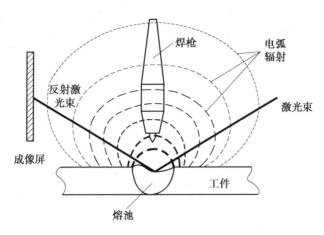

图 4.32　激光与弧光传播上的差异示意图

4.3　熔池振荡法熔透传感

该方法巧妙地利用了液体受激产生振荡的物理现象,实现从熔池正面来检测熔池的熔透或熔深,从而达到控制它们的目的。

液态熔池在电弧热和力的作用下存在振荡现象,其振荡模式和振荡频率与熔池的几何尺寸,特别是熔池的体积紧密相关。因此,实时检测熔池振荡频率就可以获得熔深和熔透相关的信息,采用适当的控制方法,可以实现熔透控制。

4.3.1　熔池震荡的基本规律

当放置在一个固体容器的液体受到外力冲击时,液面将产生振荡,其振荡频率只与液体的物质种类和液体体积有关,当液体的种类和体积一定时,液面的振荡频率也是一定的,此振荡频率被称为该体积液体的固有振荡频率。当液体的种类一定,振荡频率就只与液体体积有关,且与液体体积成反比关系,根据这个关系,我们就可以通过液体的固有振荡频率来推断出液体的体积,图 4.33 为液体体积和振荡频率的关系曲线图。

全熔透熔池和未熔透熔池的振荡频率是完全不同的,如图 4.34 所示。

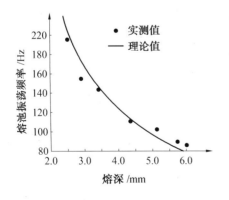

图 4.33　熔池体积与振荡频率的关系

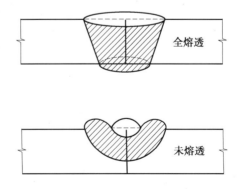

图 4.34　熔透状态

（1）全熔透时，熔池金属主要靠熔池正反面液态金属表面张力来支撑，熔池金属如同被正反面两层表面金属薄膜所包围，当受激振荡时，熔池金属的运动属薄膜运动的特点，其自然振荡频率将由液态金属的表面张力、材料密度及熔池金属体积所决定。而熔池金属体积则由工件厚度及正反面熔池熔宽（B 与 b）来决定。如果工件的材料一定（表面张力、材料密度一定）、工件厚度一定，则熔池自然振荡频率只决定于熔池正反面宽度即 B 与 b。熔池自然振荡频率（$f_{透}$）与熔池反面宽度（b）存在如下关系：

$$f_{透} = K_{透} \cdot \frac{1}{b} \tag{4.16}$$

式中　　$K_{透}$——系数，由材料种类、工件厚度等决定。

根据这个公式，能从正面检测到 $f_{透}$ 的情况，就可间接得到熔池反面宽度 b 的情况。通常 $f_{透} = 10 \sim 100\ Hz$。

（2）在未焊透时，熔池金属底部被未熔化的工件金属硬壳所包围，熔池在外力作用下也会产生振荡，其自然振荡频率由熔池金属体积和金属材料种类决定，当金属材料种类一定时，自然振荡频率只与熔池金属体积有关，即由熔池熔宽（B）及熔深（h）来决定。熔池的自然振荡频率主要取决于熔深 h 的变化，它们的关系如下：

$$f_{深} = K_{深} \cdot \frac{1}{h} \tag{4.17}$$

式中　　$K_{深}$——系数，只与材料种类有关。

根据这个公式，能从正面检测到 $f_{深}$ 的情况，就可间接得到熔深 h 的情况。通常 $f_{深} > 100\ Hz$。

由未熔透到全熔透，熔池的自然振荡频率有一个突变，如图 4.35 所示，可以看出：

① 在未熔透时，熔深与熔池振荡频率呈反比关系；在全熔透时，反面熔宽（熔透程度）与熔池振荡频率也呈很好的反比关系。

② 未熔透时的熔池振荡频率显著高于全熔透时的熔池振荡频率。

③ 熔池由未熔透向全熔透逐渐变化时，振荡频率会发生突变，即从局部焊透时的较高频率突变为全焊透时的低频率。

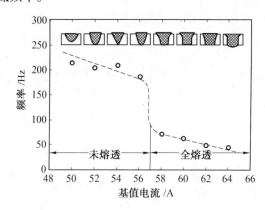

图 4.35　熔池振荡频率与基本焊接电流、熔透、熔深的关系

4.3.2 熔池振荡信息的检测

目前检测熔池振荡频率的主要方法有电弧电压法和弧光强度传感法。

（1）电弧电压法

由于电弧长度随熔池的振荡而变化，而电弧电压与电弧长度有很好的正比关系，所以熔池的振荡情况能很好地反应在电弧电压的变化中，因此通过检测电弧电压就能间接检测振荡频率。电弧电压传感法的优点是不需要额外的传感器，方便简单，但此种传感方法的稳定性与可靠性容易受到许多干扰因素的影响，电弧电压波动大，这就是目前电弧电压检测法仅仅局限于 GTAW 方法的原因。

（2）弧光强度传感法

由于弧光强度与电弧长度之间也存在很好的比例关系，所以可以通过检测弧光强度的变化来间接检测熔池振荡频率，弧光强度传感的熔池振荡信号，其信噪比显著高于电弧电压传感，基本不受焊接速度和其他因素的影响。

4.3.3 基于熔池振荡的熔透控制

（1）检测熔池振荡频率实现熔透与熔深的控制

此方法是在基本焊接电流上叠加激振脉冲电流，脉冲电流的幅值较高脉冲较窄，脉冲时间间隔可取 $0.2 \sim 1$ s。采用弧光或电压传感法得到初始的熔池振荡信号，如图 4.36 所示。初始熔池振荡信号通过计算机的快速傅里叶变换后，就可以得到实时的熔池振荡频谱分布情况。将熔池振荡频谱分布提供的熔池振荡频率代入表达熔池振荡频率与熔池尺寸关系的数学模型中，就可以得到实际的熔池或熔透情况，与想要得到的熔深熔透情况进行比较，将比较的差转变

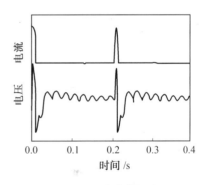

图 4.36 熔池激振法

为某焊接参数的控制量送至控制器，控制有关焊接参数，直到使熔深或熔透达到想要的情况，实现实时闭环控制熔深和熔透。

（2）检测熔池谐振实现熔透与熔深的控制

熔池谐振检测法采用了一种变动焊接电流，如图 4.37 所示，诱发熔池金属产生振荡，在焊接熔池长大到某一尺寸，其固有振荡频率和变动电流的频率相一致，则熔池产生谐振，谐振信号通过电弧长度及电弧电压或弧光强度的变化被检测得到，如图 4.38 所示。这样就可以提取到焊接熔池振荡频率和变动电流频率相一致时的熔池尺寸信息，进而进行反馈控制。

图 4.39 为熔池谐振的原理图，图中曲线为熔透与熔池自然振荡频率的关系曲线，使用频率为 f_b 的变动电流进行焊接时，熔池会在点 b 发生谐振。因此，选定了焊接电流频率就选定了相应的熔透，只要产生了谐振，就意味着获得了希望得到的熔透。

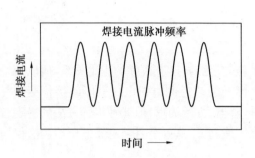

图 4.37　用于谐振的变动焊接电流

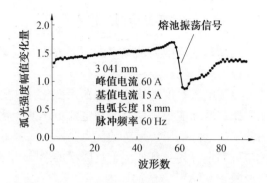

图 4.38　熔池谐振过程中电弧弧光强度幅值变化

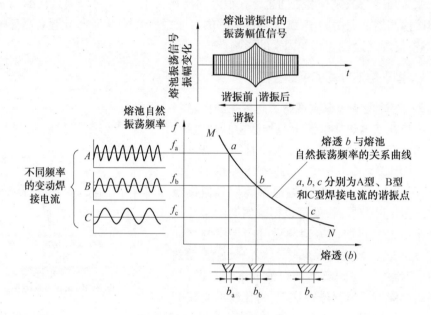

图 4.39　熔池谐振的机理

4.3.4　应　用

图 4.40 是基于熔池谐振法熔透控制系统的框图,图 4.41 是步进法的示意图。

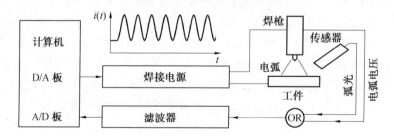

图 4.40　焊缝成形熔透控制系统结构示意图

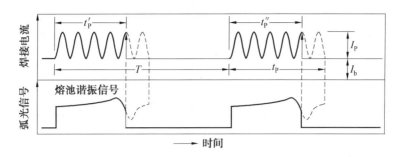

图 4.41　步进电弧焊接法熔透控制

步进电弧焊接法是熔池谐振法的一个具体应用实例,其原理如下:焊接开始时,电弧静止,将变动的焊接电流加到电弧上,焊接熔池逐渐长大,当熔池长大到一定程度时,自然振荡频率与预制的变动焊接电流频率相同,产生谐振现象,振幅最大;当熔池继续长大超过谐振点后,熔池的自然振荡频率与焊接电流频率失去谐振关系,振幅陡然下降,这时控制器控制变动焊接电流停止,只施加一个维弧电流,同时控制电弧行走机构动作,使电弧向前移动一步后停止。当前一焊点的熔池开始冷却凝固,再次接通变动焊接电流,重复上述过程,获得下一个控制熔透的焊点,如此一个个焊点焊接下去,则获得了熔透受控的整条焊缝。

目前熔池振荡法熔透与熔深的传感与控制,对 TIG 焊接过程研究较多,尚未见到关于 MIG 或者 MAG 的焊接过程研究。

4.4　熔池红外热像法的熔透控制

4.4.1　概　述

熔池和周围金属表面的温度场可以反映熔深和熔透的情况,熔池红外热像法就是基于这样的想法。近年来红外热像摄像技术的快速发展,适用于焊接过程红外热像传感的新型红外 CCD 摄像装置已有商品供应,所以熔池红外图像法熔透与熔深传感与控制,受到焊接技术界日益广泛的重视。

根据普朗克公式,在近红外区间,随着波长的增加,电弧的辐射强度迅速减小,当波长到达 2 μm 附近时,金属熔池的相对辐射强度便大于电弧的相对辐射强度,并且随着波长的继续增加,金属熔池的相对辐射强度变化不大,而电弧的相对辐射强度继续下降,因此如果将金属熔池的辐射看作有用信号,而电弧的辐射看作干扰,红外测温便是一种较理想的方法。

早期的红外测温多采用单点法或多点法,研究工作主要包括:

(1)利用光敏元件测量焊缝背面受热区特定波段内的辐射光量来传感熔透。

(2)由于氧化膜对单点法红外检测有干扰,进一步改进为利用红外摄像机测量焊接熔池及热影响区的温度场,这一方法又被称为红外热像传感。

(3)为了消除辐射测温中距离及材料辐射系数的影响,研究者提出了一种比色测温法,并将其应用于熔透控制中,同样为了避免弧光干扰,图像传感器只用于拍摄工件背面。

(4)使用光谱范围在 8 μm 以上的远红外图像传感器直接摄取电弧正下方熔池的温度场,发现熔宽与被测截面峰值温度的半宽之间存在线性关系,熔深与被测截面峰值温度下的积分面积之间也存在线性,同时发现若将温度场等温线较低的一半用一椭圆表示,熔深与椭圆短轴之间存在线性关系,熔深与温度场特征参量的关系如图 4.42 所示。将发现的规律用于 MAG 焊接过程的质量控制,取得了较好的效果。

(5)采用非接触、非致冷焦面技术红外热像仪测温,获得了镁合金 AZ31 钨极氩弧焊接中的背面整体温度场与正面弧光干扰区外的温度场信息。

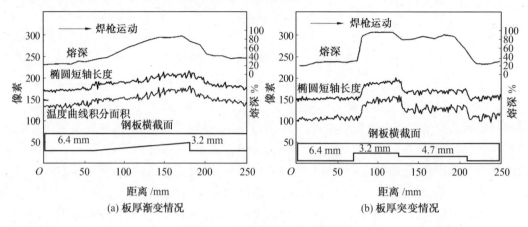

(a) 板厚渐变情况　　　　　　　　(b) 板厚突变情况

图 4.42　红外温度场熔透传感

4.4.2　应　用

由红外线扫描 CCD 摄像装置与计算机图像处理系统构成的红外热像采集系统,如图 4.43 所示。红外摄像机安装在焊接机头上。为使摄像机避开电弧的直接热辐射,熔池及周围金属的表面温度场是通过一个光学反射镜进入到水平放置在焊枪上方的摄像机中的。反射镜采集电弧行走前方的金属表面温度场。为了限制焊接电弧光对红外热图像拍摄时的干扰,红外热像 CCD 的红外敏感检测器是由特殊的光生伏特电池组成,这种光生伏特电池只对 8 ~ 12 μm 谱段的红外光敏感,而对强弧光谱段不敏感,因此这种摄像系统可显著减弱弧光的干扰。每秒可采集 30 幅热像图供计算机处理分析,经过计算机图像处理后,得到一幅熔池及周围金属表面温度热像图,如图 4.44 所示。通过这些表面热像图,可以得到许多与焊接质量直接相关的信息,其中也包括焊缝熔深和熔透的信息。

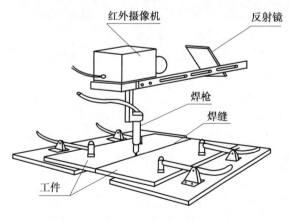

图 4.43　红外热像传感系统

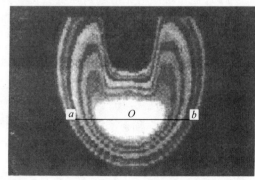

图 4.44　TIG 焊的一帧典型熔池红外热像图照片

典型熔池热像图事实上是由不同温度的等温线组成。等温线的不同灰度代表着工件表面的不同温度,白色为最高温度,黑色为最低温度。根据材料熔点等温线即可获得熔池的二维尺寸和形状,但仍不能直接得到熔池在工件厚度方向的熔深或熔透信息。由于熔池红外热像图应该不只是熔池表面温度反映的结果,而应该是整个熔池熔化金属与周围固态金属热量平衡的结果。因此它也应该拥有更丰富的熔池情况的信息并反映熔池深度的大小。问题是如何从所得到的正面熔池红外热像图上,找到能够较准确反映熔池在工件厚度方向的特征参量,以达到控制熔深或熔透的目的。

经过大量试验与分析发现,红外摄像装置实时采集的熔池红外热像图中熔池前部。即图 4.44 下部的等温线状况及横贯熔池中心扫描线上的温度分布情况与熔池在厚度方向的尺寸(熔深)有着实时的而且密切的定量关系。

(1)从熔池红外热像图熔池前面部分等温线分布状况提取反映溶深的参量

熔池红外热像图下部(即熔池前面部分)等温线近似呈椭圆形。取温度为工件金属熔点的等温线拟合一个椭圆并得到该椭圆形方程,该椭圆形的短轴长度(l_{se})或该椭圆形的面积(S_e)皆可作为实时反映熔深的定量信息,实验验证结果如图 4.45 所示。

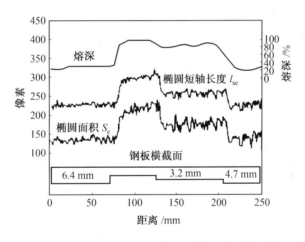

图 4.45　厚度突变的工件焊接熔池热像图有关参量与熔深变化的对应关系

试验用的试件特意加工成厚度突变的情况,焊接规范保持不变。结果表示熔透与工件厚度的百分比与熔池热像图参量:等温线拟合椭圆形短轴长度(l_{se})及椭圆面积(S_e)有很好的对应关系。因此 l_{se} 或 S_e 皆可作为实时传感信息,用于熔深或熔透的实时控制。

(2)从横穿熔池中心扫描线上的温度分布曲线提取反映熔深的参量

在红外摄像装置所取得的熔池热像图中,从横贯熔池中心扫描线上可以得到一个温度分布曲线,如图 4.46 所示。通过大量试验与分析发现,这个温度分布曲线下面的面积与熔深有比例的定量关系。这个面积事实上就是该扫描线上红外辐射强度的积分。

图 4.47 为厚度突变工件熔池热像图横穿熔池中心扫描线上温度分布曲线下的面积与熔深变化的试验验证结果,此结果也是在焊接规范相同条件下得到的。因此可以利用实时检测到的这种温度分布曲线下的积分面积实现熔深的实时控制。这种方法也已被证明可以用于 MIG 焊接过程的熔深实时检测与控制。

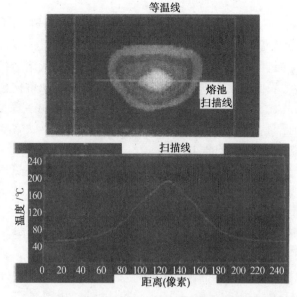

图 4.46　横穿熔池中心扫描线上的温度分布曲线

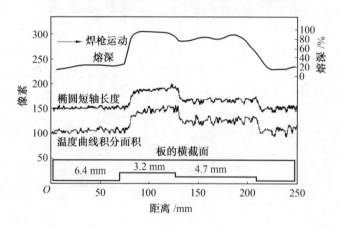

图 4.47　厚度突变工件中心扫描线上温度曲线下的面积与熔深变化

思考题及习题

4.1 描述焊缝成形的参数有哪些？

4.2 概述焊缝成形传感的主要方法及存在的问题？

4.3 为什么焊缝成形传感与控制还处于研究阶段，困难在哪？

4.4 概述被动式视觉传感方法的优缺点。

4.5 简述熔池图像处理算法一般包括哪些步骤？

4.6 概述主动式视觉传感方法的优缺点。

4.7 简述熔池振荡法熔透传感与控制的原理。

4.8 简述熔池谐振法熔透控制的工作原理。

参考文献

[1] 王其隆.弧焊过程质量实时传感与控制[M].北京:机械工业出版社,2000.

[2] 吴 林,陈善本. 智能化焊接技术[M].北京:国防工业出版社,2000.

[3] 闫志鸿,张广军.P-GMAW 正反面熔池图像传感研究[C].第十一次全国焊接会议论文集,2007:490-492.

[4] 刘鸣宇.基于结构光反射的 GTAW 熔池表面三维形貌检测[D]. 哈尔滨:哈尔滨工业大学材料科学与工程学院,2007:20-22.

[5] 张广军.铝合金 GTAW 背面熔宽实时检测与控制[D].哈尔滨:哈尔滨工业大学材料科学与工程学院,2010:10-40.

[6] 汤新臣,郭国林.光学传感技术在熔池信息检测中的应用[J].机械制造与研究,2003:62-65.

[7] 何德孚,李克海.焊接熔池的振荡和焊缝成形的自适应控制[J].焊管,2000,23(4):22-28.

[8] 张裕明.TIG 焊透正面视觉自适应控制的研究[D].哈尔滨:哈尔滨工业大学材料科学与工程学院,1990.

[9] HARDT D E. Ultrasonic Measurement of Weld Penetration[J]. Welding Journal, 1984, 63 (9):273-285.

[10] FENN R. Ultrasonic Monitoring and Control During Arc Welding[J]. Welding Journal, 1985, 64(9):18-24.

[11] CARLSON N M, JOHNSON J A. Ultrasonic Sensing of Weld Pool Penetration[J]. Welding Journal, 1988, 67(11): 239-246.

[12] GRAHAM G M, UME I C. Automated System for Laser Ultrasonic Sensing of Weld Penetration[J]. Mechatronics, 1997, 7(8):711-721.

[13] WANG H, KOVACEVIC R. Feasibility Study of Acoustic Sensing for the Welding Pool Mode in Variable-Polarity Plasma Arc Welding[J]. Proceedings of the Institution of Mechanical Engineers, Part B: Journal of Engineering Manufacture, 2002, 216(10): 1355-1366.

[14] WANG Y W , CHEN Q. On-line Quality Monitoring in Plasma-arc Welding[J]. Journal of Materials Processing and Technology, 2002,120(1):270~274.

[15] 吴林,董德祥,陈定华. 固定点状态下 TIG 焊接熔深信号的检测及分析[J]. 焊接学报, 1986, 7(2): 64-71.

[16] 王其隆,张九海,杨春利. 快速行走 TIG 焊接时熔透信号的提取及分析[J]. 焊接学报, 1992, 11(3): 175-179.

[17] CONNELL Y, FETAER G J, GANN R G, et al. Auarand. Reliable Welding of HSLA Steels by Square Wave Pulsing Using and Advanced Sensing Technique[J]. Proceedings of an International Conference on Trends in Welding Research, Gatlinburg, Tennessee, USA, 18-22, May, 1986: 421-423.

[18] GUU A C, ROKHLIN S I. Technique for Simultan eous Real-time Measurements of Weld Pool Surface Geometry and Arc Force[J]. Welding Journal, 1992, 71(12): 473-482.

[19] ANDERSEN K, COOK G E, BARNETT R J, et al. Strauss. Synchronous Weld Pool Oscillation for Monitoring and Control[J]. IEEE Transactions on Industry Application, 1997, 33(2):464-471.

[20] GUU A C, ROKHLIN S I. Computerized Radiographic Weld Penetration Control with Feedback on Weld Pool Depression[J]. Materials Evaluation, 1989, (10):1204-1210.

[21] ROKHLIN S I, GUU A C. Computerized Radiographic Sensing and Control of an Arc Welding Process[J]. Welding Journal, 1990, 69(3): 83~95.

[22] ROKHLIN S I, CHO K, GUU A C. Closed-loop Process Control of Weld Penetration Using Real-time Radiography[J]. NDT & E International, 1996, 29(3):188.

[23] 闫志鸿. 基于熔池视觉传感的薄板 P-GMAW 焊缝成形过程控制[D]. 哈尔滨:哈尔滨工业大学材料科学与工程学院,2006.

[24] H. Fan, N. K. Ravala, H. C. Wikle III and B. A. Chin. Low-Cost Infrared Sensing System for Monitoring the Welding Process in the Presence of Plate Inclination Angle[J]. Journal of Materials Processing Technology, 2003, 140(1-3): 668-675.

[25] 耿正, 李莉群. 红外测温技术在高频焊管中的应用[J]. 焊管, 2003, 26 (3): 30-34.

[26] BENTLEY A E, MARBERGER S J. Arc Welding Penetration Control Using Quantitative Feedback Theory[J]. Welding Journal, 1992, 71(11): 397-405.

[27] RICHARDSON R W, GUTOW D A. Coaxial Arc Weld Pool Viewing for Process Monitoring and Control[J]. Welding Journal, 1984, 63(3): 43-50.

[28] OSHIMA K, MORITA M. Observation and Digital Control of the Molten Pool in Pulsed MIG Welding[J]. Welding International, 1988, 2(3): 234-240.

[29] OSHIMA K, MORITA M. Sensing and Digital Control of Weld Pool in Pulsed MIG Welding [J]. Transactions of the Japan Welding Society, 1992, 23(4): 36-42.

[30] 李鹤歧, 大嶋健司. 用微机图像法对脉冲 MAG 焊接熔池进行观察和控制的研究[J]. 甘肃工业大学学报,1986, 12(3):40-50.

[31] HIRAI A, KANEKO Y, HOSODA T, et al. Sensing and control of weld pool by fuzzy-neural network in robotic welding system[J]. Industrial Electronics Society, 2001. IECON '01. The 27th Annual Conference of the IEEE, 2001, 1(29):238-242.

[32] 王克鸿, 汤新臣, 刘永, 等. 射流过渡熔池视觉检测与轮廓提取[J]. 焊接学报,2004, 25(4):66-68.

[33] BAE K Y, LEE T H, AHN K C. An Optical Sensing System for Seam Tracking and Weld Pool Control in Gas Metal Arc Welding of Steel Pipe[J]. Journal of Materials Processing Technology, 2002, 120(1-3): 458-465.

[34] MATSUDA, FUKUHISA, USHIO, et al. Metal Transfer Characteristics in Pulsed Gma Welding[J]. Transactions of Japanese Welding Research Institute, 1983, 12(1):9-17.

[35] 娄亚军. 基于熔池图像传感的脉冲 GTAW 动态过程智能控制[D]. 哈尔滨:哈尔滨工业大学材料科学与工程学院,1998: 47-66.

[36] 张广军. 视觉传感的变间隙填丝脉冲 GTAW 对接焊缝成形智能控制[D]. 哈尔滨:哈尔滨工业大学材料科学与工程学院, 2002:52-62.

[37] 赵冬斌. 基于三维视觉传感的填丝脉冲 GTAW 熔池形状动态智能控制[D]. 哈尔滨:哈尔滨工业大学材料科学与工程学院,2000:73-81.

第 5 章　焊接过程自动控制方法

信息、反馈、控制是控制论的三要素。控制器是一个自动控制系统的核心、"司令部"，是决策环节。控制器的品质决定了最终的控制效果。目前，控制方式向着多样化、智能化的方向发展。本章对自动控制的基本概念、基本要求、发展历史、传统控制中的 PID 控制方法、智能控制中的模糊控制方法等进行阐述，并结合焊接过程给出一些控制实例。

5.1　概　述

5.1.1　自动控制的基本概念

一个开环的焊接过程如图 5.1 所示。恒定的焊接热源作用在工件上，形成焊接熔池。由于变散热、变错边、变间隙等干扰的存在，熔池忽大忽小，随机变化，难以获得均匀一致的焊缝成形。

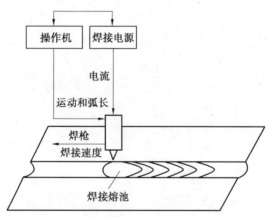

图 5.1　开环的焊接过程图

在干扰存在的情况下，希望获得均匀一致的焊缝成形，需要闭环负反馈控制，如图 5.2 所示。由视觉传感器实时检测熔池的尺寸，与我们期望的值相比较，差值送到控制器，控制器根据差值的大小与变化作出决策，调整焊接热输入（焊接电流、焊接电压或焊接速度），从而减少误差，保持熔池尺寸的稳定一致。调节的大致过程为：与期望值比较，熔池大了，就降低焊接电流；熔池小了，就增加焊接电流。

上述过程所代表的一个典型焊接过程控制系统如图 5.3 所示。

焊接过程控制包括焊接过程信息传感、反馈、控制三部分。

实际控制过程中，被控制量（如熔宽、熔深）由传感器（如视觉传感）检测出来，它与给定值相比较，差值输入到已模型化的控制器中，控制器发出相应的控制对策，由执行机构去执

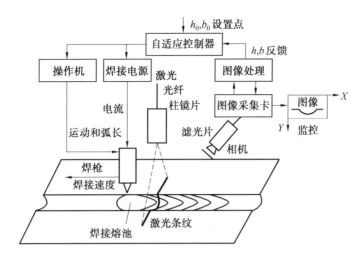

图 5.2　闭环控制的焊接过程

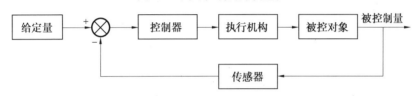

图 5.3　典型焊接过程控制系统框图

行,通过改变执行机构的某个或某些输出物理量(如焊接电流、电压)来完成调节作用。如此循环动作,使偏差量逐渐趋向零,使焊接质量保持在允许偏差范围之内。这就是自动控制。

一般地说,自动控制就是在没有人直接参与的情况下,依靠控制器让被控制对象或过程自动地按照预定的规律运行。

5.1.2　自动控制的基本术语

(1)被控对象:控制系统所要进行控制的对象,如焊枪、熔池等。

(2)被控参数:控制系统需要控制的物理量,如焊枪位置、熔池尺寸等。

(3)干扰:影响控制系统输出值的信号,如工件散热变化、弧长变化、间隙变化等。

(4)测量元件:产生与输出量有一定关系的反馈信号,如 CCD 摄像机、热电偶等。

(5)测量值(y):测量元件的输出值,与被测量之间存在一定的函数关系。

(6)给定值(r):控制系统的期望值,如反面熔宽设定值。

(7)偏差(e):反馈量与给定量之差,即 $e=y-r$。

(8)控制量(u):执行机构的输出量,如焊缝成形控制中的焊接电流、行走速度等。

(9)校正环节:实现按一定的调节规律或算法对偏差量进行运算的装置,也称为校正装置,就是通常所说的控制器,如 PID 控制器、模糊控制器、自适应控制器等。

(10)执行机构:是直接影响被控对象的机构。执行机构的输出量即控制量是控制模型的输入量。在焊接过程控制系统中,控制量往往是与焊缝成形有关的物理量,如焊接电流、电压、焊接速度、送丝速度等,相应的执行机构有弧焊电源、伺服电机、送丝机等。

（11）反馈：将被控对象输出的量经测量装置返回到输入端，经与给定量进行比较后，最终将影响过程控制系统的输出结果。

（12）正反馈：$e = y + r$，正反馈使控制系统发散，因无法满足过程控制系统的要求而不被采用。

（13）负反馈：$e = y - r$，负反馈有利于控制系统的稳定，被广泛应用于各种过程控制系统之中。

5.1.3　控制系统的动态性能指标

阶跃信号输入对控制系统来说是最严酷的，因此，一般在阶跃信号输入下讨论控制系统的动态特性。

控制系统对于单位阶跃信号的动态响应如图 5.4 所示。描述控制系统动态特性的指标有上升时间、峰值时间、超调量、延迟时间、调节时间、振荡次数等。

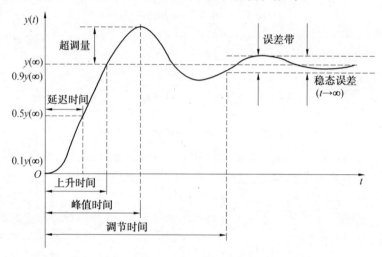

图 5.4　控制系统对单位阶跃输入信号的动态响应曲线

（1）延迟时间 t_d

延迟时间指响应曲线第一次到达理论输出稳定值的一半需要的时间。

（2）上升时间 t_r

对于欠阻尼系统，上升时间是指响应曲线从零上升到稳定值需要的时间；对于过阻尼系统，上升时间是指响应曲线从稳定值的 10% 上升到 90% 需要的时间。上升时间是系统响应速度的重要指标，上升时间越短，系统响应速度越快。

（3）峰值时间 t_p

响应曲线到达第一个峰值所需的时间，称为峰值时间。

（4）超调量 δ

响应曲线第一个峰值超出稳态值的百分比，用公式表示为

$$\delta = \frac{y_p - y(\infty)}{y(\infty)} \times 100\% \tag{5.1}$$

超调量直接表明控制系统的阻尼特性，反映系统的平稳性。

（5）调节时间 t_s

响应曲线进入并永远保持在允许误差带内需要的时间,称为调节时间。允许误差带一般取稳态值的 $\pm 2\%$ 或 $\pm 5\%$。调节时间反映系统的快速性。

（6）振荡次数 N

在调节时间内,系统输出值在稳态值附近上下波动的次数,称为振荡次数。它反映系统的平稳性。

（7）稳态误差

稳态误差反映系统的控制精度或抗干扰能力。稳态误差为零的系统称为无误差系统;稳态误差不为零的系统称为有误差系统,如图 5.5 所示。

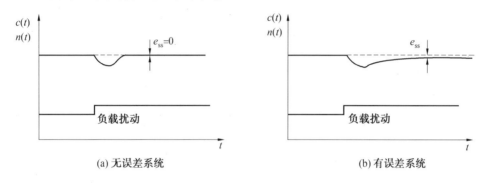

(a) 无误差系统　　　　　　　　　　(b) 有误差系统

图 5.5　稳态误差

（8）衰减比和衰减率

衰减比用来衡量一个振荡过程的衰减程度,它等于两个相邻的同向波峰值之比。

$$n = \frac{y_1}{y_3} \tag{5.2}$$

另一个衡量衰减程度的指标是衰减率,是指经过一个周期以后,波动振幅衰减的百分数,即

$$\varphi = \frac{y_1 - y_3}{y_1} \tag{5.3}$$

衰减比与衰减率之间有简单的对应关系,衰减比 n 为 $4 : 1$ 就相当于衰减率 75%。

5.1.4　控制系统的分类

1. 开环控制与闭环控制

（1）开环控制

系统的被控制量对系统的控制作用没有影响,即不带反馈环节的控制系统,称为开环控制,如图 5.6 所示。

开环控制的控制精度取决于系统及被控对象的参数的稳定性,如焊接电流、焊接速度、散热条件等的稳定性。开环控制系统结构简单、工作稳定,但是没有抗干扰能力。

（2）闭环控制

简单地说,闭环控制就是有反馈环节的系统,被控制信号对控制作用有直接影响的系统,如图 5.3 所示。

图 5.6　开环控制

闭环控制是按偏差控制,抗干扰能力强,但闭环控制存在稳定性问题。

2. 前馈控制与反馈控制

(1)前馈控制

前馈控制又称事先控制,是一种开环控制,提前检测影响被控制量的一个或多个物理量,提前采取措施,将可能发生的偏差消除在萌芽状态中。前馈控制具有事先性、快速性等特点。

以有间隙对接焊为例,众所周知,间隙对焊缝成形的影响极大,随着间隙的增大,正面下塌增大,特别是,大间隙易导致切割,使焊接过程不能进行下去。间隙是可以提前检测出来的,因此可以根据间隙的大小来预置送丝速度,可避免切割出现,并保证正面余高均匀。这就是前馈控制,如图 5.7 所示。

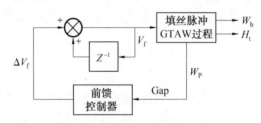

图 5.7　送丝速度预置的前馈控制

(2)反馈控制

反馈控制是指将系统的输出信息返送到输入端,与输入信息进行比较,利用二者的偏差进行控制的过程。与前馈控制相比,反馈控制有时滞问题,它是用过去的情况来指导现在和将来。

3. 定值控制、随动控制与程序控制

(1)定值控制。系统的给定值为恒定常值,控制系统的调整目标是将被控参数维持在一个期望的给定值上。焊接系统的控制绝大多数是定值控制。

(2)随动控制。系统的给定值是未知的时间函数,且不断变化,控制系统的目的是使被控参数跟随给定值的变化,如自动火炮的控制。

(3)程序控制。系统的给定值是已知的时间函数,控制系统跟踪已知的变化规律。全位置焊接时的参数预置控制就属于程序控制。

4. 线性系统与非线性系统

(1)线性系统。系统的输入与输出关系可以用线性微分方程来描述的系统,线性系统具有叠加性和齐次性,系统的时间响应特性与初始状态无关。

(2)非线性系统。只能用非线性微分方程描述,不满足叠加原理。

5. 定常系统与时变系统

（1）定常系统。又称为时不变系统，是指描述系统的方程系数不随时间变化的系统。

（2）时变系统。是指描述系统的方程系数随时间变化的系统。时变系统的输出响应不仅与输入波形有关，还与输入信号加入的时刻有关。系统中元件的老化、温度的变化等都会引起模型方程的系数变化。

6. 单输入单输出系统与多输入多输出系统

单输入单输出系统，又称 SISO 系统，只有一个输入量、一个输出量的系统。

多输入多输出系统，又称 DIDO 系统，有多个输入量、多个输出量的系统。

5.1.5 对控制系统的基本要求

对控制系统的基本要求体现在："稳"、"准"、"快"。

1. 稳定性

稳定性是控制系统正常工作的首要条件，也是最重要的条件。稳定性是指系统原来处于平衡状态，受到干扰后，系统可以恢复到原有平衡状态的能力。如图 5.8 所示，图（a）、（b）是稳定的，而图（c）的系统是不稳定的。必须指出，实际控制系统不仅要满足稳定性要求，而且还要考虑到系统必须有一定的富裕量（即余量），以防系统工作时参数可能会发生变化或有更严重的干扰侵入等情况。也就是说，系统不仅要绝对稳定，相对稳定性也要满足要求。

为了保证控制系统有一定的裕度，一般要求衰减比为 4∶1 或 10∶1，相当于衰减率为 75% 和 90%。这样大约经过两个周期后，系统就趋于稳态。

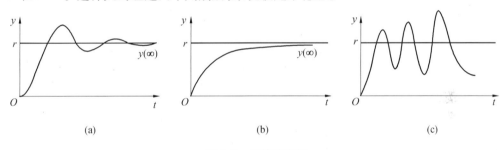

图 5.8　系统稳定性

2. 准确性

系统的准确性表示系统要有一定的稳态精度，用稳态误差来表示。系统在调节过程结束后进入稳态，系统的被调量（输出量）与稳态量之间的偏差，称为稳态误差或静态误差。

3. 快速性

快速性是对控制系统动态响应的要求，即动态性能指标要符合要求。快速性表明了系统输出对输入的响应快慢。系统快速性越强，则复现快变信号的能力越强。快速性用调节时间、上升时间、振荡次数等表示。

"又稳、又准、又快"是对控制系统的理想要求。可是，在实际控制系统中，稳定性、快速性和准确性三者之间不兼容，存在矛盾。加大控制作用，可以提高准确性，但是降低了稳定性。增加稳定性，又降低了快速性和准确性。一般地，在控制系统设计中，为获得比较满意的控制效果，需要对稳定性、快速性和准确性进行折中考虑。

5.1.6 控制理论的发展过程

1. 控制理论的早期诞生过程

1765 年,瓦特发明了蒸汽机,进而应用离心式飞锤调速器原理控制蒸汽机。

1868 年,麦克斯韦发表"关于调节器"论文,指出控制系统可用微分方程描述,可用特征方程根的位置和形式来确定系统的稳定性。

1872 年,劳斯找到系统稳定性的代数判据,其充分必要条件为系统特征方程根具有负实部。

1892 年,李雅普诺夫在其博士论文"论运动稳定性的一般问题"中,提出用李雅普诺夫能量函数的正定性及其导数的负定性来鉴别控制系统的稳定性准则,总结和发展了控制系统的经典时域分析法。

之后,随着通信与信号处理技术的发展,以实验为基础的频率响应分析法得到快速发展。

1932 年,奈奎斯特在反馈放大器稳定性的著名论文中,提出了系统稳定性的奈奎斯特判据,奠定了频域分析与综合法的基础。

1935 年,Bell 实验室的布莱克研制成功实用的负反馈放大器,解决了反馈放大器的振荡问题。

1938 年,米哈依洛夫给出图解法判别系统稳定性的准则。

1940 年,数学家伯德引入半对数坐标系,使频率特性的绘制更方便于工程设计。

1942 年,哈里斯引入传递函数的概念,升华了频率法。

1945 年,伯德提出频率响应分析法,即简单而实用的伯德图。

1948 年,控制论创始人维纳发表了《控制论》著作,论述了控制理论的一般方法,推广了反馈的概念,标志着控制理论这门学科的正式诞生。

1948 年,伊文斯提出了著名的根轨迹法。

1954 年,钱学森在美国出版了英文专著《工程控制论》,全面总结和发展了经典控制理论。

2. 控制理论的发展

总体来说,控制理论的发展过程分为三个阶段,即经典控制理论、现代控制理论和智能控制理论,如表 5.1 所示。

表 5.1 控制理论的发展阶段

	发展时间	研究对象	数学模型	分析手段	代表人物
经典控制理论	20 世纪 30 ~ 60 年代	单输入单输出的线性定常系统	传递函数	频率特性、根轨迹法等频域分析法	伯德、伊文思、劳斯、奈奎斯特等
现代控制理论	20 世纪 60 ~ 70 年代	多输入多输出系统,时变的、离散的、非线性的	状态方程	状态空间法、极大值原理、动态规划、卡尔曼滤波器、自适应控制、最优控制	庞特里亚金、贝尔曼、卡尔曼、奥斯特隆姆、朗道等

续表5.1

	发展时间	研究对象	数学模型	分析手段	代表人物
智能控制理论	20 世纪 70 年代末至今	难以建立数学模型的复杂系统	没有精确的数学模型	人工智能、模糊控制、专家系统、神经网络等	图灵、明斯基、麦卡锡、傅京孙、扎德、利昂兹、萨里迪斯、费根鲍姆、霍普菲尔德、儒默哈特、奥斯特隆姆等

（1）经典控制理论

经典控制理论主要解决单输入单输出线性定常系统的控制问题，采用以传递函数、频率特性、根轨迹为代表的频域分析方法，一个典型的经典控制系统如图5.9所示。对于时变系统、多变量系统、强耦合系统等更复杂的对象，经典控制理论无能为力。

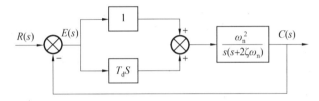

图5.9　以传递函数表示的控制系统

（2）现代控制理论

20 世纪 50 年代末，随着航空航天技术、计算机技术的发展，出现了用一阶微分方程组来描述系统动态过程的新方法，即状态空间法，可以解决多输入多输出问题，系统可以是线性定常的，也可以是非线性的、时变的。

1956 年前苏联数学家庞特里亚金提出极大值原理，美国数学家贝尔曼提出动态规划。极大值原理和动态规划是解决最优控制问题的理论工具。

1959 年美国数学家卡尔曼提出卡尔曼滤波器，1960 年提出可控性和可观性两个重要概念。

现代控制理论利用计算机对系统进行分析、设计与控制。它的数学工具是线性代数和微分方程，数学模型形式为状态方程。以最优控制和卡尔曼滤波为核心，分析与综合的目标是揭示系统内在状态和性能，使控制系统实现最优化，如图 5.10 所示。现代控制理论研究的内容包括系统辨识、自适应控制、非线性系统、最优控制、鲁棒控制、预测控制、容错控制等。

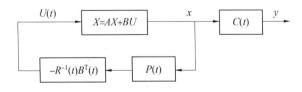

图5.10　以状态空间法表示的控制系统

（3）智能控制理论

从上述内容可见，经典控制和现代控制理论都是基于数学模型的控制。而被控系统越来越复杂，表现为高度非线性、时变性、强耦合、变结构、多层次、多因素等，还存在某些不确定性，导致被控对象难以用精确的数学模型来描述。再者，对这样复杂系统的控制性能要求越来越高。基于精确模型的传统控制（经典控制和现代控制理论）难以解决上述复杂对象的控制问题。

而人类在处理复杂性、不确定性方面能力很高，采用仿人智能控制决策方式，把人工智能和反馈控制理论相结合，就可以解决复杂系统的控制难题，这样就产生了智能控制理论。

①智能控制理论的发展历程。1936 年，被称为人工智能之父和计算机之父的英国数学家图灵提出了自动机理论。

1956 年，MIT 年轻学者明斯基和麦卡锡首次提出人工智能（Artificial Intelligence）概念，标志着人工智能学科的正式诞生。

1965 年，国际公认的智能控制奠基人傅京孙首先提出把人工智能的启发式推理规则用于学习控制系统，他将智能控制概括为自动控制和人工智能的结合。

1965 年，美国学者扎德创立了模糊集合论，为模糊控制奠定了基础。

1965 年，美国学者 Feigenbaum 研制出第一个专家系统。

1967 年，Leondes 等人首次正式使用智能控制（Intelligent Control）一词。

1968 年，知识工程之父费根鲍姆研制出了第一个真正的专家系统 DENDRAL。

1977 年，费根鲍姆提出了知识工程的概念。

1979 年，萨里迪斯论述了从通常的反馈控制到最优控制、随机控制，再到自适应控制、自学习控制、自组织控制，并最终向智能控制的发展过程。他首次提出了多级递阶智能控制结构。

1982 年，霍普菲尔德提出了 Hopfield 神经网络模型，发明了能量函数，建立了神经网络稳定性判据，扩展了智能控制的新领域。

1986 年，儒默哈特等人提出了误差反向传播的 BP 算法，给神经网络注入了活力。

1985 年，IEEE 召开了第一届智能控制专题讨论会，标志着智能控制作为一个新的学科分支得到公认。

②智能控制的概念和特点。智能控制的思路是模仿人的智能实现对复杂不确定性系统进行有效的控制。

按照傅京孙等人的观点，智能控制是自动控制、运筹学和人工智能三个主要学科的结合物。智能控制是应用人工智能理论和技术及运筹学的优化方法同控制理论方法与技术相结合，在未知环境下，仿效人类的智能，实现对系统的控制。

IEEE 控制系统学会智能控制技术委员会对智能控制的定义：智能控制是一有效的计算机程序，这个程序指引一个未充分表示的复杂系统，在没有充分说明怎样做的情况下达到目标，即在一不确定的环境中作出适当的行为。智能控制作为一种规则，将计划与在线误差补偿结合在一起，它要求对系统和环境的学习都应作为系统过程的一部分。

从上述定义可见，智能控制具有以下特点：

a. 学习功能。与人的学习过程相类似，智能控制器能从外界环境获得信息，进行识别、记忆、学习，并利用积累的经验使系统的控制性能得到改善。

b. 适应功能。适应能力包括对输入输出自适应估计、故障情况下自修复等。

c. 组织功能。对于复杂任务和分散的传感信息具有自组织和协调功能,系统具有主动性和灵活性。当出现多目标冲突时,可以在任务要求的范围内自行决策,主动采取行动。

d. 优化功能。智能控制器能够通过不断优化控制参数和寻找控制器的最佳结构形式获得整体最优的控制效果。

③智能控制的类型。智能控制是控制理论发展的高级阶段。几十年来,在众多新兴学科和新技术的推动下,已经发展壮大起来,出现了很多形式的智能控制方法,文献[2]对此进行了形象的总结,如图 5.11 所示。研究较多的智能控制方式包括:

a. 多级递阶智能控制。

b. 基于知识的专家控制。

c. 基于模糊逻辑的智能控制——模糊控制。

d. 基于神经网络的智能控制——神经控制。

e. 基于规则的仿人智能控制。

f. 基于模式识别的智能控制。

g. 多模变结构智能控制。

h. 学习控制和自学习控制。

i. 基于可拓逻辑的智能控制——可拓控制。

j. 基于混沌理论的智能控制——混沌控制。

另外,智能控制方法还与传统控制理论相结合,衍生出多种新的控制形式,如智能 PID 控制、自适应模糊控制、神经元自适应 PSD 控制等。

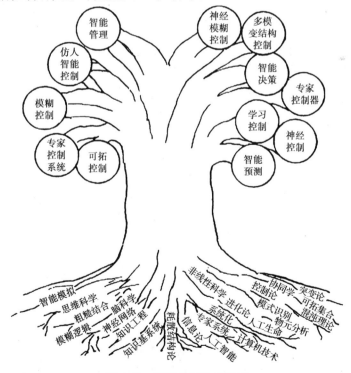

图 5.11　智能控制的成果树

④几种典型的智能控制。

a. 专家智能控制。专家智能控制是指将专家系统的理论和技术同控制理论方法相结合,在未知环境下,仿效专家的智能,实现对系统的控制,一个典型的专家智能控制系统如图5.12 所示。

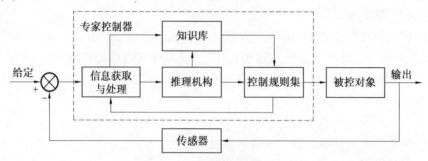

图 5.12　专家智能控制系统结构

专家系统是指相当于专家处理知识和解决问题能力的计算机智能软件系统。它应用人工智能技术,根据一个或多个人类专家提供的特殊领域知识、经验进行推理和判断,模拟人类专家做决策的过程来解决那些需要专家决定的复杂问题。

专家系统由知识库、数据库、推理机、解释部分及知识获取五个部分组成。在专家控制系统中知识表示通常采用产生式规则,这样知识库变为规则库,它是推理和决策的基础。推理机根据当前的输入数据或信息,再利用知识库中的知识,按一定的推理策略去处理、解决当前的问题。

专家控制系统存在的一个主要问题是学习比较慢,难以满足快速时变系统实时控制的要求。

b. 神经网络控制。神经网络系统是指利用工程技术手段模拟人脑神经网络的结构和功能的一种技术系统,它是一种大规模并行的非线性动力学系统。具体来讲,神经网络是由大量简单处理单元(神经元)互相连接而成的复杂系统,如图 5.13 所示。虽然每一个神经元的结构非常简单,但由大量神经元构成的网络系统行为却可以是丰富多彩和非常复杂的。已经证明,只要有一个隐含层的三层前馈 BP(误差反向传播)网络,就可以逼近任何映射函数。

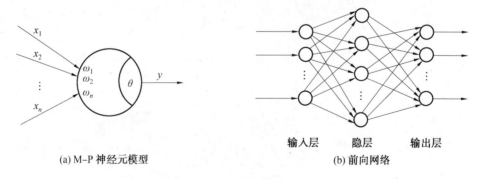

(a) M–P 神经元模型　　　　(b) 前向网络

图 5.13　神经网络结构

神经网络具有信息的分布存储、并行处理以及自学习能力等优点,它在信息处理、模式识别、智能控制等领域有着广阔的应用前景。

神经网络在控制中的应用是多样的、灵活的,如图 5.14 所示。概括起来,神经网络在控制中的作用分为以下几种:

在基于精确模型的各种控制结构中充当对象的模型,发挥其非线性映射能力;

在反馈控制系统中直接充当控制器的作用;

在传统控制系统中起优化计算作用;

在与其他智能控制方法和优化算法相融合中,为其提供非参数化对象模型、优化参数、推理模型及故障诊断等。

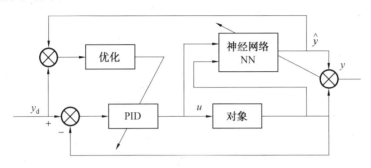

图 5.14　神经网络自适应 PID 控制结构

c. 模糊控制。模糊控制是智能控制的较早形式,是基于专家经验和领域知识总结出若干条模糊控制规则,构成描述具有不确定性复杂对象的模糊关系,通过被控系统输出误差及误差变化和模糊关系的推理合成获得控制量,从而对系统进行控制。

模糊控制的更多知识将在 5.3 节中详细阐述。

5.1.7　控制理论在焊接过程中的应用

人们对焊接过程的认识有一个从简单到复杂的过程。早期,将焊接过程简化为单输入单输出线性系统,过程建模与控制器设计都采用经典控制理论,PID 控制方法用得最多。随着考虑因素的增多和控制要求的提高,现代控制理论中的多变量解耦控制、模型自适应控制、最优控制等方法在焊接过程控制中都有应用的例子。

近年来,随着研究的深入,人们逐渐认识到焊接过程是一个多参数相互耦合的时变的非线性系统,影响因素众多,并带有明显的随机性,很难用精确的数学模型来描述,这使得已往的一些传统控制方法,在不同程度上存在适应性差、应用受限等缺点。

智能控制理论的发展为焊接过程建模和控制提供了全新的途径。从 20 世纪 80 年代中期开始,国内外学者在焊接过程质量控制器设计上引入了智能控制方法,智能控制器的设计由早期的单一模糊控制器,发展到专家系统、模糊控制和人工神经网络控制相互结合的多变量复杂控制器,应用对象也覆盖了焊接过程控制的各个领域,如机器人控制、熔滴过渡、焊缝跟踪、焊缝成形控制等。

下面介绍几个焊接过程控制的应用实例。

(1)焊缝成形过程建模

表 5.2 总结了部分文献中提到的用于焊缝成形控制的过程模型。可见,焊接过程模型的发展有一个从简单到复杂的过程,早期根据单一信息(如某一点温度、正面下塌量、单纯

正面熔宽、面积等)预测反面熔透,实践证明有其局限性。研究发现,对熔池正面形状信息了解的越丰富,对熔池反面宽度的预测结果越准确,为此,提出了综合更多特征信息,如熔池正面宽度、长度和面积、熔池尾部宽度和后拖角等,建立多输入多输出的过程模型。更进一步发展到焊接规范和熔池正面特征信息联合预测反面的模型。

表 5.2　用于焊缝成形控制的模型

研究人员	模型输入	模型输出	结构	应用对象
J. B. Song	背面多点温度	熔深	传统	GTAW
Y. Kozono	熔池后一点温度	熔透	传统	GTAW
Nagarajanetc	熔池正面面积	熔透	传统	GTAW
杨春利	熔池谐振频率	熔透	传统	GTAW
大岛健司	正面熔宽	熔透	传统	GTAW
李鹤岐	正面熔池面积	熔透	传统	GTAW
张裕明	正面下塌量	背面熔宽	传统	GTAW
Y. S. Tarng	焊接规范(5 个)	3 个	ANN	GTAW
Billy Chan	焊接规范(4 个)	1 个	ANN	GMA 堆焊
George E	焊接规范(4 个)	2 个	ANN	VPPA 焊
J. Y. Jeng	焊接规范(3 个)	3 个	ANN	Laser 焊
Yasuo Suga	规范和熔池正面参数(6)	7 个	ANN	GTAW
Y. M. Zhang	规范和熔池正面参数	1 个	ANN	GTAW 堆焊
李迪	规范和熔池正面参数	1 个	ANN	GTAW
娄亚军	规范和熔池正面参数(48)	3 个	ANN	GTAW 对接
赵冬斌	规范和熔池正面参数(21)	2 个	ANN	填丝 GTAW

随着考虑因素的增加,模型的输入参数之间相互关联、相互作用增强,基于传统控制理论的模型结构已经难以胜任。人们开始考虑在建模过程中引入人工神经网络 ANN (Artificial Neural Network)建模的方法,理论上已经证明,具有偏差和一个 S 型函数隐含层加上一个线性输出层的 BP 神经网络能够逼近任何映射函数。因此,可以把实际系统看作一个黑箱,用 BP 神经网络来模拟实际系统的外部动态特性,将实际测量的输入输出作为样本送入结构已定的 BP 神经网络中学习,以确定网络内部各单元之间的连接强度,从而使网络的输入和输出与实际系统的输入和输出相拟合,这样结构和权值确定下来的 BP 神经网络就可以充当实际系统的黑箱模型。目前神经网络建模方法是建立焊接这样复杂实际过程模型的十分有效的手段。

图 5.15 为焊接过程的两个神经网络模型:一个是由焊接规范(电流、电压、焊接速度和板厚)预测熔池形状(正面宽度、余高和熔深);另一个是由给定的熔池形状参数推测出所需的焊接规范大小。

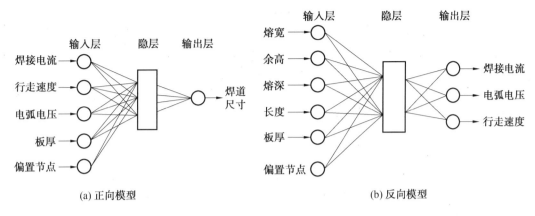

(a) 正向模型　　　　　　　　　　(b) 反向模型

图 5.15　焊接过程神经网络模型

（2）弧焊电源控制

目前,弧焊电源已经发展到全数字化电源阶段,主电路逆变化,控制数字化、软件化,其一般结构如图 5.16 所示。

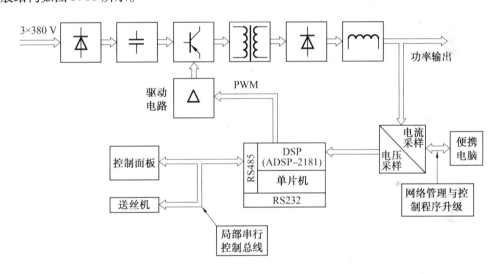

图 5.16　数字化电源框图

弧焊电源性能的控制经历了由"静特性控制"到"动特性控制"、由"经验"到"智能"的转变,控制上向精细化和智能化方向发展。

早期的电源以恒流、恒压等外特性控制为主,一般采用传统的 PID 控制器,如图 5.17 所示。逆变电源的控制电路以脉宽调制电路（PWM）为核心,通过电流、电压负反馈闭环控制,实现输出功率的调节,获得符合要求的静特性和动特性。

随着逆变电源动态响应时间的缩短,控制能力大幅提高,使得对焊接动态过程的精细控制成为可能。例如,通过精确控制 CO_2 气体保护焊短路过渡每一环节的电流电压波形,可以实现无飞溅焊接。

在 20 世纪 80 年代末期,日本厂商将模糊控制技术应用于电焊机,如图 5.18 所示,开发了所谓的"傻瓜式焊机",送丝速度和短路频率作为输入量,由短路频率偏差及偏差的变化经模糊推理自动调节焊机的输出电压,从而实现稳定的焊接。

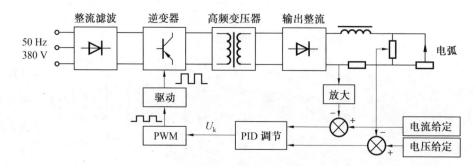

图 5.17　逆变电源的 PID 控制

　　山东大学的段彬提出了专家自适应神经网络 PID 控制策略用于全数字脉冲弧焊电源的控制,如图 5.19 所示,在线调节 PID 的参数,使整个焊接过程性能最优。

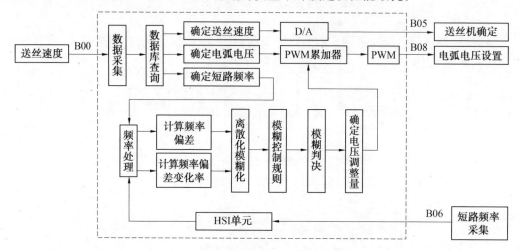

图 5.18　协调式 CO_2 气体保护焊机模糊控制

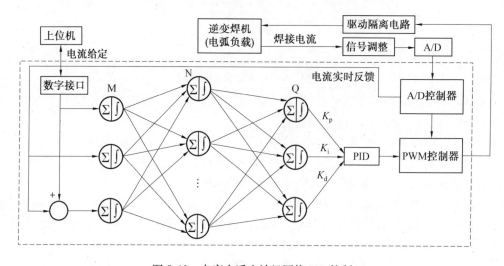

图 5.19　专家自适应神经网络 PID 控制

（3）焊缝成形控制

焊缝成形控制是非常复杂的,到目前为止,还没有很好地得到解决。究其原因,主要有以下两点：

①绝大多数情况下,反面熔宽检测不可达,需要检测正面熔池信息来间接预测反面熔宽,那么,选择哪些正面熔池特征信息？如何预测反面熔宽？这些问题都需要深入研究。

②对于像焊接这样多参数相互耦合的时变的非线性系统,控制器的设计是个难题。

现在,人们一致的看法是应将智能控制理论引入到焊缝成形控制中。有关焊接过程智能控制的文献大量发表,智能控制器的设计由早期的单一的模糊控制器,发展到专家系统、模糊控制和人工神经网络控制相互结合的多变量复杂控制器。

图 5.20 给出一模糊神经控制系统用于 MIG 焊熔深控制。一前一后两个 CCD 摄像机分别传感熔池正面宽度和间隙,利用神经网络建立过程模型预测熔深的大小。控制器由模糊前馈控制和模糊反馈控制两部分组成。前馈控制用于响应间隙变化。

图 5.21 为模糊神经网络和专家系统相结合的脉冲 GTAW 对接过程双变量智能控制系

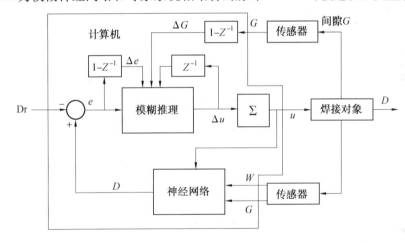

图 5.20　MIG 焊熔深模糊神经控制系统

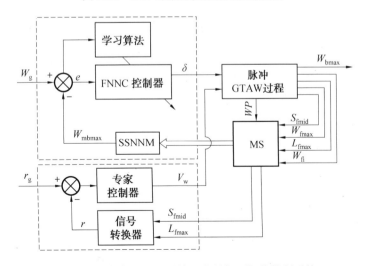

图 5.21　脉冲 GTAW 对接双变量闭环智能控制系统

统。该控制策略表达了焊工保证焊道成形的行为,自学习模糊神经网络控制器调整占空比来控制熔池反面宽度,专家系统控制器调整焊接速度来控制焊缝成形指标。

5.2　PID 控制

谈到控制器,人们首先想到的是 PID 控制器。PID 控制器早在 20 世纪 30 年代末期就已经出现,由于其具有设计简单、参数调节灵活、应用可靠等优点,已被广泛应用于工业过程控制中。由早期的模拟 PID 发展到数字 PID,又出现了非线性 PID、选择性 PID–PD 控制、自适应 PID 等,近年来,智能控制理论与 PID 相结合,衍生出了智能 PID 控制器,如专家自适应PID、模糊自适应整定 PID、神经元自适应 PID 等。PID 控制器之所以经久不衰、历久弥新,是因为控制算法中包含深刻的有关控制的本质东西,需要我们深入地研究和总结。

5.2.1　PID 控制的原理

简单地说,PID 控制就是按偏差的比例(Proportional)、积分(Integral)和微分(Derivative)线性组合进行控制的方式,如图 5.22 所示。

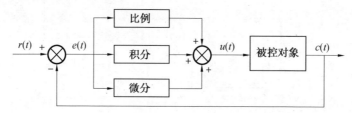

图 5.22　PID 控制器

被控制量的实际输出值 $c(t)$ 与给定值 $r(t)$ 之差,称为控制偏差 $e(t)$,即

$$e(t) = c(t) - r(t) \tag{5.4}$$

模拟 PID 控制器的控制规律为

$$u(t) = K_p e(t) + \frac{K_p}{T_i} \int e(t)\, dt + K_p T_d \frac{de(t)}{dt} \tag{5.5}$$

式中　$u(t)$ 和 $e(t)$ —— 控制器的输出和输入;

　　　K_p —— 比例系数;

　　　T_i —— 积分时间常数;

　　　T_d —— 微分时间常数。

PID 控制环节的传递函数为

$$G(s) = \frac{U(s)}{E(s)} = K_p \left(1 + \frac{1}{T_i s} + T_d s \right) \tag{5.6}$$

反馈控制的目的是使系统的实际输出值 $c(t)$ 能够维持在给定值 $r(t)$ 上,偏差 $e(t)$ 尽可能的小。如果有偏差了,期望调节过程能快、稳、准地消除偏差。基于此,PID 控制器中比例、积分、微分环节各自发挥如下作用。

1. 比例控制

线性放大(或缩小)作用,误差一旦产生,控制器立即发挥控制作用,使被控制量朝着减小误差方向变化,控制的强弱取决于比例系数 K_p,如图 5.23 所示。随着 K_p 的增加则最大超调量上升,振荡周期下降,振荡频率上升,过大则系统发散。

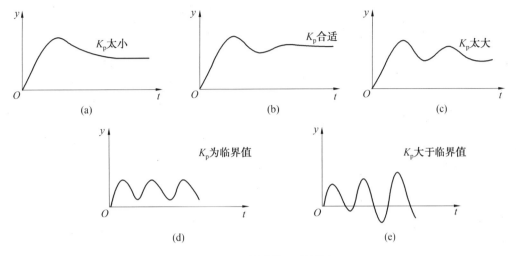

图 5.23　比例系数 K_p 的影响

比例调节是有差调节,对于具有自平衡性(即系统阶跃响应终值为一有限值)的被控对象存在静差。加大 K_p,可减小静差,但 K_p 过大时,会导致动态性能变坏,甚至会使闭环系统不稳定。

2. 积分控制

对偏差进行记忆并积分,控制器的输出与偏差存在的时间和偏差大小的乘积成正比,"有差即动,无差则停",有利于消除静差。其缺点是具有滞后特性,因为积分的缘故,偏差出现的瞬间,无控制作用,随时间积累,控制作用逐渐增强,控制作用在时间上总是落后于偏差信号的变化。另外,积分作用太强会使控制动态性能变差。

积分作用的强弱取决于积分时间常数 T_i,T_i 的意义如图 5.24 所示。当偏差作阶跃变化时,积分控制器的输出由零值上升,达到偏差大小所需要的时间,定义为积分时间常数 T_i,T_i 越大,积分作用就越弱,如图 5.25 所示。

3. 微分控制

对偏差进行微分,获得偏差的变化趋势,根据偏差的变化趋势(变化速度)来动作,具有预见性,增大微分作用可加快系统响应,超调量减少,增加系统稳定性,如图 5.26 所示。其缺点是当偏差稳定时,微分控制不起作用,因此,不能单独使用,并且对干扰同样敏感,导致系统抑制干扰能力降低。

由上述可见,要想获得良好的控制效果,PID 控制

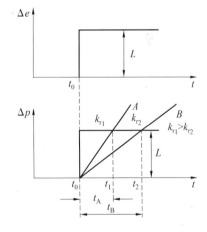

图 5.24　积分的过程

中的比例、积分和微分三种控制作用都是需要的。如图 5.27 所示,当存在阶跃偏差,调节开始时,微分先起作用,使输出信号发生突然的大变化,同时,比例控制也起作用,使偏差变小,接着积分控制起作用,逐渐将静差消除。

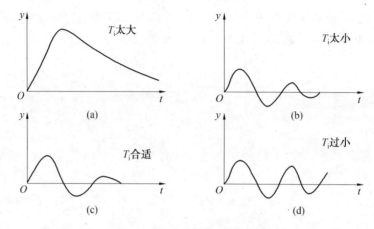

图 5.25 积分时间常数 T_i 的影响

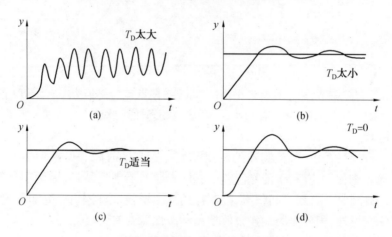

图 5.26 微分时间常数 T_D 的影响

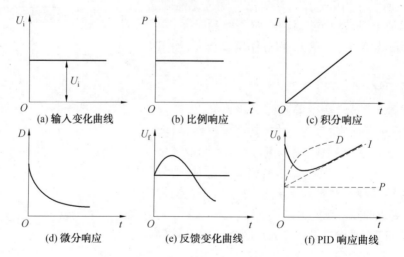

图 5.27 PID 的动作过程

　　实际使用时,根据不同的情况,可以用不同的组合形式,如比例、积分组合 PI,比例、微分组合 PD 等,如图 5.28 所示。

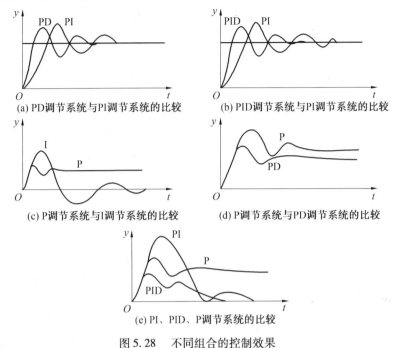

(a) PD调节系统与PI调节系统的比较

(b) PID调节系统与PI调节系统的比较

(c) P调节系统与I调节系统的比较

(d) P调节系统与PD调节系统的比较

(e) PI、PID、P调节系统的比较

图 5.28　不同组合的控制效果

　　必需指出的是,PID 控制存在稳定性与准确性之间的矛盾,如加大控制作用可使误差减少,准确性提高,但是降低了系统稳定性。反过来,为保证稳定性,需要限制控制作用,这又降低了控制的准确性。因此,需要一个合适的折中选择比例、积分和微分三部分控制作用。

5.2.2　数字 PID 控制算法

　　在计算机控制系统中,需要使用数字 PID 控制器。将模拟 PID 控制器离散化,就得到数字 PID 控制器。

　　(1) 位置式数字 PID 算法

　　用离散的采样时刻点 kT 代表连续时间 t,以求和代替积分,增量代替微分,则式(5.5)变为

$$u(kT) = K_p e(kT) + \frac{K_p T}{T_i} \sum_{i=0}^{k} e(iT) + \frac{K_p T_d}{T} \{ e(kT) - e[(k-1)T] \} \tag{5.7}$$

式中　　T——采样周期;

　　　　k——采样序号,$k = 0、1、2\cdots$。

　　式(5.7) 表示的控制算法提供了控制器输出量 $u(kT)$ 的绝对数值,所以被称为位置式数字 PID 算法或全量式 PID 算法。控制器输出量 $u(kT)$ 的值和执行机构的位置(如阀门开度) 是一一对应的,如图 5.29 所示。

　　位置式 PID 算法的缺点是:作为全量输出,每次输出均与过去状态有关,要对 $e(k)$ 累加,计算量大;误动作导致的 $u(k)$ 的大幅变化会引起执行机构位置的大幅变化,这在实际中是不允许的,可能造成重大事故。

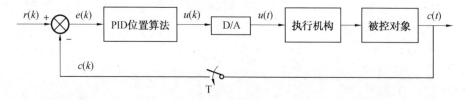

图 5.29　位置式数字 PID 控制

（2）增量式数字 PID 算法

在执行机构允许（如步进电动机）的情况下，通常采用增量式 PID 算法。增量式 PID 算法输出的是控制量的增量 $\Delta u(kT)$，即

$$\Delta u(kT) = u(kT) - u[(k-1)T] =$$

$$K_p\{e(kT) - e[(k-1)T]\} + \frac{K_p T}{T_i}e(kT) +$$

$$\frac{K_p T_d}{T}\{e(kT) - 2e[(k-1)T] + e[(k-2)T]\} \tag{5.8}$$

增量式算法不需要计算累加，增量只与最近几次采样值有关，计算机只输出增量，误动作时影响小，遇到故障时冲击小。

增量式 PID 控制算法流程如图 5.30 所示，增量式 PID 控制如图 5.31 所示。

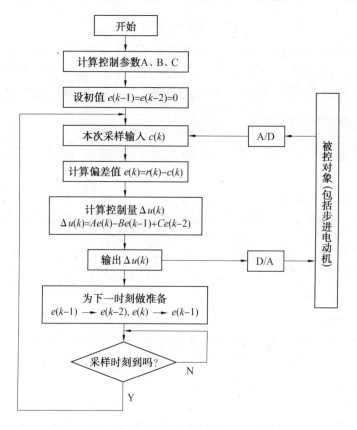

图 5.30　增量式数字 PID 算法程序实现流程

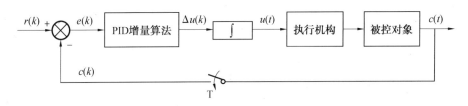

图 5.31 增量式数字 PID 控制

（3）改进式数字 PID 算法

数字 PID 算法相对灵活，为了满足不同控制系统的要求，人们提出了多种改进型数字 PID 算法，如积分分离 PID 算法、不完全微分 PID 算法、微分先行 PID 算法、带死区 PID 算法等。由于篇幅的限制，不再详述。

5.2.3　PID 控制器参数的整定

PID 控制器参数的整定就是确定比例系数 K_p、积分时间常数 T_i、微分时间常数 T_d 的取值大小。参数整定的目的是使 PID 控制器的输出特性能够和被控对象配合好，以便达到最佳的控制效果。

目前，PID 控制器参数整定的方法主要有：动态特性参数法、临界比例度法、衰减曲线法、经验试凑法等。

（1）动态特性参数法

先由阶跃响应曲线确定被控对象特性参数（放大倍数 K、时间常数 T、延迟 τ），再按经验公式计算出 PID 整定参数值，其过程可用下面的口诀描述：

平稳过程加扰动，反应曲线示特征。

求出对象 K、T、τ，按式计算来整定。

先 P 次 I 后加 D，由大而小序不紊。

要想取得最佳值，静观运行细调整。

图 5.32 是典型的单位阶跃响应曲线，放大倍数 K、时间常数 T、延迟 τ 很容易由曲线求出。表 5.3 是按阶跃响应曲线确定 PID 参数的经验公式。

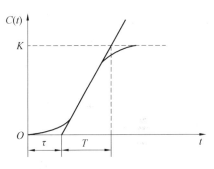

图 5.32　单位阶跃响应曲线

表 5.3　根据阶跃响应曲线确定 PID 参数的经验公式

控制规律	K_p	T_i	T_d
P	T/τ		
PI	$0.9\,T/\tau$	$\tau/0.3$	
PID	$1.2\,T/\tau$	2τ	0.5τ

（2）衰减曲线法

一般，衰减曲线法以 4∶1 衰减度为整定目标，如图 5.33 所示。令 $T_i = \infty$，$T_d = 0$，即将控制器当作纯比例控制，比例系数 K_p 由小到大调节直至系统有 4∶1 衰减度，这时的比例系数记为 K_{ps}，两波峰之间的时间记为 T_s，再根据表 5.4 的经验公式计算比例系数 K_p、积分时间

常数 T_i、微分时间常数 T_d。

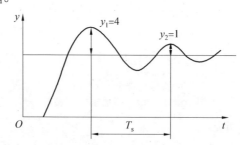

图 5.33　4∶1 衰减曲线

表 5.4　4∶1 衰减曲线法确定 PID 参数的经验公式

控制规律	比例系数 K_p	积分时间常数 T_i	微分时间常数 T_d
P	K_{ps}		
PI	$0.83K_{ps}$	$0.5T_s$	
PID	$1.25K_{ps}$	$0.3T_s$	$0.1T_s$

用上表整定参数考察系统性能,如果不满足 4∶1 衰减率要求,那么可先将 K_p 略微减少,再调节 T_i 和 T_d 直至满足要求为止。

(3) 经验试凑法

经验试凑法是经过长期实践总结出来的,其参数整定步骤如下:

第一步:让 $T_i = \infty$,$T_d = 0$,将控制器设为纯比例,调节比例系数 K_p 使系统具有 4∶1 衰减度;

第二步:将 K_p 下调 10% ~ 20%,加入积分环节,积分时间常数 T_i 从大往小调,直到系统有 4∶1 衰减度;

第三步:如果需要,加入微分环节,取 $T_d = (1/3 ~ 1/4)T_i$,保持 T_d/T_i 比值,调整改变 T_i、T_d 使系统有 4∶1 衰减度。

在经验试凑法中,各整定参数对控制质量的影响如表 5.5 所示。

表 5.5　整定参数对控制质量的影响

	增大 K_p	减少 T_i	增大 T_d
超调	增大	增大	减小
余差	减小	不变	不变
振动次数	增加	增加	下降

(4) 仿真试验法

MATLAB 软件中有一个非常有用的工具包 Simulink,它是一种可视化仿真工具,基于 MATLAB 框图设计环境可以实现动态系统建模、仿真和分析,被广泛应用于线性系统、非线性系统、数字控制及数字信号处理的建模和仿真中。

使用 Simulink 仿真工具,以动态过程的误差积分指标为目标函数,可以对 PID 控制器参数进行寻优整定。

　　图 5.34 是一个 Simulink 仿真的例子。调整比例系数 K_p、积分常数 K_i 和微分常数 K_d，可以直观、方便地观察系统的响应结果。

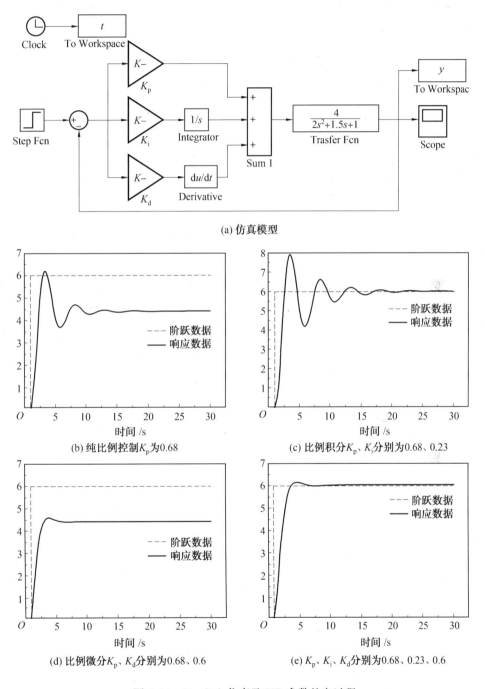

(a) 仿真模型

(b) 纯比例控制 K_p 为 0.68

(c) 比例积分 K_p、K_i 分别为 0.68、0.23

(d) 比例微分 K_p、K_d 分别为 0.68、0.6

(e) K_p、K_i、K_d 分别为 0.68、0.23、0.6

图 5.34　Simulink 仿真及 PID 参数整定过程

5.2.4 PID控制器在焊接中的应用

图 5.35 是 PID 控制方法在脉冲 GTAW 焊反面熔宽控制中应用的例子。这里,反面熔宽是被控量,脉冲电流占空比是控制量。PID 控制器的输入为反面熔宽的偏差,输出为脉冲电流占空比的增量。焊接过程传感系统 MS 传感得到的熔池形状参数 TSP 有熔池正面最大宽度 W_t、熔池正面最大长度 L_t 和半长比 R_{hl},这些变量和焊接规范参数 WP 输入给动态神经网络预测模型 BWHDNNM,模型输出为预测的熔池正面余高 H_{tp} 和熔池反面最大宽度 W_{bp},W_{bp} 与设定的熔池反面最大宽度 W_{bset} 相比较得到偏差 e,输入给 PID 控制器,控制器调整控制量占空比,实现闭环控制,使得熔池反面焊道宽度均匀一致地保持在设定值 W_{bset} 上。

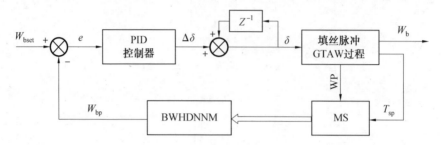

图 5.35　脉冲 GTAW 焊 PID 闭环控制系统原理图

（1）PID 控制器参数整定与控制过程仿真

使用 MATLAB 语言编程,利用 TDNNM(焊缝正面成形参数神经网络预测模型)和 BWHDNNM 两个模型对 PID 控制过程进行仿真。在此基础上,以动态过程的误差积分指标为目标函数,对 PID 控制器参数进行寻优整定。整定的结果为:无间隙,设定 W_b 为 5.0 mm时,PID 参数 K_p 为 17,T_i 为 0.69,T_d 为 0.61;无间隙,设定 W_b 为 3.5 mm 时,PID 参数 K_p 为 11.5,T_i 为 0.64,T_d 为 0.75;间隙为 0.6,设定 W_b 为 5.0 mm 时,PID 参数 K_p 为 14,T_i 为 0.54,T_d 为 0.80。

图 5.36 是 PID 控制器仿真得到的控制过程曲线,图 5.36(a) 无间隙,设定 W_b 为 5.0 mm,仿真结果为:最大超调量 4.5%,调节时间为 3 s(稳态误差以 5% 计),静态误差为 0.029 mm,占空比稳定在 52%;图 5.36(b) 无间隙,设定 W_b 为 3.5 mm,仿真结果为:最大超调量 4.8%,调节时间为 3 s,静态误差为 0.042 mm,占空比稳定在 46%;图 5.36(c) 间隙为 0.6,设定 W_b 为 5.0 mm,仿真结果为:最大超调量 5.0%,调节时间为 3 s,静态误差为 0.027 mm,占空比稳定在 44%。从仿真结果可以看出,对于不同的设定值,采用寻优整定得到的 PID 控制器参数均能实现很好的控制效果,超调量小、调节快、静态误差接近零,而同时也发现由于焊接过程存在非线性,所以不同 W_b 设定值时,为了实现动态品质较高的控制动作,PID 控制器必须采用不同的参数,这就增加了控制器参数整定的难度,并且控制器参数寻优算法的效率也较低。

（2）控制效果

为了验证控制器的控制效果,将变散热试件作为对象加以控制。利用寻优得到的 PID 控制器参数,针对给定的熔池反面最大熔宽为 5.0 mm 情况下,进行了闭环反馈控制实验。

图 5.37 为变散热试件 PID 控制得到的焊接过程曲线,图 5.38 为变散热焊接过程熔池正反面图像。图 5.39 为变散热试件 PID 闭环控制焊道照片。设定的期望熔池反面最大熔宽

为 5.0 mm,控制器参数采用寻优得到的最佳参数 K_p 为 17,T_i 为 0.61,T_d 为 0.69。

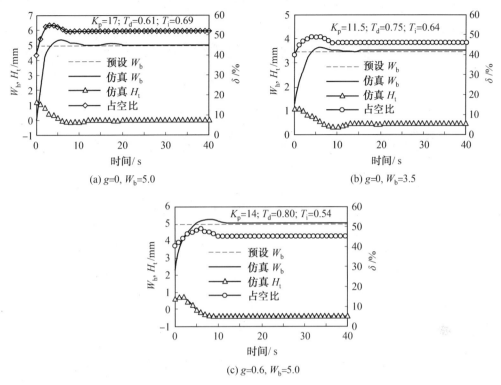

(a) g=0, W_b=5.0　　　　　　　　　　　　　　(b) g=0, W_b=3.5

(c) g=0.6, W_b=5.0

图 5.36　PID 控制器仿真曲线

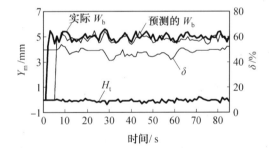

图 5.37　变散热试件脉冲 GTAW 焊 PID 闭环控制曲线

从图可见,控制量占空比总的变化趋势是随着散热条件的变差而减小,散热条件的变好而增加,大致呈凹形。从控制效果来看,在变散热情况下,PID 控制器基本能保证反面熔宽均匀一致。实际的熔池反面宽度基本维持在设定值 5.0 mm 左右,统计计算表明实际值与设定值之间最大误差为 0.53 mm,平均误差为 0.09 mm,均方根误差为 0.21 mm。

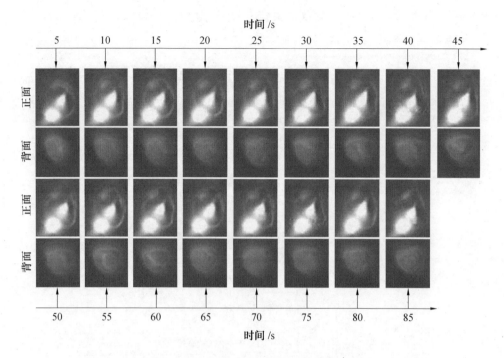

图 5.38 变散热试件 PID 闭环控制熔池正反面图像

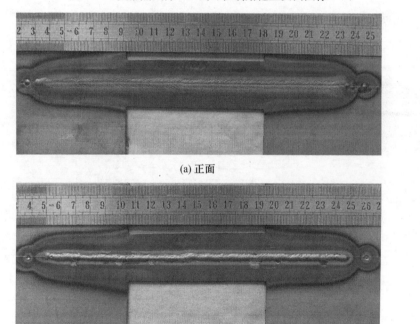

(a) 正面

(b) 反面

图 5.39 变散热试件 PID 闭环控制照片

5.2.5　智能 PID 控制器

（1）PID 控制存在的问题

常规的 PID 控制器控制规则固定,控制参数不变,对于简单的被控对象,可以获得较好的控制效果。但是对于复杂的被控对象、过程参数和模型结构有变化的被控对象,简单的 PID 控制器很难得到好的控制效果。

一组整定好的 PID 参数,当被控对象的参数和模型结构发生变化时,其控制效果如图 5.40 所示。可见,常规 PID 控制的适应性较差。

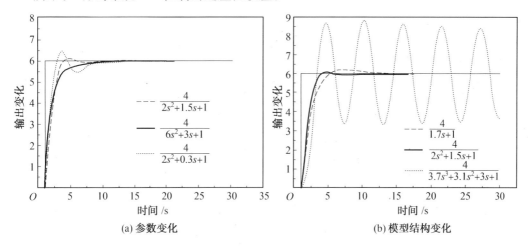

(a) 参数变化　　　　　　(b) 模型结构变化

图 5.40　PID 控制方法的适应性

（2）理想的控制策略

PID 控制的主要缺点是以不变的统一控制模式来处理多变的动态过程。图 5.41 是典型的二阶系统单位阶跃响应曲线。动态过程的不同阶段应采取的理想控制策略如下:

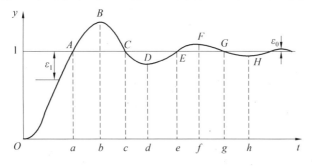

图 5.41　二阶系统单位阶跃响应曲线

OA 段:由于惯性的作用,这一段曲线只能以倾斜方向上升。控制的重点是上升既快又不至于超调过大。应采取变增益控制,当系统输出上升接近稳态时,比例控制作用要降低,以减小超调。

AB 段:向误差增大的方向变化。控制的重点是压低超调,改变误差增大的趋势。这时,除了采用比例控制外,应加大积分控制作用,通过对误差积分而强化控制作用,使系统输出尽快回到稳态值。

BC 段:误差增长的趋势得到遏制,误差开始减小。系统在控制作用下已呈现向稳态变化的趋势。这时如再继续施加积分控制作用,势必造成控制作用太强,而出现反向超调,因此应不加积分控制作用。

CD 段:误差反向超调,应采用比例+积分控制。

DE 段:误差已逐渐减小,这时控制作用不宜太强,否则会出现再次超调,不应施加积分控制作用。

可见,由于控制系统动态过程是变化的,为了获得满意的控制效果,控制器应不断改变控制策略。应根据误差及误差的变化情况及时调整控制规则。

(3)智能 PID 控制

智能 PID 控制是将智能控制理论与常规的 PID 控制方法相结合,以实现比例系数 K_p、积分常数 K_i、微分常数 K_d 等参数的在线自整定,从而提高 PID 控制的自适应性和鲁棒性,扩大 PID 控制的使用范围。

目前,人们提出了多种智能 PID 控制方法,包括专家 PID 控制、模糊 PID 控制、神经 PID 控制、遗传算法 PID 控制、灰色 PID 控制等。这里以模糊 PID 控制为例,加以说明。

模糊 PID 控制器的结构如图 5.42 所示,其核心是用于 PID 参数在线修改的模糊控制规则,如图 5.43 所示,模糊推理器的输入是误差 e 和误差变化 ce,输出是当前 e 和 ce 对应的最佳 PID 控制参数。NB、NM、NS 分别表示"负大"、"负中"、"负小",PB、PM、PS 分别表示"正大"、"正中"、"正小",ZO 表示"零"。

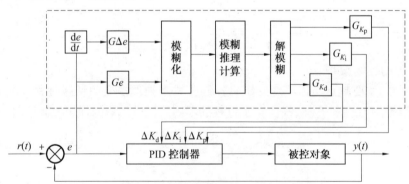

图 5.42 模糊 PID 控制器

用于在线调整 PID 参数的模糊规则如下:

①If (e is NM) and (ce is NS) then (K_p is PM)(K_i is NM)(K_d is NB)

②If (e is NM) and (ce is ZO) then (K_p is PS)(K_i is NS)(K_d is NM)

③If (e is NM) and (ce is PS) then (K_p is PS)(K_i is NS)(K_d is NM)

④If (e is NM) and (ce is PM) then (K_p is ZO)(K_i is ZO)(K_d is NS)

⑤If (e is NM) and (ce is PB) then (K_p is NS)(K_i is ZO)(K_d is ZO)

⑥If (e is NS) and (ce is NB) then (K_p is PM)(K_i is NB)(K_d is ZO)

⑦If (e is NS) and (ce is NM) then (K_p is PM)(K_i is NM)(K_d is NS)

⑧If (e is NS) and (ce is NS) then (K_p is PM)(K_i is NS)(K_d is NM)

⑨If (e is NS) and (ce is Z) then (K_p is PS)(K_i is NS)(K_d is NM)

⑩If (e is NS) and (ce is PS) then (K_p is ZO)(K_i is ZO)(K_d is NS)

ΔK_p ＼ ce ／ e	NB	NM	NS	ZO	PS	PM	PB
NB	PB	PB	PM	PM	PS	ZO	ZO
NM	PB	PB	PM	PS	PS	ZO	NS
NS	PM	PM	PM	PS	ZO	NS	NS
ZO	PM	PM	PS	ZO	NS	NM	NM
PS	PS	PS	ZO	NS	NS	NM	NM
PM	PS	ZO	NS	NM	NM	NM	NB
PB	ZO	ZO	NM	NM	NM	NB	NB

(a) 比例系数 K_p

ΔK_i ＼ ce ／ e	NB	NM	NS	ZO	PS	PM	PB
NB	NB	NB	NM	NM	NS	ZO	ZO
NM	NB	NB	NM	NS	NS	ZO	ZO
NS	NB	NM	NS	NS	ZO	PS	PS
ZO	NM	NM	NS	ZO	PS	PM	PS
PS	NS	NS	ZO	PS	PS	PM	PM
PM	ZO	ZO	PS	PS	PM	PB	PB
PB	ZO	ZO	PS	PM	PM	PB	PB

(b) 积分常数 K_i

ΔK_d ＼ ce ／ e	NB	NM	NS	ZO	PS	PM	PB
NB	PS	NX	NB	NB	NB	NM	PS
NM	PS	NS	NB	NM	NM	NS	ZO
NS	ZO	NS	NS	NM	NM	NS	ZO
ZO	ZO	NS	NS	NS	NS	NS	ZO
PS	ZO	ZO	ZO	ZO	ZO	ZO	ZO
PM	PB	NS	PS	PS	PS	PS	PB
PB	PB	PM	PM	PM	PS	PS	PB

(c) 微分常数 K_d

图 5.43　PID 参数的模糊推理表

⑪If（e is NS）and（ce is PM）then（K_p is NS）（K_i is PS）（K_d is NS）

⑫If（e is NS）and（ce is PB）then（K_p is NS）（K_i is PS）（K_d is ZO）

⑬If（e is ZO）and（ce is NB）then（K_p is PM）（K_i is NM）（K_d is ZO）

⑭If（e is ZO）and（ce is NM）then（K_p is PM）（K_i is NM）（K_d is NS）

⑮If（e is ZO）and（ce is NS）then（K_p is PS）（K_i is NS）（K_d is NS）

⑯If（e is ZO）and（ce is ZO）then（K_p is ZO）（K_i is ZO）（K_d is NS）

⑰If（e is ZO）and（ce is PS）then（K_p is NS）（K_i is PS）（K_d is NS）

⑱If（e is ZO）and（ce is PM）then（K_p is NM）（K_i is PM）（K_d is NS）

⑲If（e is ZO）and（ce is PB）then（K_p is NM）（K_i is PM）（K_d is ZO）

可见，在模糊 PID 控制中，PID 控制参数不再一成不变，而是根据当前的误差 e 和误差变化 ce 在线修改整定，进而达到最优的控制效果。

图 5.44 和图 5.45 分别示出了专家 PID 控制和神经 PID 控制的系统结构，这里就不展开叙述了。

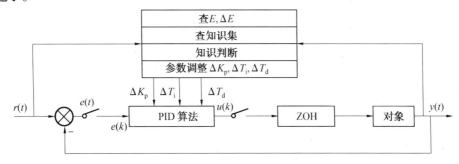

图 5.44　专家 PID 控制器

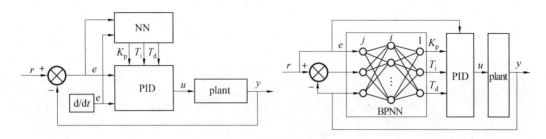

图 5.45　神经 PID 控制器

5.3　模糊控制

模糊控制是用模糊数学的知识模仿人脑的思维方式,对模糊现象进行识别和判决,给出精确的控制量,以实现对被控对象的控制。模糊控制是较早出现的一种智能控制方法,也是目前最有应用成效的智能控制方法。

5.3.1　模糊的概念

控制论创始人维纳在谈到人胜过任何最完善的机器时说:"人具有运用模糊概念的能力"。人脑的重要特点之一,就是能对模糊事物进行识别和判决。在人的思维中,有许多没有明确外延的概念,即模糊概念。例如,人们在描述身高时,不能给出精确的高度值,但是,人们会用身高"很高"、"较高"、"中等"、"较矮"、"很矮"等模糊概念。

1965 年,扎德教授发表了《模糊集合论》论文,创立了"模糊数学",提出用"隶属函数"对模糊概念进行定量描述。

在模糊数学中,论域上的元素符合概念的程度不是绝对的 0 或 1,而是介于 0 和 1 之间的一个实数。

设给定论域 U,U 到 $[0,1]$ 闭区间的任一映射 μ_A,即

$$\mu_A : U \to [0,1]$$
$$u \to \mu_A(u) \tag{5.9}$$

隶属函数 μ_A 表征元素 u 属于模糊集合 A 的程度或等级。若 $\mu_A(u)$ 接近 1,则表示 u 属于 A 的程度很高;反之,若 $\mu_A(u)$ 接近 0,则表示 u 属于 A 的程度很低。

图 5.46 显示 15 ~ 35 岁的人属于模糊集合"青年人"的隶属度。

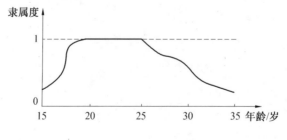

图 5.46　隶属函数曲线

5.3.2　模糊控制的基本思想

简单地说,模糊控制就是模拟人的控制行为,事先将人的控制经验总结归纳成一套完整的控制规则,放在计算机中。实际控制时,由传感器检测被控制量的当前值,参照控制规则表,由模糊推理判决计算出需要的控制量的大小,作用于被控对象,从而实现有效控制,如图5.47 所示。

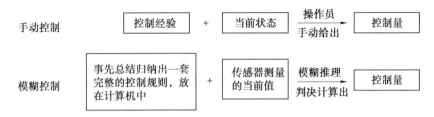

图 5.47　模糊控制与手动控制的对比

可见,模糊控制是基于规则的控制,它不需要建立对象的数学模型。大家知道,有经验的司机可以顺利地将汽车停到停车场上两辆车之间的一个空隙处。司机不清楚汽车操作的数学模型,他根据的就是经验:车偏左了,就往右打方向盘;车偏左太多了,就往右多打一些方向盘,等等。可见,司机通过一些不精确的观察,执行一些不精确的控制,却达到了准确停车的目的。

下面,参照文献[2]中的论述方法,以焊工的调节过程为例,来说明模糊控制过程。

手工焊工在施焊时,根据他的经验,控制规则用语言描述如下:

① 如果熔池宽度低于期望值,则增大焊接电流,低得越多电流增加越多;

② 如果熔池宽度高于期望值,则减少焊接电流,高得越多电流降得越多;

③ 如果熔池宽度达到期望值,则保持焊接电流不变。

焊工就是靠这些朴素的经验达到控制的目的,即使在有错边、变间隙等干扰的情况下,有经验的焊工仍能获得较均匀的焊缝。

那么,如果采用模糊控制如何实现呢?

需要设计的模糊控制系统如图5.48 所示。

第一步:确定模糊控制器的输入变量和输出变量。

这里,为了降低难度,模糊控制器的输入变量只选正面熔宽偏差 e。模糊控制器的输出变量是焊接电流的增量 Δi。

$$e = W_{out} - W_{set}$$

式中　　W_{set}——正面熔宽的设定值;

　　　　W_{out}——正面熔宽的实际值。

第二步:用模糊语言描述输入变量和输出变量。

设熔宽偏差 e 的基本论域为 $X[-1.5\ mm, +1.5\ mm]$,为了进行模糊化处理,需要将输入变量从基本论域转换到相应的模糊集论域,如图5.49 所示。这里,将 e 的大小量化为 7 个等级,即 $-3, -2, -1, 0, 1, 2, 3$,可表示为

$$X = \{-3, -2, -1, 0, 1, 2, 3\}$$

同样的,设输出量焊接电流的增量 Δi 的论域为 $Y[-3A, +3A]$,也将其量化为 7 个等级,

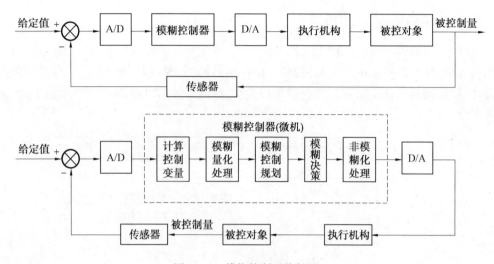

图 5.48　模糊控制系统框图

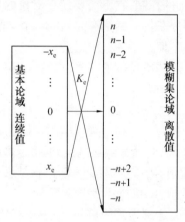

图 5.49　模糊化方法示意

即

$$Y = \{-3, -2, -1, 0, 1, 2, 3\}$$

可以用 5 个等级的模糊语言来描述输入变量和输出变量,即

$$\{负大,负小,零,正小,正大\}$$

简记为:负大 = NB,负小 = NS,零 = O,正小 = PS,正大 = PB。

用隶属度来描述熔宽偏差 e 和电流增量 Δi 的某一取值属于 5 个模糊子集的程度,如图 5.50 所示。表 5.6 是模糊变量 e 和 Δi 的赋值表。赋值表的每行表示变量(e 或 Δi)的不同取值相对于某一模糊语言变量的隶属度,例如,$NB_e = (1, 0.5, 0, 0, 0, 0, 0)$,说明 -3 等级属于负大 NB 的可能性最大;-2 等级属于负大 NB 的可能性为 0.5;-1 到 3 等级就不应属于负大 NB 的范畴了。

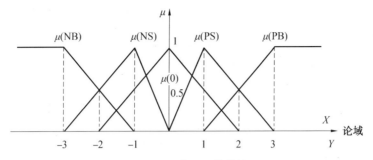

图 5.50　隶属函数曲线

表 5.6　模糊变量 e 和 Δi 的赋值表

隶属度 量化等级 语言变量	-3	-2	-1	0	1	2	3
PB	0	0	0	0	0	0.5	1
PS	0	0	0	0	1	0.5	0
O	0	0	0.5	1	0.5	0	0
NS	0	0.5	1	0	0	0	0
NB	1	0.5	0	0	0	0	0

第三步:用模糊语言描述模糊控制器的控制规则。

将焊工的调节经验,归纳为以下控制规则:

① 如果 e 负大,则 Δi 正大;

② 如果 e 负小,则 Δi 正小;

③ 如果 e 为零,则 Δi 为零;

④ 如果 e 正小,则 Δi 负小;

⑤ 如果 e 正大,则 Δi 负大;

也可以写出模糊控制规则的英文标准形式:

① if　$e = $ NB　then $\Delta i = $ PB

② if　$e = $ NS　then $\Delta i = $ PS

③ if　$e = $ O　　then $\Delta i = $ O

④ if　$e = $ PS　then $\Delta i = $ NS

⑤ if　$e = $ PB　then $\Delta i = $ NB

第四步:建立模糊控制规则的关系矩阵。

每一个模糊控制规则是一个条件语句,表示从误差论域 X 到控制量电流增量 Δi 论域 Y 的模糊关系 R。

那么,什么是模糊关系呢?

普通关系是描述元素之间是否有关联,模糊关系就是描述元素之间关联程度的多少。

举例来说,人的身高与体重的相互关系。身高论域 $X = \{140,150,160,170,180\}$,单位

cm;体重论域 $Y = \{40,50,60,70,80\}$，单位 kg。某一身高的人的体重最有可能是多少，即身高的某一值与体重的某一值的关联程度，就是身高与体重之间的模糊关系，如表 5.7 所示。

表 5.7　身高与体重的模糊关系

Y R X	40	50	60	70	80
140	1	0.8	0.2	0.1	0
150	0.8	1	0.8	0.2	0.1
160	0.2	0.8	1	0.8	0.2
170	0.1	0.2	0.8	1	0.8
180	0	0.1	0.2	0.8	1

模糊关系一般用模糊矩阵来表示，如下所示：

$$R = \begin{bmatrix} 1 & 0.8 & 0.2 & 0.1 & 0 \\ 0.8 & 1 & 0.8 & 0.2 & 0.1 \\ 0.2 & 0.8 & 1 & 0.8 & 0.2 \\ 0.1 & 0.2 & 0.8 & 1 & 0.8 \\ 0 & 0.1 & 0.2 & 0.8 & 1 \end{bmatrix}$$

模糊矩阵中第 1 行第 1 列的元素是 1，表明身高矮的人体重也最有可能是轻的。

用两个向量的直积来计算模糊关系。设 X、Y 是两个非空集合，则从 X 到 Y 的一个模糊关系用直积表示为

$$X \times Y = \{(x,y) \mid x \in X, y \in Y\}$$

再回到模糊控制规则上来，上述 5 条模糊控制规则表示的从误差论域 X 到控制量电流增量 Δi 论域 Y 的模糊关系 R 可以写成

$$\underset{\sim}{R} = (NB_e \times PB_i) + (NS_e \times PS_i) + (O_e \times O_i) + (PS_e \times NS_i) + (PB_e \times NB_i)$$

根据表 5.6，分别计算 5 个直积如下：

$NB_e \times PB_i = (1,0.5,0,0,0,0,0) \times (0,0,0,0,0,0.5,1) =$

$$\begin{bmatrix} 0 & 0 & 0 & 0 & 0 & 0.5 & 1 \\ 0 & 0 & 0 & 0 & 0 & 0.5 & 0.5 \\ 0 & 0 & 0 & 0 & 0 & 0 & 0 \\ 0 & 0 & 0 & 0 & 0 & 0 & 0 \\ 0 & 0 & 0 & 0 & 0 & 0 & 0 \\ 0 & 0 & 0 & 0 & 0 & 0 & 0 \\ 0 & 0 & 0 & 0 & 0 & 0 & 0 \end{bmatrix}$$

$NS_e \times PS_i = (0,0.5,1,0,0,0,0) \times (0,0,0,0,1,0.5,0) =$

$$
\begin{bmatrix}
0 & 0 & 0 & 0 & 0 & 0 & 0 \\
0 & 0 & 0 & 0 & 0.5 & 0.5 & 0 \\
0 & 0 & 0 & 0 & 1 & 0.5 & 0 \\
0 & 0 & 0 & 0 & 0 & 0 & 0 \\
0 & 0 & 0 & 0 & 0 & 0 & 0 \\
0 & 0 & 0 & 0 & 0 & 0 & 0 \\
0 & 0 & 0 & 0 & 0 & 0 & 0
\end{bmatrix}
$$

$O_e \times O_i = (0,0,0.5,1,0.5,0,0) \times (0,0,0.5,1,0.5,0,0) =$

$$
\begin{bmatrix}
0 & 0 & 0 & 0 & 0 & 0 & 0 \\
0 & 0 & 0 & 0 & 0 & 0 & 0 \\
0 & 0 & 0.5 & 0.5 & 0.5 & 0 & 0 \\
0 & 0 & 0.5 & 1 & 0.5 & 0 & 0 \\
0 & 0 & 0.5 & 0.5 & 0.5 & 0 & 0 \\
0 & 0 & 0 & 0 & 0 & 0 & 0 \\
0 & 0 & 0 & 0 & 0 & 0 & 0
\end{bmatrix}
$$

$PS_e \times NS_i = (0,0,0,0,1,0.5,0) \times (0,0.5,1,0,0,0,0) =$

$$
\begin{bmatrix}
0 & 0 & 0 & 0 & 0 & 0 & 0 \\
0 & 0 & 0 & 0 & 0 & 0 & 0 \\
0 & 0 & 0 & 0 & 0 & 0 & 0 \\
0 & 0 & 0 & 0 & 0 & 0 & 0 \\
0 & 0.5 & 1 & 0 & 0 & 0 & 0 \\
0 & 0.5 & 0.5 & 0 & 0 & 0 & 0 \\
0 & 0 & 0 & 0 & 0 & 0 & 0
\end{bmatrix}
$$

$PB_e \times NB_i = (0,0,0,0,0,0.5,1) \times (1,0.5,0,0,0,0,0) =$

$$
\begin{bmatrix}
0 & 0 & 0 & 0 & 0 & 0 & 0 \\
0 & 0 & 0 & 0 & 0 & 0 & 0 \\
0 & 0 & 0 & 0 & 0 & 0 & 0 \\
0 & 0 & 0 & 0 & 0 & 0 & 0 \\
0 & 0 & 0 & 0 & 0 & 0 & 0 \\
0.5 & 0.5 & 0 & 0 & 0 & 0 & 0 \\
1 & 0.5 & 0 & 0 & 0 & 0 & 0
\end{bmatrix}
$$

模糊控制规则的模糊关系矩阵为：

$$
R =
\begin{bmatrix}
0 & 0 & 0 & 0 & 0 & 0.5 & 1 \\
0 & 0 & 0 & 0 & 0.5 & 0.5 & 0.5 \\
0 & 0 & 0.5 & 0.5 & 1 & 0.5 & 0 \\
0 & 0 & 0.5 & 1 & 0.5 & 0 & 0 \\
0 & 0.5 & 1 & 0.5 & 0.5 & 0 & 0 \\
0.5 & 0.5 & 0.5 & 0 & 0 & 0 & 0 \\
1 & 0.5 & 0 & 0 & 0 & 0 & 0
\end{bmatrix}
$$

第五步:模糊决策求控制量。

控制器的作用是已知误差大小根据控制规则可以求出相应的控制量,即作出控制决策。在模糊数学中,控制量是误差模糊向量 e 和模糊关系 R 的合成,如下式所示:

$$\underset{\sim}{\Delta i} = \underset{\sim}{e} \cdot \underset{\sim}{R}$$

例如,$e = 0.5$

$$\underset{\sim}{\Delta i} = \underset{\sim}{e} \cdot \underset{\sim}{R} = (0,0,0,0,1,0.5,0) \cdot$$

$$\begin{bmatrix} 0 & 0 & 0 & 0 & 0 & 0.5 & 1 \\ 0 & 0 & 0 & 0 & 0.5 & 0.5 & 0.5 \\ 0 & 0 & 0.5 & 0.5 & 1 & 0.5 & 0 \\ 0 & 0 & 0.5 & 1 & 0.5 & 0 & 0 \\ 0 & 0.5 & 1 & 0.5 & 0.5 & 0 & 0 \\ 0.5 & 0.5 & 0.5 & 0 & 0 & 0 & 0 \\ 1 & 0.5 & 0 & 0 & 0 & 0 & 0 \end{bmatrix} = (0.5,0.5,1,0.5,0.5,0,0)$$

第 1 个矩阵的 i 行与第 2 个矩阵的 j 列相应位置的元素取小,结果再取最大的,就形成了控制向量的 (i,j) 元素。

第六步:得到的控制量由模糊量转化为精确量。

$$\Delta i = (0.5/ -3) + (0.5/ -2) + (1/ -1) + (0.5/0) + (0.5/1) + (0/2) + (0/3)$$

模糊量的精确化有多种方法,这里按隶属度最大原则,确定上式中的控制量应为"−1"级。也就是说,当熔宽偏大时,应降低一点电流。

实际控制时,将"−1"级按图 5.51 转为精确量,去调整焊接电源的输出电流。

第七步:确定模糊控制规则表。

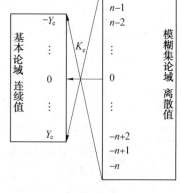

图 5.51　模糊量精确化过程

按第五步的模糊决策求控制量的方法,将熔宽偏差取每一个值时所对应的电流调节量依次求出,就形成如表 5.8 所示的模糊控制规则表。

表 5.8　模糊控制规则表

e	− 3	− 2	− 1	0	1	2	3
Δi	3	2	1	0	− 1	− 2	− 3

模糊控制器设计的最终目标就是获得模糊控制规则表。控制器算法实际编程过程就是查询模糊控制规则表。

5.3.3　一般模糊控制系统结构及设计过程

常规的模糊控制系统如图 5.52 所示。将控制误差或误差的变化等精确量模糊数学化为模糊量,然后根据基于语言控制规则或操作经验提取的模糊控制规则进行推理决策,得到控制作用的模糊量,最后采用去模糊(清晰化)算法将模糊控制量换算为精确控制量,输入给执行机构,完成了系统的模糊控制调节过程。

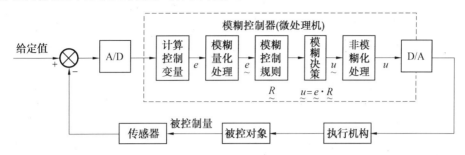

图 5.52　一般模糊控制系统的结构

一般的,模糊控制器的设计过程如下:

① 确定模糊控制器的输入变量和输出变量,进而确定模糊控制器的结构;

② 选择输入和输出变量的模糊论域、模糊量与精确量之间变换参数(量化因子、比例因子);

③ 设计模糊控制器的控制规则;

④ 生成模糊控制查询表;

⑤ 编制模糊控制器的计算机语言实现程序;

⑥ 实际控制调试。

由于篇幅所限,这里只简述几个关键点,更详细的内容可阅读模糊控制的相关专著。

1. 模糊控制器的结构设计

在这一步骤中,需要确定模糊控制器的输入变量和输出变量及其论域,并确定模糊化使用的量化因子和反模糊化使用的比例因子。

单输入单输出的模糊控制器的几种结构形式如图 5.53 所示。经常采用的是二维模糊控制器,即以误差和误差的变化为输入量,以控制量的变化为输出量。

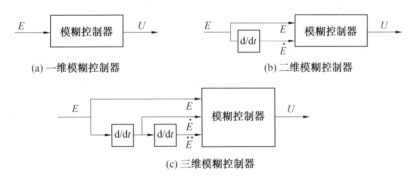

图 5.53　模糊控制器的几种结构

2. 模糊控制规则

反映人的调节经验的通用的模糊控制规则如表 5.9 所示。

表 5.9　一般性的模糊控制规则表

E \ CU \ CE	NB	NM	NS	O	PS	PM	PB
NB	PB	PB	PB	PB	PM	O	O
NM	PB	PB	PB	PB	PM	O	O
NS	PM	PM	PM	PM	O	NS	NS
NO	PM	PM	PS	O	NS	NM	NM
PO	PM	PM	PS	O	NS	NM	NM
PS	PS	PS	O	NM	NM	NM	NM
PM	O	O	NM	NB	NB	NB	NB
PB	O	O	NM	NB	NB	NB	NB

从表中可以清晰地看出模糊控制的基本思路:当误差大或较大时,选择控制量以尽快消除误差为主;而当误差较小时,选择控制量要注意防止超调,以系统的稳定性为主。

① 当误差为负大,若误差变化为负,这时误差有增大的趋势,需要尽快扭转这个趋势,所以控制量的变化取正大。

② 当误差为负而误差变化为正时,系统本身已有减少误差的趋势,为尽快消除误差并且又不产生超调,应取较小的控制量,表中控制量的变化取为正中。

③ 当误差变化正大或正中时,控制量不宜增加,否则会造成超调,这时控制量变化取为0 等级。

④ 当误差为负小时,系统接近稳态,若误差变化为负时,控制量变化为正中,以抑制误差往负方向变化。若误差变化为正时,系统本身已有趋势消除负小的误差,选取控制量变化为正小即可。

3. 模糊控制查询表及控制算法实现流程

模糊控制器设计的最终结果是形成模糊控制查询表,如表 5.10 所示。查询表是事先计算并存入计算机的文件。在实际控制过程中,计算机直接根据采样和论域变换得到的论域元素 E、CE 的取值,由查询表得到对应的论域元素的控制量 u_{ij},再乘以比例因子,即得到精确的控制量的增量,输入给执行机构从而完成对过程的调节。

模糊控制器的整个算法由计算机程序实现,其流程如图 5.54 所示。

表 5.10　模糊控制查询表

E \ U \ CE	-6	-5	-4	-3	-2	-1	0	1	2	3	4	5	6
-6	6	5	6	5	6	6	6	3	3	1	0	0	0
-5	5	5	5	5	5	5	5	3	3	1	0	0	0
-4	6	5	6	5	6	6	6	3	3	1	0	0	0
-3	5	5	5	5	5	5	2	1	0	-1	-1	-1
-2	3	3	3	4	3	3	3	0	0	0	-1	-1	-1

续表 5.10

U E \ CE	-6	-5	-4	-3	-2	-1	0	1	2	3	4	5	6
-1	3	3	3	4	3	3	1	0	0	0	-2	-2	-1
-0	3	3	3	4	1	1	0	0	-1	-1	-3	-3	-3
+0	3	3	3	4	1	0	0	-1	-1	-1	-3	-3	-3
1	2	2	2	2	0	0	-1	-3	-3	-2	-3	-3	-3
2	1	1	1	-1	0	-2	-3	-3	-3	-2	-3	-3	-3
3	0	0	0	-1	-2	-2	-5	-5	-5	-5	-5	-5	-5
4	0	0	0	-1	-3	-3	-6	-6	-6	-5	-6	-5	-5
5	0	0	0	-1	-3	-3	-5	-5	-5	-5	-5	5	-5
6	0	0	0	-1	-3	-3	-6	-6	-6	-5	-6	-5	-6

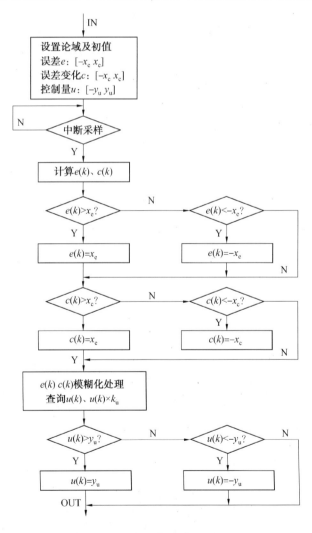

图 5.54　模糊控制算法实现流程图

5.3.4 模糊控制在焊接中的应用

这里以脉冲 GTAW 焊反面熔宽模糊控制为例。控制系统框图如图 5.55 所示。模糊控制器的输出为脉冲电流占空比,作用于实际的脉冲 GTAW 焊接过程。焊接过程传感系统 MS 传感得到的熔池形状参数 TSP 有熔池正面最大宽度 W_{fmax}、熔池正面最大长度 L_{fmax} 和半长比 R_{hl},这些变量和焊接规范参数 WP 输入给动态神经网络预测模型 BNNM,模型输出为预测的熔池反面最大宽度 W_{mbmax},W_{mbmax} 与设定的熔池反面最大宽度 R 相比较得到误差 e 及误差的变化 ce,输入给模糊控制器,控制器根据模糊控制规则确定控制量占空比的增量,实现闭环控制,使得熔池反面焊道宽度均匀一致地保持在设定值 R 上。

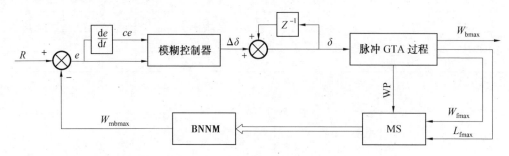

图 5.55 脉冲 GTAW 焊反面熔宽模糊控制系统原理图

1. 模糊控制器的设计

模糊控制器的输入变量采用熔池反面熔宽与设定的期望值之间的误差和误差的变化作为输入变量,以控制量占空比的变化为输出变量,构成一个双输入单输出的二维模糊控制器。

设误差精确量的集合用 e 表示,误差变化精确量的集合用 ce 表示,占空比变化精确量集合用 cu 表示,设误差的基本论域为 [−2.0 mm, +2.0 mm],误差变化基本论域为 [−1.5 mm, +1.5 mm],占空比变化基本论域为 [−15%, +15%]。

设误差模糊量的集合用 E 表示,误差变化模糊量的集合用 CE 表示,占空比变化模糊量集合用 CU 表示,则设 E、CE 和 CU 的论域均为:

$$\{-6,-5,-4,-3,-2,-1,0,1,2,3,4,5,6\}$$

每个模糊变量的模糊子集均为 {NB, NM, NS, ZO, PS, PM, PB},即 E、CE、CU 分类个数均为七类。

模糊子集常用的隶属函数有三角形、梯形和钟形,这里选用钟形的正态分布函数作为模糊子集的隶属函数,从而确定模糊变量 E、CE、CU 的赋值分别如表 5.11、5.12、5.13 所示。

表 5.11 模糊变量 E 的赋值表

u \ e / E	−6	−5	−4	−3	−2	−1	0	+1	+2	+3	+4	+5	+6
PB	0	0	0	0	0	0	0	0	0	0.1	0.4	0.8	1
PM	0	0	0	0	0	0	0	0	0.2	0.7	1	0.7	0.2
PS	0	0	0	0	0	0	0.3	0.6	1	0.5	0.1	0	0

续表 5.11

u＼e＼E	-6	-5	-4	-3	-2	-1	0	+1	+2	+3	+4	+5	+6
ZO	0	0	0	0	0.1	0.8	1	0.8	0.1	0	0	0	0
NS	0	0	0.1	0.5	1	0.6	0.3	0	0	0	0	0	0
NM	0.2	0.7	1	0.7	0.2	0	0	0	0	0	0	0	0
NB	1	0.8	0.4	0.1	0	0	0	0	0	0	0	0	0

表 5.12　模糊变量 CE 的赋值表

u＼ce＼CE	-6	-5	-4	-3	-2	-1	0	+1	+2	+3	+4	+5	+6
PB	0	0	0	0	0	0	0	0	0	0.1	0.4	0.8	1
PM	0	0	0	0	0	0	0	0	0.2	0.7	1	0.7	0.2
PS	0	0	0	0	0	0	0.2	0.9	1	0.5	0.2	0	0
ZO	0	0	0	0	0.1	0.5	1	0.5	0.1	0	0	0	0
NS	0	0	0.2	0.5	1	0.9	0.2	0	0	0	0	0	0
NM	0.2	0.7	1	0.7	0.2	0	0	0	0	0	0	0	0
NB	1	0.8	0.4	0.1	0	0	0	0	0	0	0	0	0

表 5.13　模糊变量 CU 的赋值表

u＼cu＼CU	-6	-5	-4	-3	-2	-1	0	+1	+2	+3	+4	+5	+6
PB	0	0	0	0	0	0	0	0	0	0.1	0.2	0.4	1
PM	0	0	0	0	0	0	0	0	0.2	0.7	1	0.8	0.2
PS	0	0	0	0	0	0	0.2	0.9	1	0.4	0.2	0	0
ZO	0	0	0	0	0.1	0.5	1	0.5	0.1	0	0	0	0
NS	0	0	0.2	0.4	1	0.9	0.2	0	0	0	0	0	0
NM	0.2	0.8	1	0.7	0.2	0	0	0	0	0	0	0	0
NB	1	0.4	0.2	0.1	0	0	0	0	0	0	0	0	0

　　为了将输入变量进行模糊化处理,必须将其从基本论域转换到相应的模糊集论域,需要引入量化因子的概念来完成基本论域到模糊集论域的映射。设误差的量化因子为 K_e,误差变化的量化因子为 K_{ce},则 K_e 和 K_{ce} 分别为

$$K_e = \frac{6 - (-6)}{2.0 - (-2.0)} = 3.00$$

$$K_{ce} = \frac{6 - (-6)}{1.5 - (-1.5)} = 4.00$$

为了得到精确的控制量，必须将输出变量占空比变化从模糊集论域转换到相应的基本论域，需要引入比例因子的概念来完成输出变量的模糊集论域到基本论域的映射。设占空比变化的比例因子为 K_{cu}，则

$$K_{cu} = \frac{15 - (-15)}{6 - (-6)} = 2.5$$

控制规则是设计模糊控制器的关键，采用 C-均值动态聚类算法来提取脉冲 GTAW 对接过程模糊控制规则，如表 5.14 所示。

表 5.14　脉冲 GTAW 对接模糊控制规则

CU \ CE E	NB	NM	NS	ZO	PS	PM	PB
NB	PB	PB	PB	PM	PS	ZO	ZO
NM	PB	PB	PM	PM	PS	ZO	ZO
NS	PB	PM	PM	PS	ZO	NS	NS
ZO	PM	PM	PS	ZO	NS	NM	NM
PS	PS	PS	ZO	NS	NM	NM	NB
PM	ZO	ZO	NS	NM	NM	NB	NB
PB	ZO	ZO	NS	NM	NB	NB	NB

由误差 E、误差变化 CE 和占空比变化 CU 的论域，根据控制规则，针对误差 E、误差变化 CE 的所有组合，求取占空比变化的模糊集合，并采用重心法进行反模糊化，可以得到如表 5.15 所示的模糊控制查询表。

表 5.15　模糊控制查询表

CU \ CE E	-6	-5	-4	-3	-2	-1	0	+1	+2	+3	+4	+5	+6
-6	7	6	7	6	7	6	6	5	3	2	1	0	0
-5	6	6	6	6	6	6	5	5	3	2	1	0	0
-4	7	6	7	6	7	6	5	4	3	2	1	0	0
-3	5	5	5	5	5	5	4	3	2	1	0	-1	-1
-2	4	4	4	4	4	4	3	2	1	0	0	-2	-2
-1	4	4	3	3	2	2	2	1	-1	-2	-3	-3	-3
-0	4	4	4	3	2	1	0	-1	-3	-3	-4	-4	

续表 5.15

CU / CE / E	−6	−5	−4	−3	−2	−1	0	+1	+2	+3	+4	+5	+6
+0	4	4	3	3	1	0	0	−1	−2	−3	−4	−4	−4
+1	3	3	3	2	1	−1	−2	−2	−2	−3	−3	−4	−4
+2	2	2	0	0	−1	−2	−3	−4	−4	−4	−4	−4	−4
+3	1	1	0	−1	−2	−3	−4	−5	−5	−5	−5	−5	−5
+4	0	0	−1	−2	−3	−4	−5	−6	−7	−6	−7	−6	−7
+5	0	0	−1	−2	−3	−5	−5	−6	−6	−6	−6	−6	−6
+6	0	0	−1	−2	−3	−5	−6	−6	−7	−6	−7	−6	−7

2. 实际控制实验

以突变散热条件的哑铃形试件作为对象,采用对接填丝工艺,在给定熔池反面最大熔宽为 5.0 mm 情况下加以控制,占空比的最小调整单位为 1% 。图 5.56 为焊接过程熔池正反面图像,可见熔池正反面基本保持不变,控制效果较好。图 5.57 为采用所设计模糊控制器得到的焊接过程曲线,设定的期望熔池反面最大熔宽为 5.0 mm,可见,控制量占空比总的变化趋势随着散热条件的变差而减小,散热条件的变好而增加,大致呈凹形。实际输出的熔池反面最大熔宽基本维持在设定值 5.0 mm 左右,预测值与实际值之间的最大偏差为 0.52 mm,统计计算表明实际值与设定值之间最大误差为 0.58 mm,平均误差为 0.20 mm,均方根误差为 0.15 mm。图 5.58 为哑铃形试件模糊闭环控制焊道照片,可见焊道正反两面成形也较好。

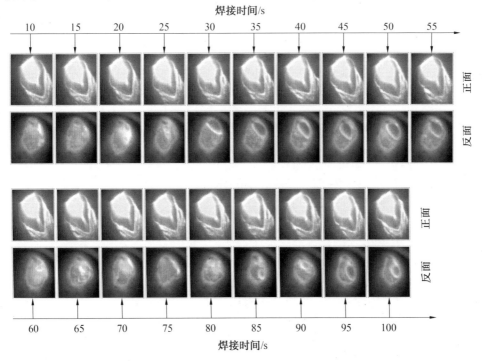

图 5.56　哑铃形试件模糊闭环控制熔池正反面图像

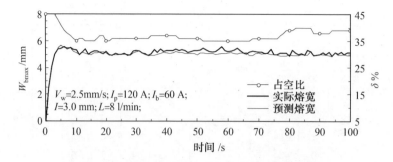

图 5.57　哑铃形试件脉冲 GTAW 焊模糊闭环控制曲线

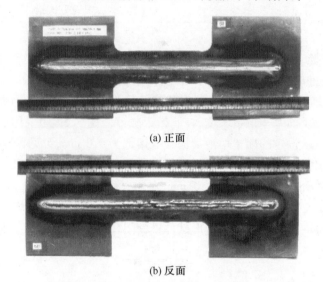

(a) 正面

(b) 反面

图 5.58　哑铃形试件模糊闭环控制照片

思考题及习题

5.1　名称解释:自动控制、反馈控制、稳态误差、响应时间、智能控制、控制量、超调量。

5.2　阐述自动控制的基本要求及描述的指标。

5.3　简要介绍控制理论的发展历程。

5.4　对比经典控制、现代控制和智能控制的特点。

5.5　焊接过程控制有哪些特点?

5.6　什么是 PID 控制? 其优缺点是什么?

5.7　比例、积分、微分控制各自特点是什么?

5.8　阐述增量式 PID 算法。

5.9　PID 参数整定的目的是什么? 有哪些整定方法?

5.10　参照二阶系统单位阶跃响应曲线,阐述理想的控制策略。

5.11　什么是智能 PID 控制,其主要特征是什么?

5.12　什么是模糊控制? 其优缺点是什么?

5.13　名称解释:隶属函数、模糊数学、模糊变量、模糊关系。

5.14　如何理解模糊控制规则表?

5.15 模糊控制器设计的步骤有哪些?

参考文献

[1] ZHANG YM, KOVACEVIC R, LI L. Adaptive control of full penetration gas tungsten arc welding[J]. IEEE Transactions on Control Systems Technology, 1996,4(4): 394-403.

[2] 李士勇. 模糊控制·神经控制和智能控制论[M]. 哈尔滨:哈尔滨工业大学出版社,1996.

[3] 赵冬斌. 基于三维视觉传感的填丝脉冲 GTAW 熔池形状动态智能控制[D]. 哈尔滨:哈尔滨工业大学材料科学与工程学院, 2000.

[4] CHAN B. Modeling Gas Metal Arc Weld Geometry Using Artificial Neural Network Technology[J]. Canadian Metallurgical Quarterly, 1999,38(1): 43~51.

[5] 段彬. 全数字脉冲逆变焊接电源控制策略与应用的研究[D]. 山东:山东大学材料科学与工程学院, 2010.

[6] HIRAI A. Sensing and Control of Weld Pool by Fuzzy-Neural Network in Robotic Welding System[J]. The 27th Annual Conference of the IEEE Industrial Electronics Society, 2001, 238-242.

[7] 仇慎谦. PID 调节规律和过程控制[M]. 南京:江苏科学技术出版社,1987.

[8] 吴怀宇,廖家平. 自动控制原理[M].武汉:华中科技大学出版社,2007.

[9] 陶永华,等. 新型 PID 控制及其应用[M]. 北京:机械工业出版社,1998.

[10] 陈善本,等. 焊接过程现代控制技术[M]. 哈尔滨:哈尔滨工业大学出版社,2001.

[11] 娄亚军. 基于熔池图像传感的脉冲 GTAW 动态过程智能控制[D]. 哈尔滨:哈尔滨工业大学材料科学与工程学院,1998.

第6章 焊接过程计算机控制系统的设计及其抗干扰

计算机控制系统是数字计算机和自动控制相结合的产物。自动控制是在没有人直接参与的情况下,利用控制装置使某种设备、工作机械或生产过程的某些物理量或工作状态能自动的按照预定的规律运行或变化。计算机控制技术在材料成型设备中的应用已经越来越普遍,其在焊接电源及焊接机器人中都有广泛应用。随着工业生产系统向大型、复杂、动态和开放的方向发展,以及焊接过程向高度自动化完全智能化的方向发展,多智能体焊接机器人系统已成为热点研究领域。

6.1 计算机控制系统概论

6.1.1 计算机系统的组成

图 6.1 是采用运放、电阻、电容、PWM 脉宽调制器等分立元件组成的早期弧焊电源模拟式控制系统。图 6.2 是近期发展的以计算机为核心的全数字化弧焊电源控制系统。

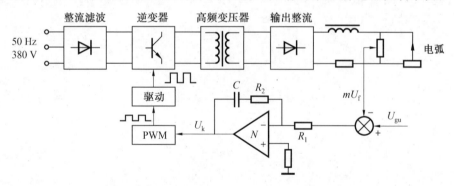

图 6.1 分立元件组成的弧焊电源模拟控制系统

两图对比可以看出,数字化弧焊电源由计算机集中处理所有焊接数据,检测和控制整个焊接过程,计算机通过 A/D、D/A、I/O、网络等接口与外界通信。数字化弧焊电源具有控制策略调整灵活、控制精度高、适应性强、稳定性好、输出范围宽等优点,另外它的接口兼容性好,功能升级方便,产品的一致性好。数字化电源为现代化、网络化生产提供了很好的硬件基础,为实施创新性的工艺控制策略和实现多功能提供了全新的途径。

毋庸置疑,计算机的参与使焊接过程控制系统功能更强大,性能更好。那么什么是计算机控制系统呢?

简单地说,若控制系统中的控制器功能由数字计算机实时完成,则称该系统为计算机控制系统。为了使数字计算机能接受模拟式指令或反馈信号,并输出连续的模拟信号给执行机构,计算机控制系统中还需要加入必需的外部设备,如模数(A/D)、数模(D/A)转换器。一个典型的计算机控制系统框图如图6.3所示。

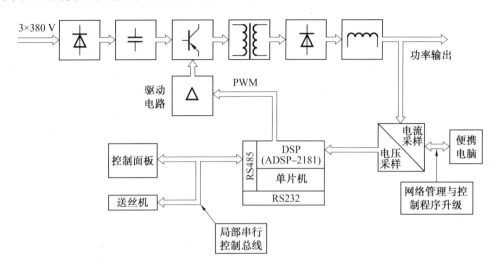

图6.2　以计算机为核心的全数字化弧焊电源控制系统

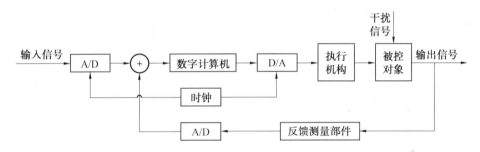

图6.3　计算机控制系统框图

由图6.2可以看出,一个典型的计算机控制系统由以下几部分构成。

(1)被控对象:本例中为电弧;

(2)执行机构:本例中为PWM直流电机;

(3)测量装置:本例中为电流/电压采样装置;

(4)计算机系统:包括下述主要部件:

①模-数转换器(A/D),将连续模拟信号转换为断续的数字二进制信号,送入计算机;

②数-模转换器 (D/A),将计算机产生的数字指令信号转换为连续模拟信号(直流电压)并送给直流电机的放大部件;

③数字计算机(包括硬件和软件),用以完成信号的转换处理和工作状态的逻辑管理,并按照给定的算法产生响应的控制指令。

为了实现有效地运行,计算机控制系统必须具备一套性能良好的硬件支持。计算机硬件包括计算机、外部设备、测量装置以及执行装置。图6.4为计算机控制系统硬件组成图。

计算机主机通常包括中央处理器(CPU或MPU)和内存储器(ROM,RAM),它是控制系统的核心。主机根据输入设备传送来的能够实时反映被控对象工作状况的各种信息,以及预定的控制方法,进行信息处理和计算,行程控制信息,并立即通过输出设备向被控对象发出指令。在内存储器中预先存入了实现信号输入、运算控制和命令输出的程序,这些程序就是施加于被控对象的调节规律。系统启动后,CPU 就从内存储器中取出指令并执行,从而达到预定的控制目的。

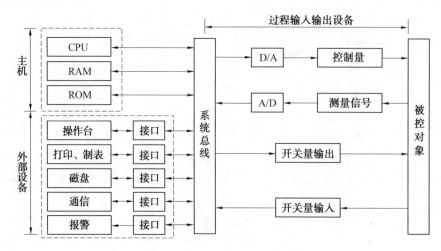

图 6.4　计算机控制系统硬件组成图

外部设备包括:

(1)操作台(输入设备):又称人机联系设备,操作员与计算机之间的信息交换是通过操作台进行的。

(2)打印和制表装置(输出设备):主要包括打印机和绘图机,它们以字符、曲线、表格和图形等形式来记录被控对象的运行情况和控制信息。

(3)磁盘设备、通信设备和报警设备等。计算机与被控对象是用输入输出设备(PIO)设备连接起来的,它在两者之间进行信息传递和变换。

①过程输入设备:一般包括模拟量输入通道(A/D)和开关量输入通道,分别用来输入模拟量信号(如位移、速度、压力、流量、温度等)和开关量或数字量信号。

②过程输出设备包括模拟量输出通道(D/A)和开关输出通道,D/A 通道是把数字信号转换成连续信号后再输出,开关量则直接输出开关量信号或数字量信号。

上述硬件部分只能说是组成了计算机控制系统的躯体,被称为裸机或硬核,必须为躯体提供软件才能完成对被控对象的控制部分。软件是各种程序及用程序编写各种文件的统称,依据功能不同通常分为系统软件和应用软件。

系统软件为使用和管理计算机的各种软件,一般包括过程控制软件、数据结构、操作系统、数据库系统、编译系统、通信网络软件和诊断软件、其他服务程序等。

应用软件是利用计算机及其系统软件编制的解决实际应用问题的程序,一般包括各种控制方案的程序及有关的服务程序,分为过程输入输出程序、过程控制程序、人机接口程序、打印显示程序和各种公共子程序等,其中过程控制程序是应用软件的核心。目前,应用软件正在逐步标准化、模块化和商品化。

6.1.2　控制用计算机系统的硬件及软件要求

结合硬件组成图 6.4,可以从以下几方面提出对控制用计算机系统的要求。

1. 对计算机主机的要求

计算机在控制系统中承担控制任务,其基本功能包括:及时收集外部信息,按一定算法实时处理并及时对被控对象发出控制指令,以期得到所要求的性能。实时及控制是控制机的主要特点,因此,通常主机应具有如下功能。

(1)实时处理能力

计算机控制系统必须严格遵循某一个时间顺序实时地完成各种数据处理及控制指令的产生,因此要求在系统中设置一个由计算机中的实时时钟提供的时间参数。实时时钟将计算机的操作与外界的时间相匹配,建立时间概念。然而,由于计算机对信息的处理是分时串行进行的,全部收集到的信息不可能"立即"处理完毕。计算机控制系统中的实时性是指在控制过程的下一个任务尚未向计算机提出要求处理之前,前面的任务必须完成。

为达到实时控制目的,计算机硬件应满足实时响应的运算速度要求。由于计算机的实时响应速度主要由计算机的时钟频率决定,因此,要求计算机有足够高的时钟频率。

(2)完善的中断系统

计算机控制系统必须能及时处理系统中发生的各种紧急突发情况。系统运行时,往往需要修改某些参数或设置。在输入输出异常、出现故障或紧急情况时,应能对其发出报警并进行处理,即为中断控制。当计算机接收到中断请求时,可以根据预先设置,先暂停原来的工作程序而转去执行相应的中断程序,中断处理完毕后,再返回原程序继续执行原来工作。此时,在计算机控制系统中还有主机和外部设备交换信息、多机联接、与其他计算机通信等问题,这些也采用中断方式解决,因此要求实时控制计算机应具有比较完善的中断功能,保证优先处理紧急故障。

(3)足够的内存容量

在实时控制过程中,常常要求将那些常用算法及数据存放在计算机内存中,因此应根据具体要求估算并配置计算机的内存容量。为了使控制稳定,内存中的控制程序及数据在控制过程中不应被任何偶然的错误所改变和破坏,因此还必须对内存的某些单元加以保护。为了预防控制过程中的突发状况,有时还应配备外部存储器。

2. 对过程输入输出通道的要求

过程输入输出通道包括:模拟量或数字量输入通道、模拟量或数字量输出通道。模拟量输入通道位于物理量测量装置与计算机主机之间。从控制的观点出发,原则上应达到互相适配。对复杂系统进行实时控制时,常常要求有直接数据传输能力,即批量数据直接与内存交换,从而减少占用主机的时间。

对模拟量输入通道的具体要求如下:

(1)有足够的输入通道数。根据实际被测参数数量而定,并具有一定的扩充能力。

(2)有足够的精度和分辨率。主要根据传感器等级及系统精度要求确定。

(3)有足够快的转换速度。转换速度应依输入信号的变化速率及系统频带要求确定。转换速度与转换精度及分辨率常是矛盾的,根据具体情况折中处理。

计算机控制系统中大量存在模拟量或数字量的输入输出。例如当控制系统的执行机构是步进电机时,计算机输出的控制信号就是一组脉冲;当测量装置是光电码盘时,输入信号也是一组数字编码。数字量输入输出是由数字接口完成的。

3. 对软件系统的要求

计算机控制系统要求具有良好的可操作性。计算机控制系统的软件分为系统软件和应用软件两大类。在配置软件时,应考虑软件是否可以降低对使用者专业知识的要求,即软件的可操作性。系统软件是由计算机厂家提供的,有一定通用性。这部分软件越多,功能越强,对实时控制越有利。应用软件是用户根据系统要求,为进行控制而自行编制的用户程序及其服务程序。对应用软件的一般要求是实时性强,可靠性好,具有在线修改能力以及输入输出功能强等。

4. 方便的人机联系

计算机控制系统必须便于人机联系。通常备有现场操作人员使用的操作台,可通过它了解生产过程的运行状况,向计算机输入必要的信息,必要时改变某些参数,发生紧急情况时进行人工干预。人机联系用的操作台应使用方便,符合人们的操作习惯,其基本功能为:

①有各种功能键,如报警、制表、打印、自动/手动切换等,功能键应有明显标志,并且应具有即使操作错误也不致造成严重后果的特性;

②有显示屏,可以即时显示操作人员所需的信息及生产过程状态;

③有输入数据功能键,必要时可以改变控制系统参数。

5. 系统的可靠性及可维护性

可靠性主要是指计算机系统的无故障运行能力,常用的指标是"平均无故障间隔时间",一般要求该时间应不小于数千小时,甚至达到数万小时。可靠性是控制系统设计中最重要的一个基本要求,一旦控制系统出现故障,可能造成生产过程的混乱而引起严重后果,因此希望系统具有良好的可靠性。

提高计算机系统硬件可靠性,首先要选用高性能的控制计算机,使其即使在恶劣的工作环境下,仍能正常运行,除了采用可靠性高的元部件及先进的工艺及设计外,采用相同或相似部件并行运行是一个重要措施。

除了计算机系统硬件可靠性,提高软件可靠性也是十分重要的。好的软件可以减少出错的可能性,保证系统正常运行。为此,要求计算机控制系统软件具有较强的自诊断、自检测以及容错功能。系统应允许操作人员在一定范围内的误操作。软件的这种特性将会改善和提高计算机控制系统的实用性。

为提高计算机控制系统的使用效率,除了可靠性外,还必须提高计算机系统的可维护性。可维护性是指维护工作方便的程度。故障一旦发生,应易于排除。提高可维护性的措施是采用插件式硬件,便于操作员维修。从软件角度,最好配置采用自检测、自诊断及差错程序,以便及时发现故障,判断故障部位,进行维修,以缩短排除故障的时间。

计算机控制系统软硬件除了应满足上述要求外,还应注意其成本。在能满足系统性能要求的条件下,以达到最优匹配,不应随意增加系统的功能,以降低系统的成本。

6.1.3 计算机控制系统的发展与分类

控制系统的发展与计算机及网络技术的发展紧密相连。最早在 20 世纪 50 年代中后期,计算机就已经被应用到控制系统中。60 年代初,出现了由计算机完全替代模拟控制的控制系统,被称为直接数字控制(Direct Digital Control, DDC)。70 年代中期,随着微处理器的出现,计算机控制系统进入一个新的快速发展的时期,1975 年世界上第一套以微处理为基础的分散式计算机控制系统问世,它以多台微处理器共同分散控制,并通过数据通信网络实现集中管理,被称为分散控制系统(Distributed Control System, DCS)。

进入 80 年代以后,利用微处理器和一些外围电路构成了数字式仪表以取代模拟仪表,这种 DDC 的控制方式提高了系统的控制精度和控制的灵活性,而且在多回路的巡回采样及控制中具有传统模拟仪表无法比拟的性能价格比。

80 年代中后期,随着工业系统的日益复杂,控制回路的进一步增多,单一的 DDC 控制系统已经不能满足现场的生产控制要求和生产工作的管理要求,同时由于中小型计算机和微型计算机性能的提高及成本的急剧下降,由中小型计算机和微机共同作用的分层控制系统得到大量应用。

进入 90 年代以后,由于计算机网络技术的迅猛发展,使得 DCS 系统得到进一步发展,提高了系统的可靠性和可维护性,在现今的工业控制领域 DCS 仍然占据主导地位,但是由于 DCS 不具备开放性,布线复杂,费用较高,使不同厂家产品的集成存在很大困难。

从 80 年代后期开始,由于大规模集成电路的发展,许多传感器、执行机构、驱动装置等现场设备智能化,人们便开始寻求用一根通信电缆将具有统一的通信协议通信接口的现场设备连接起来,在设备层传递的不再是 I/O(4~20 mA/24VDC)信号,而是数字信号,这就是现场总线。由于它解决了网络控制系统的自身可靠性和开放性问题,现场总线技术逐渐成为了计算机控制系统的发展趋势。

由于现场总线的开放性是有条件的,不彻底的。近些年来,以太网由于其具有传输速度高、低耗、易于安装和兼容性好等方面的优势,且支持几乎所有流行的网络协议,进入了控制领域,形成了新型的以太网控制网络技术。

从目前工业系统及控制系统的发展趋势来看,以太网控制技术进入现场控制是必然的。但目前来看,还难以完全取代现场总线控制系统,最有可能的是发展为一种混合型控制系统。

计算机控制系统的分类方法有很多。如按自动控制方式分类,可分为闭环控制、开环控制以及复合控制等;如按调节规律分类,可分为常规 PID 控制、最优控制、自适应控制、智能控制等;如从数字计算机参与系统的控制方式来分类,可以分为如下几种。

1. 直接数字控制系统(Direct Digital Control,DDC)

直接用数字机作为过程变量控制回路的控制器,这种方式称为直接数字控制,如图 6.5 所示。计算机通过输入通道进行实时数据采集,并按已给定的控制规律实施决策,产生控制指令,通过输出通道,对生产过程(或被控设备)实现直接控制。由于这种系统中的计算机直接参与生产过程(或被控设备)的控制,所以要求实时性好、可靠性高和环境适应性强。这种 DDC 计算机控制系统已成为当前计算机控制系统的主要控制形式,它的优点是灵活性大,价格便宜,能用数字运算形式对若干个回路,甚至数十个回路的生产过程,进行比例-积分-微分(PID)控制,使工业受控对象的状态保持在给定值上,偏差小且稳定而且只要改变控制算法和应用程序便可实现较复杂的控制。一般情况下,DDC 级控制常作为更复杂的高级控制的执行级。

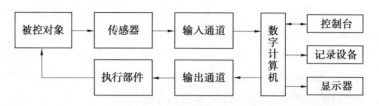

图 6.5　直接数字控制系统

2. 计算机监督控制系统(Supervise Control by Computer,SCC)

　　计算机监督控制系统简称 SCC 系统,由 DDC 系统和监督级构成,如图 6.6 所示。SCC 系统是针对某一生产过程或被控对象,依生产过程的运行工况数据和预先给定的数学模型和性能目标函数,进行优化分析计算,产生最佳设定值,并将其自动地作为执行级 DDC 的设定控制最优设定值,由 DDC 对生产过程各个点(运行设备)进行控制。图 6.7 为计算机监控控制系统实例示意图及实物图。

　　SCC 系统的特点是能保证受控的生产过程始终处于最佳状态情况下运行,因而获得最大效益。直接影响 SCC 效果优劣的首先是它的数学模型,为此要经常在运行过程中改进数学模型,并相应修改控制算法和应用控制程序。

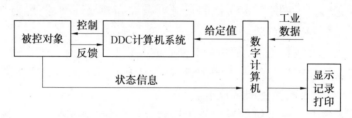

图 6.6　计算机监督控制系统

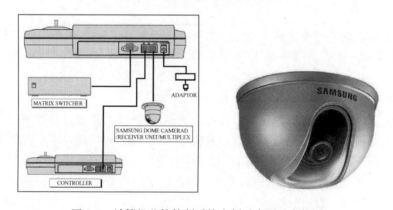

图 6.7　计算机监控控制系统实例示意图及实物图

3. 分散型计算机控制系统(Distributed Control System,DCS)

　　现代生产规模的日益扩大,功能需求增加,信息往来频繁,对计算机控制系统提出了更高要求。一方面要求系统能够满足被控对象和控制工艺的要求,另一方面要求计算机控制系统有优越的控制性能,与此同时具备经营管理、调度储存、CAD 等多种功能。除此之外,还希望系统的可靠性高,可维护性好,构成方式灵活。对于以上对系统的要求,很难采用单一计算机实现(集中控制)。

分散型计算机控制系统又称为计算机控制管理集成系统,简称 DCS,是以微处理器为主,将控制系统分成若干个独立的局部子系统,通过通信总线互连而成,用以完成被控过程的自动控制任务。该系统采用管理要集中,控制要分散的设计思想,系统从上而下分成生产管理级、控制管理级和过程控制级等,各级由一台或数台计算机构成,各级之间通过数据传输总线及网络相互连接起来。图 6.8 为分散型计算机控制系统结构示意图。

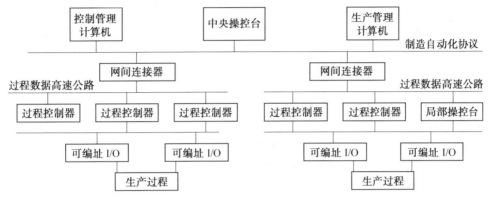

图 6.8　分散型计算机控制系统

DCS 与常规的集中式控制系统相比有如下特点:

①分散性和集中性。分散性:系统控制分散、功能分散,负荷分散,从而危险分散。集中性:监视集中、操作集中、管理集中。

②自治性和协调性。各工作站独立自主地完成分配给的任务,并通过通信网络传送各种信息,协调工作,以完成控制系统的总体功能和优化处理。

③友好性。采用实用而简洁的人机会话系统及丰富的画面显示,具有实时菜单和密闭方便的操作器。

④适应性、灵活性和可扩充性。采用开放式、标准化和模块化设计,具有灵活的配置,可以适应不同用户的需要。可以根据生产要求,改变系统的大小配置。

⑤实时性。通过人机接口和 I/O 接口,可对过程对象进行实时采集、分析、记录、监视、操作控制,并包括对系统结构和组态回路的在线修改、局部故障的在线维护等,提高了系统的可用性。

⑥可靠性。广泛采用了冗余技术、容错技术。各单元都具备自诊断、自检查、自修理功能,故障出现时还可自动报警。使分散系统的可靠性和安全性得到大大提高。

分散型控制系统发展至今已有 40 年,已经发展了四代控制系统,以下为 DCS 的发展历程。

(1)第一代分散式控制系统

第一代以 1975 年由美国霍尼威尔(Honeywell)公司首先推出的分散系统 TDC-2000 为标志。这一代分散系统主要解决当时过程工业控制应用中采用模拟电动仪表难以解决的相关控制问题。其基本结构如图 6.9 所示。

其基本组成为:

①过程控制单元(PCU)。一般由微处理器、存储器、多路转换器、A/D 和 D/A 转换、I/O 输入输出板、内总线、电源、通信接口等组成,可控制一个或多个回路。

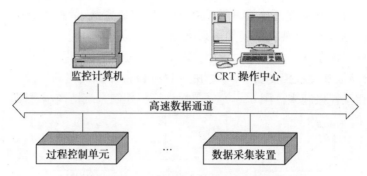

图 6.9　第一代分散型控制系统结构简图

②数据采集装置。以微处理器为基础的计算机结构,主要用于采集数据,数据处理后,经数据传输通道(通信系统)送至监控计算机。

③监控计算机。DCS 的主计算机(上位机)。其综合监视整个系统的各个工作部分,管理全系统的全部信息,以实现全系统的优化控制和整理。

④CRT 操作站。DSC 的人机接口,由 CRT、微机、键盘、外存、打印机等组成。其职能为现实过程的各类信息,并对 PCU 进行组态和操作,对全系统进行管理。

(2)第二代分散式控制系统

20 世纪 80 年代,由于微机技术的成熟和局部网络技术的进入,使得分散系统得到飞速发展。第二代分散系统以局部网络为主干来统领全系统工作,系统中各单元都可以看作网络节点的工作站,局部网络节点又可以挂接桥和网间连接器,并与同网络和异型网络相连。特点是系统功能扩大及增强。其结构示意图如图 6.10 所示。

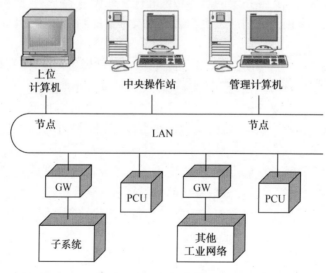

图 6.10　第二代分散型控制系统结构组成示意图

它的基本组成为:

①局域网(LAN)。系统的通信系统,由传输介质(同轴电缆、双绞线等)和网络节点组成。

②中央操作站。挂在 LAN 上的节点工作站,节点工作站指过程控制单元。中央操作站

的主要作用为对全系统的信息进行综合管理。

③主计算机。也称管理计算机。

④GA(Gate Way,网间连接器)。是局域网与其他子网络或其他工业网络的接口装置,起着通信系统转接器、协议翻译器或系统扩展器的作用。

典型的第二代DCS产品有:Honeywell公司的TDC-3000、Baily公司的NETWORK-90、Taylor公司的MOD300等。

(3)第三代分散型控制系统

随着局域网技术的飞速发展,使分散型控制系统进入第三代。其主要结构变化为局部网络采用了MAP、MAP兼容、或局部网络本身就是实时MAP LAN,其主要特征为开放系统。MAP是由美国GM(通用汽车公司)负责制定的一种工厂系统公共的通信标准,并已逐步成为一种实际工业标准。图6.11为第三代分散型控制系统的结构简图。第三代DCS的系统网络通信功能增强,使不同制造商的产品可以进行数据通信,克服了第二代的自动化孤岛等困难。同时第三方应用软件可以在系统中方便的应用,为用户提供了更广阔的应用场合。

典型的第三代DCS产品有:Honeywell公司的TDC-3000PM、YOKAGAWA公司的Centum-XL、Baily公司的INFI-90等。

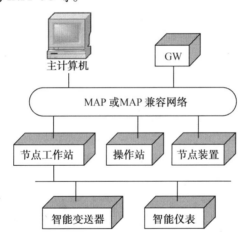

图6.11 第三代分散型控制系统的组成示意图

(4)第四代分散式控制系统

20世纪90年代末至21世纪开始,由于电子信息产业的开放和现场总线技术的成熟与应用,将系统开发的方式由原来完全自主开发变为集成开发,推出第四代DCS。其主要特征为:信息化和集成化;混合控制系统;融合采用现场总线技术的进一步分散化;I/O处理单元小型化、智能化、低成本化;开放型系统平台与应用的专业化。

典型的产品如Honeywell公司的Experion-PKS(过程知识系统)、ABB公司的Industrial-IT系统、国内和利时公司的HOLLiAS系统等。

和利时公司的HOLLiAS系统如图6.12所示,图中SCM(Supplier Chain Management)为供应链管理,CRM(Customer Resource Management)为用户资源管理,ERP(Enterprise Resource Plan)为企业资源计划。

随着局域网络技术、超大规模集成电路技术、人工智能等技术的发展,分散式控制系统

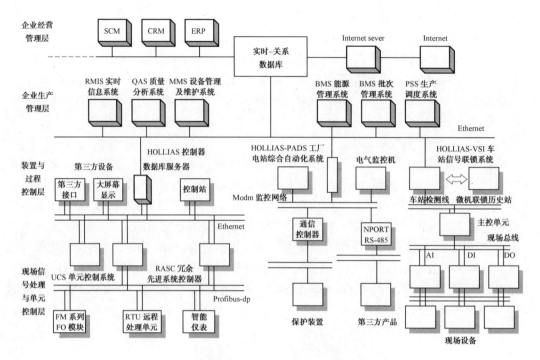

图 6.12 和利时第四代分散型控制系统体系结构

的发展出现以下新趋势：

①网络系统的功能增强，而且朝着开放、标准化方向发展。

②中小型分散控制系统有较大发展。现场总线技术的发展和 PLC 的发展更促进了各分散控制系统制造商推出中小型分散控制系统。

③电控、仪表与计算机(Electrical Instrumentation Computer,EIC)"机电一体化"将导致各公司的兼并，EIC 集成已是大势所趋。

④软件与人机界面更加丰富。分散系统已经采用实时多用户、多任务操作系统。配备先进控制软件的新型分散系统将可以实现适应控制、解耦控制、优化控制和智能控制。

⑤系统集成化。分散控制系统作为 CIMS(计算机集成化制造系统)的基础，是其系统集成的主要组成部分，成为提高企业综合效益的重要途径。

⑥以因特网(Internet)、局域网、控制网或现场总线为通信网络框架结构的一种更开放、更分散、集成度更高的分布式计算机控制网络正在迅速发展，相应的控制理论和控制方法也将得到新的发展。

4.现场总线控制系统(Fieldbus Control System,FCS)

传统控制系统中通常采用模拟信号进行通信，但模拟量的传递精度差，易受干扰信号影响，使整个系统的控制效果及系统稳定性都很差，难以实现设备之间及系统与外部之间的信息交换，使控制系统成为"信息孤岛"。现场总线控制系统(FCS)是全数字串行、双向、多站的通信系统，其核心是现场总线。现场总线技术的出现和成熟促使了控制系统由 DCS 向 FCS 的过渡。

现场总线作为过程自动化、制造自动化、楼宇、交通灯领域现场智能设备间的互联通信网络，联系着生产过程现场控制设备之间及其与更高控制管理层网络，为彻底打破自动化系统的信息孤岛创造了条件。图 6.13 为现场总线控制系统体系结构。在工厂网络的分级中，它既作为过程控制（如 PLC，LC 等）和应用智能仪表（如变频器、阀门、条码阅读器等）的局部网，又具有在网络上分布控制应用的内嵌功能。

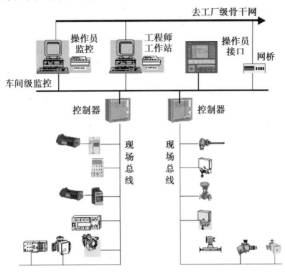

图 6.13　现场总线控制系统体系结构

（1）现场总线控制系统的组成及特点

现场总线控制系统由控制系统、测量系统、管理系统三个部分组成，而通信部分的硬、软件是它最有特色的部分。

①控制系统。它的重要组成部分是软件，有组态软件、维护软件、仿真软件、设备软件和监控软件等。首先开发组态软件、控制人机接口软件 MMI。通过组态软件，完成功能块之间的连接，选定功能块参数，进行网络组态。在网络运行过程中对系统实时采集数据、进行数据处理、计算，优化控制及逻辑控制报警、监视、显示、报表等。

②测量系统。其特点为多变量高性能的测量，使测量仪表具有计算能力等更多功能，由于采用数字信号，具有高分辨率，准确性高、抗干扰、抗畸变能力强，同时还可获得仪表设备的状态信息，可以对处理过程进行调整。

③管理系统。可以提供设备自身及过程的诊断信息、管理信息、设备运行状态信息（包括智能仪表）、厂商提供的设备制造信息。例如 Fisher-Rosemoune 公司，推出 AMS 管理系统，它安装在主计算机内，由它完成管理功能，可以构成一个现场设备的综合管理系统信息库，在此基础上实现设备的可靠性分析以及预测性维护。

④总线系统计算机服务模式。客户机/服务器模式是目前较为流行的网络计算机服务模式。服务器代表数据源，应用客户机则代表数据使用者，它从数据源获取数据，并进一步进行处理。客户机运行在 PC 机或工作站上。服务器运行在小型机或大型机上，使用双方的智能、资源、数据来完成任务。

⑤数据库。数据库能有组织的、动态的存储大量有关数据与应用程序，实现数据的充分共享、交叉访问，具有高度独立性。工业设备在运行过程中参数连续变化，数据量大，操作与控制的实时性要求很高。因此就形成了一个可以互访操作的分布关系及实时性的数据库系统，市面上成熟的供选用的如关系数据库中的 Orad、sybas、Informix、SQL Server，实时数据库

中的 Infoplus、PI、ONSPEC 等。

⑥网络系统的硬件与软件。网络系统硬件有：系统管理主机、服务器、网关、协议变换器、集线器、用户计算机等及底层智能化仪表。网络系统软件有网络操作软件如：NetWarc、LAN Mangger、Vines，服务器操作软件如 Lenix、os/2、Window NT。应用软件有数据库、通信协议、网络管理协议等。

现场总线的特点主要为，现场控制设备具有通信功能，便于构成工厂底层控制网络；通信标准的公开、一致，使系统具备开放性，设备间具有互可操作性；功能块与结构的规范化使相同功能的设备间具有互换性；控制功能下放到现场，使控制系统结构具备高度的分散性。

与分散控制系统相比，现场总线控制具有以下优点：使自控设备与系统步入了信息网络的行列，为其应用开拓了更为广阔的领域；一对双绞线上可挂接多个控制设备，便于节省安装费用；节省维护开销；提高了系统的可靠性；为用户提供了更为灵活的系统集成主动权。

（2）现场总线类型

目前，国际上已知的现场总线类型有四十余种，2003 年 4 月，IEC61158 Ed. 3 现场总线标准第 3 版正式成为国际标准，规定 10 种类型的现场总线。

①TS61158 现场总线；

②ControlNet 和 Ethernet/IP 现场总线 ；

③Profibus 现场总线 ；

④P-NET 现场总线；

⑤FF HSE 现场总线 ；

⑥SwiftNet 现场总线 ；

⑦World FIP 现场总线；

⑧Interbus 现场总线 ；

⑨FF H1 现场总线 ；

⑩PROFInet 现场总线 。

现今，比较流行的现场总线类型有：FF，CAN，Lonworks，PROFIBUS 等，以下对几种流行的现场总线做简要介绍。

①FF（Foundation Field bus，基金会现场总线）。FF 由以美国 Fisher-Rousemount 公司为首的联合了 80 家公司制定的 ISP 协议和 Honeywell 公司为首的 150 余家公司制定的 World FIP 协议于 1994 年 9 月合并而成的。该总线在过程自动化领域得到了广泛应用，具有良好的发展前景。

FF 采用国际标准化组织 ISO 的开放化系统互联 OSI 的简化模型，即物理层、数据链路层、应用层，另外增加了用户层。图 6.14 为 FF 通信模型的主要组成部分及其相互关系。

用户层针对自动化测控应用的需要，定义了信息存取的统一规则，规定对象字典、采用设备描述语言规定了通用的功能模块集，供用户组成所需要的应用程序，实现网络管理和系统管理。

应用层的任务是实现应用进程之间的通信，提供应用接口的标准操作，实现应用层的开放性。应用层分为总线访问层和信息规范层。总线层功能为确定数据访问的关系模型和规范，根据不同要求采用不同的数据访问工作模式。信息规范层的功能为面向应用服务，生成规范的协议数据。

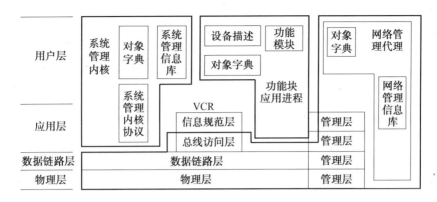

VCR:Virtual Communication Relationship,虚拟通信关系

图 6.14 FF 通信模型的主要组成部分及其相互关系

FF 具有以下特性:

拓扑结构:FF 分低速 H1 和高速 HSE 两种通信速率。H1 采用星型或总线型,HSE 采用星型。

物理介质:双绞线、光缆和无线发射。

传输速度:H1 为 31.25 kbit/s,HSE 为 1 Mbit/s 和 2.5 Mbit/s。

最多连接设备:每网段 240 点,可扩展为 65 000 个网段(H1);由于是 IP 选址,无限制(HSE)。

最大传输距离:H1 为 1 900 m;HSE 采用 100 Mbps 双绞线连接为 100 m,采用 100 Mbps 全双工光纤连接为 2 000 m。

数据包大小:H1 为 128 字节,HSE 根据 TCP/IP 协议,大小不定。

循环时间:H1 小于 500 ms,HSE 小于 100 ms。

②CAN(Controller Area Network,控制器局域网)。CAN 最早由德国 BOSCH 公司推出,它广泛用于离散控制领域,其总线规范已被 ISO 制定为国际标准,得到了 Intel、Motorola、NEC 等公司的支持。CAN 协议分为物理层和数据链路层(包括 LLC 和 MAC),提高了实时性。CAN 的分层结构和功能如图 6.15 所示。CAN 的信号传输采用短帧结构,传输时间短,具有自动关闭功能,具有较强的抗干扰能力。CAN 支持多种工作方式,并采用了非破坏性总线仲裁技术,通过设置优先级来避免冲突,通信距离最远可达 10 kM(速率低于 5 kbps),通信速率最高可达 1 Mbps(通信距离小于 40 m),网络节点数实际可达 110 个。目前已有多家公司开发了符合 CAN 协议的通信芯片。

③Lonworks。它由美国 Echelon 公司推出,并由 Motorola、Toshiba 公司共同倡导。它采用 ISO/OSI 模型的全部 7 层通信协议,采用面向对象的设计方法,通过网络变量把网络通信设计简化为参数设置。支持双绞线、同轴电缆、光缆和红外线等多种通信介质,通信速率从 300 bit/s 至 1.5 M/s 不等,直接通信距离可达 2 700 m(78 kbit/s),被誉为通用控制网络。Lonworks 技术采用的 LonTalk 协议被封装到 Neuron(神经元)的芯片中,并得以实现。

Lonworks 的一个重要特色是采用路由器,路由器的使用使 Lonworks 总线可以突破传统现场总线的限制(不受介质、通信距离、通信速度的限制)。Lonworks 总线与其他总线不同的地方是需要一个网络管理工具,以便进行网络的安装、维护和监控。通过节点、路由器和

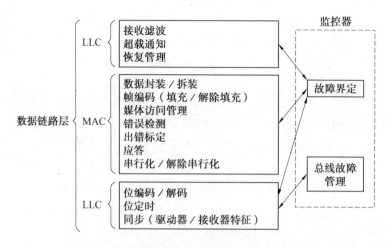

图 6.15　CAN 的分层结构和功能示意图

网络管理工具这三部分的有机结合,形成了一个带有多介质、完整的网络系统。图 6.16 为采用 Lonworks 总线构成的一个现场网络。采用 Lonworks 技术和神经元芯片的产品,被广泛应用在楼宇自动化、家庭自动化、保安系统、办公设备、交通运输、工业过程控制等行业。

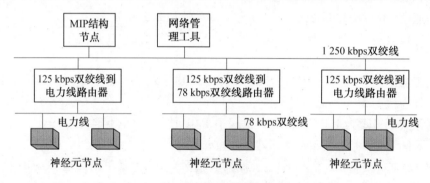

图 6.16　采用 Lonworks 总线构成的现场网络

④PROFIBUS。PROFIBUS 是德国标准(DIN19245)和欧洲标准(EN50170)的现场总线标准,由 PROFIBUS-DP、PROFIBUS-FMS、PROFIBUS-PA 系列组成。DP 用于分散外设间高速数据传输,适用于加工自动化领域。FMS 适用于纺织、楼宇自动化、可编程控制器、低压开关等。PA 用于过程自动化的总线类型,服从 IEC1158-2 标准。图 6.17 为 PROFIBUS 的应用范围。PROFIBUS 支持主-从系统、纯主站系统、多主多从混合系统等几种传输方式。

PROFIBUS 具有以下特性:

拓扑结构:星型、线型、环型或总线型。

物理介质:双绞线或光纤。

最多连接设备:最多 127 点,分 4 个内段,采用 3 个中继器;可加 3 个主设备。

最大传输距离:100 Mbps 时 100 m,光纤连接可达 12 km。

通信方式:主/从方式(master/slave)、对等方式(peer-to-peer)。

传输特性:PROFIBUS-DP:500 kbps、1.5 Mbps、12 Mbps;PROFIBUS-PA:31.25 kbps。

数据包大小:250 字节。

循环时间:根据结构有所不同,小于 2 ms。

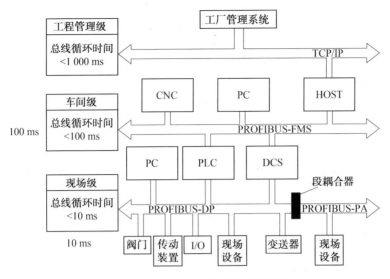

图 6.17　PROFIBUS 应用范围

PROFIBUS 的传输速率为 9.6 kbit/s 至 12 Mbit/s。

虽然现场总线控制技术被广泛应用于生产系统中,但其仍存在许多问题,如网络通信中数据包的传输延迟,通信系统的瞬时错误和数据包丢失,发送与到达次序的不一致等都会破坏传统控制系统原本具有的确定性,使得控制系统的分析与综合变得更复杂,使控制系统的性能受到负面影响。

5. 工业以太控制网络

由于现场总线目前种类繁多,标准不一,很多公司希望以太网技术能介入设备低层,广泛取代现有现场总线技术,施耐德公司就是该想法的积极倡导者和实践者,目前已有一批工业级产品问世和实际应用。

以太网络最典型应用形式为顶层采用 Ethernet,网络层和传输层采用国际标准 TCP/IP。另外,嵌入式控制器、智能现场测控仪表和传感器可以方便地接入以太控制网。以太控制网容易与信息网络集成,组建起统一的企业网络。以太控制网络的系统组成如图 6.18 所示。

(1)以太网系统的特点

①以交换式集线器或网络交换机为中心,采用星型结构。系统中包括数据库服务器、文件服务器。以太网络交换机有多种带宽接口,以满足工业 PC、PLC、嵌入式控制器、工作站等频繁访问服务器时对网络带宽的要求。

②监视工作站用于监视控制网络的工作状态。

③控制设备可以是一般的工业控制计算机系统、现场总线控制网络、PLC、嵌入式控制系统等。

④当控制网络规模较大时,可采用分段结构,连成更大的网络,每一个交换式集线器及控制设备构成相对独立的控制子网。若干个控制子网互联组成规模较大的控制网络。

⑤以太控制网络的底层协议为 IEEE 802.3,基本通信协议采用 TCP/IP,高级应用协议为 CORBA 或 DCOM,网络操作系统为 Windows、Linux 或 Unix。

⑥实时控制网络软件是集实时控制、数据处理、信息传输、信息共享、网络管理于一体的

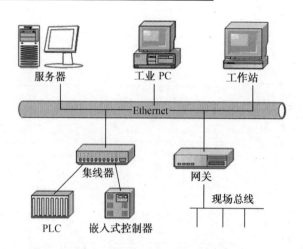

图 6.18　以太控制网络系统组成

庞大而复杂的软件工程。

（2）工业以太网解决的问题

为了满足工业控制的需求，工业以太网需要解决的问题包括：通信实时性、网络生存性、网络安全、现场设备的总线供电、本质安全、远距离通信、可互操作性等。

①实时性。实时性是控制系统的基本要求。

②工业以太网质量服务（QoS）。IP 的 QoS 是指 IP 数据通过网络时的性能。目的是向用户提供端到端的服务质量保证。它有一套度量指标，包括业务可用性、延迟、可变延迟、吞吐量和丢包率等。在工业以太网中采用 QoS 技术可以为工业控制数据的实时通信提供一种保障机制，当网络过载或拥堵时，其能保证重要数据传输不受延迟或丢弃，同时保证网络的高效运行。

③网络生存性。如果当系统的某个部件发生故障时，会导致系统瘫痪，则说明系统的网络生存能力较低。为了使网络的正常运行最大化，需要一个可靠的技术以来保证在网络维护和改进时，系统不发生中断。

④网络安全性。为防范来自内外部网络的恶意攻击，限制非信任终端对网络资源的访问，提供工程人员、设备供应商远程故障诊断和技术支持的保障机制，采用的基本安全技术有以下 3 种：加密技术——采用常规的秘钥密码体系；鉴别交换技术——通过交换信息的方式来确认；访问控制技术——最常用的是防火墙技术。

⑤总线供电与安全防爆技术。总线供电是指连接到现场设备的线缆不仅传送数据信号，还能给现场设备提供工作电源。可采用以下方法：

在目前的以太网标准基础上，修改物理层的技术规范，将以太网的曼彻斯特信号调制到一个直流或低频交流电源上，在现场设备端再将这两路信号分离。

通过连接电缆中的空闲线缆为现场设备提供工作电源。

⑥可互操作性和远距离传输。解决工业现场设备间的互操作性问题，有效的方法是在以太网+TCP（UDP）/IP 协议的基础上，制定统一的用于工业现场控制的应用技术规范，同时可参考国际电工委员会的有关标准，在应用层上增加用户层，将工业控制中的功能块进行标准化。这样不同自动化制造商的工控产品共同遵守标准化的应用层和用户层，实现他们之

间的互操作性。

考虑信号沿总线传播时的衰减和失真问题,以太网协议对传输系统的要求做了详细的规定,如每段双绞线的长度不得超过 100 m,使用细同轴电缆时每段的长度为 185 m,粗同轴电缆时每段最大长度仅为 500 m,对于距离较长的终端设备,可使用中继器(但不超过 4 个)或者光纤通信介质连接。

(3)工业以太网设备

为了使以太网技术完成工业控制任务时,需真正理解工业以太网在工业现场的意义,以及工业以太网设备的组成和内在的特殊功能,能够正确选择工业以太网。工业以太网设备包括以下几个重要部分。

①工业以太网集线器。集线器接收到来自某一端口的消息,再将消息广播到其他所有的端口。对来自任一端口的每一条消息,集线器都会把它传递到其他的各个端口。在消息传递方面,集线器是低速低效的,可能会出现消息冲突。然而,集线器的使用非常简单,实际上可以即插即用。集线器没有任何华而不实的功能,也没有冗余功能。

②工业以太网非管理型交换机。集线器的发展产生了一种称为非管理型交换机的设备,可实现消息从一个端口到另一个端口的路由功能,相对集线器更加智能化。非管理型交换机能自动探测每台网络设备的网络速度。另外,它具有一种称为"MAC 地址表"的功能,能识别和记忆网络中的设备。这种智能避免了消息冲突,提高了传输性能,相对集线器是一次巨大的改进。然而,非管理型交换机不能实现任何形式的通信检测和冗余配置功能。

③工业以太网管理型交换机。工业以太网连接设备发展的下一代产品是管理型交换机。相对集线器和非管理型交换机,管理型交换机拥有更多更复杂的功能,价格也高出许多,通常是一台非管理型交换机的 3~4 倍。管理型交换机通常可以通过基于网络的接口实现完全配置,可以自动与网络设备交互,用户也可以手动配置每个端口的网速和流量控制。

④工业以太网管理型冗余交换机。高级的管理型冗余交换机提供了一些特殊的功能,特别是针对有稳定性、安全性方面严格要求的冗余系统进行了设计上的优化。构建冗余网络的主要方式主要有:STP、RSTP、环网冗余 Rapid Ring TM 以及 Trunking。

a. 工业以太网 STP 及 RSTP。STP(Spanning Tree Protocol,生成树算法,IEEE 802.1D),是一个链路层协议,提供路径冗余和阻止网络循环发生。它强令备用数据路径为阻塞(blocked)状态。如果一条路径有故障,该拓扑结构能借助激活备用路径重新配置及链路重构。网络中断恢复时间为 30~60 s。RSTP(快速生成树算法,IEEE 802.1w)作为 STP 的升级,将网络中断恢复时间,缩短到 1~2 s。生成树算法网络结构灵活,但也存在恢复速度慢的缺点。

b. 工业以太网环网冗余(Rapid Ring TM)。为了能满足工控网络实时性强的特点,Rapid Ring 孕育而生。这是在工业以太网网络中使用环网提供高速冗余的一种技术。这个技术可以使网络在中断后 300 ms 之内自行恢复,并可以通过工业以太网交换机的出错继电连接、状态显示灯和 SNMP 设置等方法来提醒用户出现的断网现象。这些都可以帮助诊断环网什么地方出现断开。

Rapid Ring TM 也支持两个连接在一起的环网,使网络拓扑更为灵活多样。两个环通过双通道连接,这些连接可以是冗余的,避免单个线缆出错带来的问题。

c. 工业以太网主干冗余(Trunking)。将不同交换机的多个端口设置为 Trunking 主干端口,并建立连接,则这些工业以太网交换机之间可以形成一个高速的骨干链接。不但成倍地提高了骨干链接的网络带宽,增强了网络吞吐量,而且还提供了另外一个功能,即冗余功能。如果网络中的骨干链接产生断线等问题,那么网络中的数据会通过剩下的链接进行传递,保证网络的通信正常。Trunking 主干网络采用总线型和星型网络结构,理论通信距离可以无限延长。该技术由于采用了硬件侦测及数据平衡的方法,所以使网络中断恢复时间达到了新的高度,一般恢复时间在 10 ms 以下。

(4)以太网技术优势

工业以太网具有价格低廉、稳定可靠、通信速率高、软硬件产品丰富、应用广泛以及支持技术成熟等优点。以太网技术引入工业控制领域,其技术优势非常明显:

①Ethernet 是全开放、全数字化的网络,遵照网络协议不同厂商的设备可以很容易实现互联。

②以太网能实现工业控制网络与企业信息网络的无缝连接,形成企业级管控一体化的全开放网络。

③软硬件成本低廉,由于以太网技术已经非常成熟,支持以太网的软硬件受到厂商的高度重视和广泛支持,有多种软件开发环境和硬件设备供用户选择。

④通信速率高。目前通信速率为 10 M、100 M 的快速以太网开始广泛应用,千兆以太网技术也逐渐成熟,10 G 以太网也正在研究,其速率比目前的现场总线快很多。

⑤可持续发展潜力大,在这信息瞬息万变的时代,企业的生存与发展将很大程度上依赖于一个快速而有效的通信管理网络,信息技术与通信技术的发展将更加迅速,也更加成熟,由此保证了以太网技术不断地持续向前发展。

虽然以太网技术具备以上技术优势,但就目前而言,以太网还不能够真正解决实时性和确定性问题,大部分现场层仍然会首选现场总线技术。由于技术的局限和各个厂家的利益之争,这样一个多种工业总线技术并存,以太网技术不断渗透的现状还会维持一段时间。用户可以根据技术要求和实际情况来选择所需的解决方案。

6.1.4 对计算机控制系统的要求

虽然计算机控制系统的种类繁多,控制功能也不同,但对自动控制系统的要求一般归结为如下三方面。

(1)稳定性

稳定性是一切自动控制系统必须满足的最基本要求。稳定性是指系统受到扰动作用后,系统恢复原有平衡状态的能力。要求当系统受到扰动后,其输出量必将发生相应变化,经过一段时间,其被控量可达到其稳定状态,但由于系统含有具有惯性或储能特性的元件,输出量不可能立即达到与输入量响应的值,而要有一个过渡过程。

(2)过渡过程性能

一般用平稳性和快速性来描述过渡过程性能。平稳性是指系统由初始状态变化到新的平衡状态时,具有较小的超调量和震荡性。快速性是指系统由初始状态运动到新的平衡状态所经历的时间,表示系统过渡过程的快速程度。

(3)稳态性能

稳定的系统在过渡过程结束后所处的状态称为稳态。稳态性能常以稳态误差来衡量,稳态误差是指稳态时系统期望输出量和实际输出量之差。控制系统的稳态误差越小,说明控制精度越高,设计时希望稳态误差要小。

以上仅是计算机控制系统的基本要求,对于不同用途的控制系统,还有一些其他的要求,如被控量应能达到的最大速度、最大加速度、最低速度,对参数变化敏感要求,对环境的要求等。

6.2　计算机控制系统的设计与实现

6.2.1　计算机控制系统总体设计步骤

设计一个性能优良的计算机控制系统是一个综合运用知识的过程,不仅需要自动控制、计算机技术等方面的专业知识,还要注重对实际问题的调查研究。通过对生产过程的深入了解和分析,以及对工作过程和环境的熟悉,才能确定系统的控制任务,进而提出切实可行的系统设计方案。

计算机控制系统设计步骤如下:

①建立被控对象的数学模型。对于较复杂的生产过程,需要借助于操作人员的现场经验,并以过程的内在机理为基础,结合应用一些数学方法,才能得到较准确的数学模型。

②对系统提出满足一定经济-技术指标的目标函数,并从此出发,来寻求满足该目标函数的控制规律(控制系统的综合)。

③选择合适的计算方法,编制各种控制程序(应用软件设计),建立管理和控制该生产过程的实时操作系统(系统软件)。

④对硬件提出具体要求。对主机、控制台等外部设备、信号传输、电源装置、机房等提出具体要求(系统硬件的实现)。

⑤系统的试运行并改进。在微型计算机的应用中,为了减少应用软件的现场调试时间,出现了一种计算机的开发系统,能帮助设计人员调试新编程序,并对整个控制系统进行计算机仿真,从而大大缩短了软件的费用和调试时间。

1.硬件设计与实现

硬件设计主要包含以下几个方面的内容。

(1)选择系统的总线

采用总线,可以简化硬件设计,用户可根据需要直接选用符合总线标准的功能模板,而不必考虑模板插件之间的匹配问题,使系统硬件设计大大简化;系统可扩性好,仅需将按总线标准研制的新的功能模板插在总线槽中;系统更新性好,一旦出现新的微处理器、存储器芯片和接口电路,只要将这些新的芯片按总线标准研制成各类插件,即可取代原来的模板而升级更新系统。

(2)选择主机机型

在总线式工业控制机中,有许多机型,都因采用的 CPU 不同而不同。内存、硬盘、主频、显示卡、CRT 显示器也有多种规格。设计人员可根据要求合理地进行选型。

(3)选择输入输出通道模板

一个典型的计算机控制系统,除了工业控制机的主机以外,还必须有各种输入输出通道模板,其中包括数字量 I/O(即 DI/DO)、模拟量 I/O(AI/AO)等模板。

2. 软件设计与实现

软件总体设计和硬件总体设计一样,采用结构化的"黑箱"设计法。先画出较高一级的方框图,然后再将大的方框分解成小的方框,直到能表达清楚功能为止。软件总体方案还应考虑确定系统的数学模型、控制策略、控制算法等。软件设计包括以下内容:

(1)数据类型和数据结构规划

在系统总体方案设计中,系统的各个模块之间有着各种因果关系,互相之间要进行各种信息传递。如数据处理模块和数据采集模块之间的关系,数据采集模块的输出信息就是数据处理模块的输入信息,同样,数据处理模块和显示模块、打印模块之间也有这种产销关系。各模块之间的关系体现在它们的接口条件上,即输入条件和输出结果上。为了避免产销脱节现象,就必须严格规定好各个接口条件,即各接口参数的数据结构和数据类型。

(2)资源分配

完成数据类型和数据结构的规划后,便可开始分配系统的资源了。系统资源包括ROM、RAM、定时器/计数器、中断源、I/O 地址等。ROM 资源用来存放程序和表格,这也是明显的。定时器/计数器、中断源、I/O 地址在任务分析时已经分配好了。因此,资源分配的主要工作是 RAM 资源的分配。RAM 资源规划好后,应列出一张 RAM 资源的详细分配清单,作为编程依据。

(3)实时控制软件设计

实时控制软件设计包括数据采集及数据处理程序、控制算法程序、控制量输出程序、实时时钟和中断处理程序、数据管理程序、数据通信程序。

6.2.2　计算机控制系统设计方法

计算机控制系统是一种混合信号系统。如图 6.19(a)中 AA′两点来看,系统可看成是连续系统;如图 6.19(b)中 BB′两点来看,又可将其看成是纯离散信号系统,因此,在实际工程设计时也有两种设计方法。

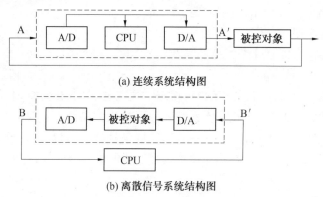

(a)连续系统结构图

(b)离散信号系统结构图

图 6.19　计算机控制系统等效结构图

1. 连续域设计-离散化方法

连续域设计-离散化方法是目前常用的一种设计方法,是指将计算机控制系统看成是连续系统,在连续域上设计得到连续控制器。由于它要在数字计算机上实现,因此,采用不同方法将其数字化(离散化)。由于离散化将会产生误差,误差量与采样间隔时间的大小有关,因此是一种近似实现方法。其设计流程如图 6.20(a)所示。

2.直接数字域(离散域)设计

直接数字域设计是指将系统看成是纯离散信号系统,直接在离散域进行设计,得到数字控制器,并在计算机里实现。这种方法无需将控制器近似离散化,是一种准确的设计方法,因此日益受到人们的重视。其设计流程如图 6.20(b)所示。

以上两种设计方法,采样间隔时间对系统性能均有很大影响,因此正确选择采样间隔时间对计算机控制系统设计十分重要。此外,计算机控制系统控制器软件编程可能会给系统性能带来影响等有关问题,也是值得注意和讨论的问题。

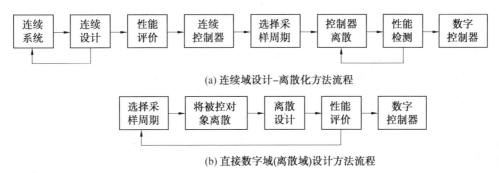

(a) 连续域设计-离散化方法流程

(b) 直接数字域(离散域)设计方法流程

图 6.20 两种设计方法流程

6.3 计算机中断技术

6.3.1 中断的概念及分类

中断是指计算机的 CPU 在正常运行程序时,由于内部或外部某个紧急事件的发生,要求 CPU 暂停正在运行的程序,而转去执行请求中断的那个外设或事件的中断服务(处理)程序,待处理完成后再返回被中断的程序,继续执行,如图 6.21 所示。中断是 CPU 和外部设备交换数据的一种方式,在许多控制系统中都有使用。中断系统就是能实现中断过程处理的软硬件系统。

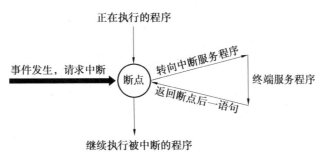

图 6.21 计算机控制过程中的中断技术

CPU 原来正常运行的程序称为主程序,中断之后执行的程序称为中断服务或中断处理子程序,主程序被断开的位置称为断点,引起中断的原因或请求称为中断源。例如,某个外设向 CPU 提出交换数据的中断请求,此时 CPU 的主程序执行到第 N 条指令,CPU 接受到这个中断请求并给予响应,将断点即第 $N+1$ 条指令的内存地址保护入栈,然后转入中断服务程序去执行。当完成中断服务程序后,再返回到主程序的断点继续执行。

对于 CPU 来说,中断源分为内部中断源和外部中断源。

(1)外部中断源

外部中断源又分为可屏蔽中断(INTR)和非屏蔽中断(NMI),主要包括:

①一般的 I/O 设备。如键盘、显示器、打印机等在完成自身的操作后,向 CPU 发出中断请求,要求 CPU 为其服务。

②数据通道。如磁盘、磁带等也可以向 CPU 发出中断请求,要求 CPU 为其传送数据。

③实时时钟。在控制系统中,常采用外部时钟电路,并编程控制其定时间隔。当需要定时时,CPU 发出命令,启动时钟电路开始计时,待定时间到,时钟电路就发出中断请求。

④故障源。如电源断电、存储器奇偶校验出错、外设故障及越限报警等意外事件发生时,这些事件都能使 CPU 中断,进行相应的中断处理。

(2)内部中断源

①CPU 执行指令产生的异常。如除 0、算术运算溢出、边界监测出错、协处理器出错及无效代码故障等都会引起中断。

②程序执行 INT 软件中断指令,如执行指令 INT 21H 等。

③为调试程序(DEBUG)设置的中断。在程序调试时,为了检查中间结果,或者为了寻找程序问题所在,往往要求在程序中设置断点或进行单步操作,这些就要由中断系统来实现。

6.3.2 中断的基本过程

中断处理过程会因为微机系统的不同以及中断类型的差别,存在一定的差别。但是一个完整的中断处理过程应包括五个基本阶段,即中断请求、中断判优、中断响应、中断处理及中断返回。

外部中断中的可屏蔽中断是大多数场合所说的中断,下面详细介绍它的中断过程。对它的基本过程的理解,可推广到其他类型的中断。可屏蔽中断的处理过程如图 6.22 所示。

1. 中断请求

中断源向 CPU 提出中断请求这是中断处理的第一步。不同的中断源产生中断请求的条件不同,外部中断源产生中断请求信号一般是通过设置中断请求触发器,在 CPU 的相应引脚上产生,而内部中断源则是通过逻辑判断运行过程是否满足中断条件,之后通知 CPU。当中断源发出中断请求信号后,就进入中断优先级判别阶段。

2. 中断判优

由于中断是随机、异步的,某个时刻若只出现一个中断请求,则没有中断判优的问题。但可能出现两个或两个以上的中断源同时请求中断服务,在这种情况下就必须对申请中断的中断源进行优先级判别,这称为中断判优。中断系统对中断源规定了一定的优先级级别,CPU 首先响应当前优先级最高中断源的中断请求,处理完后再响应优先级次高的中断请求。这其中有可能还会出现多层中断嵌套的现象。

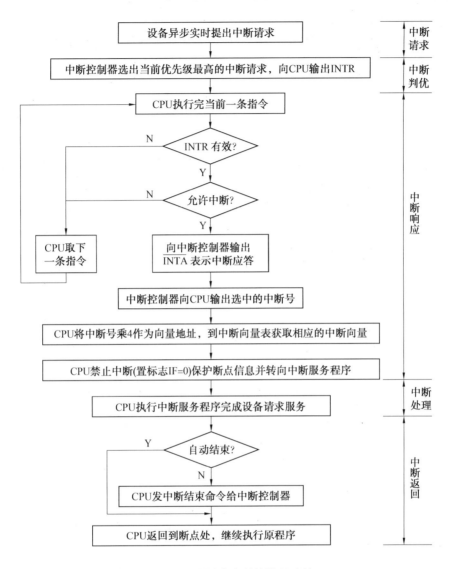

图 6.22　可屏蔽中断的处理过程

3. 中断响应

CPU 在执行主程序的过程中,若收到中断请求,并不一定马上执行中断过程,这还要看中断的类型,若为非屏蔽中断申请,则 CPU 执行完现行指令后,做好保护现场工作即可去处理中断服务;若为可屏蔽中断申请,CPU 只有得到允许,即 IF 标志位为 1(开中断)时,CPU才能响应。把从 CPU 接收到中断请求后到进入中断服务程序之前的一段时间称为中断响应周期。这期间 CPU 要自动清除中断允许标志位 IF、单步陷阱标志位 TF,以免在响应过程中被新的中断源中断,破坏现场;保护断点,即将标志寄存器内容及断点地址压入堆栈保存,并自动寻找被响应的中断源的中断服务程序入口地址,进行相应的中断处理。

4. 中断处理

CPU 自动转入中断服务程序后,中断处理要做以下 5 件事情:

（1）保护现场

自动将中断服务程序中用到的寄存器的原内容压入堆栈保存起来，以免存在其中的主程序的数据被破坏，影响后续主程序的运行。

（2）开中断

CPU 接收并响应一个中断后，保护状态标志之后会自动关闭中断，这样做的目的是防止在中断响应过程中被其他级别更高的中断打断，使得在获取中断类型号时出错。但在某些情况下，若进入中断服务程序后，允许中断嵌套，此时，应停止对该中断的服务而转入优先级更高的中断处理，故需要用指令再开中断，若不允许嵌套，也可不开中断。

（3）中断服务

执行中断源所要求的操作，是中断处理的核心。

（4）关中断

在中断服务程序执行完之后，返回断点前，需要用指令关中断，是为确保无干扰的恢复现场。

（5）恢复现场

把所保存的有关寄存器内容从堆栈中弹出，使这些寄存器恢复到中断前的状态，以便主程序顺利执行。

5. 中断返回

中断服务处理程序的最后是中断返回指令，即 IRET，其操作是将 IP、CS、FLAGS 的内容逐次弹出，以便回到断点处继续执行主程序。

6.3.4 8086/8088CPU 的中断结构

1. 中断结构

8086/8088CPU 的中断类型号用 8 位二进制表示，所以就有 256 个不同的中断。图6.23 表示的是 8086/8088 的中断系统结构。从图 6.23 可见，中断可以来自外部，也可以来自内部，或者满足某些特定条件（陷阱）后引发 CPU 中断。同时，8086/8088CPU 规定了各类型中断的优先级，最高为除法错误中断、溢出中断 INT 0 和 INT n 指令、非屏蔽中断 NMI、可屏蔽中断 INTR，最低的级别为单步中断。下面简要介绍这些中断的内容及发生条件。

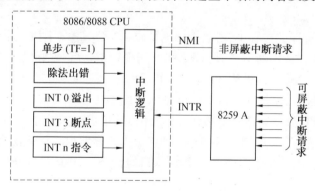

图 6.23　8086/8088 中断系统结构

（1）外部中断

8086/8088CPU 有两条外部中断请求线：NMI（17 号引脚）和 INTR（18 号引脚），分别用于接收来自外部的非屏蔽和可屏蔽的中断请求。

①NMI 非屏蔽中断。该中断的类型号为 2，通过 CPU 的 NMI 引脚引入，上升沿触发，由 CPU 内部锁存，但要求高电平持续两个时钟周期以上。该中断请求不受中断允许标志位 IF 控制。

②INTR 可屏蔽中断。该中断类型号为 08H ~ 0FH，通过 CPU 的 INTR 引脚引入，高电平有效，且必须保持到当前指令结束。该中断的中断源一般由外部设备提出，通过中断控制器 8259A 预处理后，再决定是否向 CPU 的 INTR 引脚发出中断请求。

该中断受标志寄存器的标志位 IF 的控制。CPU 采样到有可屏蔽中断请求产生，当 IF = 0 时，CPU 不响应 INTR 的中断请求；当 IF = 1 时，CPU 才会在执行当前指令后响应可屏蔽中断请求信号，因此，INTR 信号必须有效并保持到当前指令执行结束。IF 的状态可以用指令来改变：CLI 为关中断，STI 为开中断。

（2）内部中断

内部中断是由 CPU 执行指令时产生的，它包括以下几种：

①除法出错。该中断类型号为 0。当执行除法指令时，若判断发现除数为 0 或商超过结果寄存器所能表达的数的范围，则立刻产生该中断，并转入相应的中断服务程序。

②单步中断。该中断类型号为 1。它受标志寄存器中 TF 标志位的控制。当 TF = 1 时，CPU 每执行完一条指令后就自动产生一个中断，进入单步中断服务程序。此服务程序的功能是显示出 CPU 内部各寄存器的内容等。单步方式为系统提供了一种方便的程序调试手段。

③断点中断 INT。该中断类型号为 3。通常在 DEBUG 调试程序时，可通过运行命令 G 在程序中任意指定断点地址，当 CPU 执行到断点时便产生中断，同时显示当前寄存器的内容、标志位的值以及下一条要执行的指令。

④溢出中断 INTO。该中断类型号为 4。若算法操作结果发生溢出，即溢出标志 OF = 1，则执行 INTO 指令后立即产生该中断。它为程序员提供了一种处理算术运算出现溢出的手段，通常和算术指令配合使用。

⑤INT n 中断。也称为软件中断，可由用户自己定义，类型号为 n。n 在理论上可取值 0 ~ 255，当 n = 3、4 时，就分别是断点中断和溢出中断。实际上执行 INT n 指令所引起的中断更像由 CALL 指令所引起的子程序调用过程，因此，在调试外部中断服务程序时可以采用 INT n 指令来调用，使类型号 n 与该外设的类型号相同，从而方便控制程序转入该外设的中断服务程序。

8086/8088 系统所有中断的优先权如表 6.1 所示。除了单步中断以外，所有内部中断的优先权均高于外部中断。除了单步中断外，所有内部中断都不能被屏蔽。

表 6.1　8086/8088 系统中断的优先级

中断名	中断类型号	优先级
除法错	类型 0	高 ↑ 低
INT n	类型 n	
INTO	类型 4	
NMI	类型 2	
INTR	外设送入	
单步	类型 1	

2. 中断向量表

在 8086/8088 中断系统中 256 个中断源(其对应类型码为 0 ~ 255),每一个都对应相应的中断服务程序。每个中断向量保存在中断向量表中。8086/8088CPU 的中断向量表如图 6.24 所示。在内存的最低 1 kB 存储空间(即 00000H ~ 003FFH 区域)建立一个中断向量表,分成 256 组,每组占 4 个字节,用以存放 256 个中断向量。中断向量实际上是中断服务程序的入口地址。CPU 响应中断后,首先要获得中断类型号 n(内部产生或数据总线读取),再根据类型码与中断向量在向量表中所在位置之间的对应关系,得到中断向量在向量表中的首地址,对应关系为中断向量地址指针=4×中断类型码。然后,顺序取出 4 个内存单元的内容(两个字),把第一个字送入 IP,第二个字送入 CS,即 $(4n+1,4n) \rightarrow (IP)$,$(4n+3,4n+2) \rightarrow (CS)$,从而使程序转向新的地址。

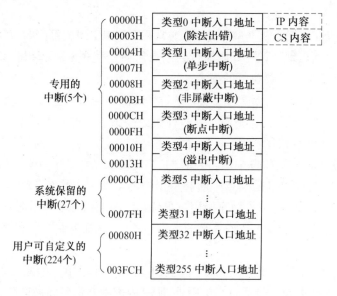

图 6.24　8086/8088 的中断向量表

在该向量表中,Intel 公司规定类型号 0 ~ 4 是专用中断,有固定的意义和处理功能,用户无权修改。类型号 5 ~ 31(05H ~ 1FH)是为软硬件开发而保留的中断类型,其中许多已经被应用到 Intel 的各种不同微处理器家族中,一般不允许用户改为其他用途。剩下类型号 32 ~

255(20H～0FFH)的中断可由用户定义为软中断,由 INT n 指令引入,也可以通过 INTR 引脚直接引入的或通过中断控制器 8259A 引入的可屏蔽硬件中断。

3. 8086/8088 的中断处理过程

8086/8088 的中断处理过程如图 6.25 所示。该流程图反映了系统中各中断源优先级的高低。当多个中断同时申请中断时,CPU 响应的顺序为:内部中断、非屏蔽中断、可屏蔽中断和单步中断。

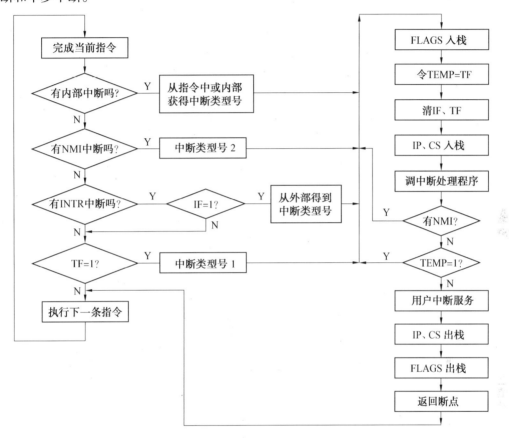

图 6.25　8086/8088CPU 中断处理的基本过程

6.3.5　可编程中断控制器 8259A

Intel8259A 是可编程中断控制器,用于管理 PC 中的 INTR 中断(外部可屏蔽中断)。它直接管理 8 级中断,通过级联最多可扩展至 64 级中断。8259A 的功能主要是接收多个外部中断请求后,进行判断,选中其中优先级最高的中断请求,再将此请求送到 CPU 的 INTR 端;当 CPU 响应中断并进入中断子程序的处理过程后,仍负责对外部中断请求的管理。8259A 还具有多种工作方式,可由用户编程决定,以满足多种类型微机中断系统的需要。

1. 8259A 的引脚

8259A 为 28 引脚的双列直插封装芯片,其引脚图如图 6.26 所示。芯片引脚功能定义如下。

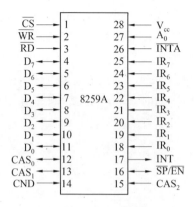

图 6.26　8259A 引脚

（1）数据线

$D_7 \sim D_0$：8 根双向、三态数据线，直接与系统数据线相连。

（2）控制线

INT：中断请求信号，输出，高电平有效。它与 CPU 的 INTR 端相连，用来向 CPU 发出中断请求。

$\overline{INTA}$：中断响应信号，输入，低电平有效。它用来接收来自 CPU 的中断应答信号。8259A 要求中断应答信号由两个负脉冲组成，第一个是 CPU 用来通知 8259A，中断请求已被响应；第二个作为读操作信号，用来读取 8259A 提供的中断类型号。

$\overline{RD}$：读控制信号，输入，低电平有效。与控制总线上的 $\overline{IOR}$ 信号相连，用来控制数据由8259A 读到 CPU。

$\overline{WR}$：写控制信号，输入，低电平有效。与控制总线上的 $\overline{IOW}$ 信号相连，用来控制数据由CPU 写到 8259A。

$\overline{CS}$：片选信号，输入，低电平有效。它通过地址译码逻辑电路与地址总线相连。该信号有效时，CPU 可对该 8259A 进行读写操作。

A_0：地址选择信号，输入，与 $\overline{CS}$、$\overline{WR}$ 和 $\overline{RD}$ 联合使用，用来指出当前 8259A 的哪个端口被访问。它一般连到 CPU 地址线的 A_1 上。

$CAS_2 \sim CAS_0$：级联信号线，双向。用来控制多片 8259A 的级联使用。对主片来说，$CAS_2 \sim CAS_0$ 为输出，对从片来说，则为输入。

$\overline{SP}/\overline{EN}$：主从片设定/允许缓冲信号，双向双功能，低电平有效。它有两个用途：当作为输入时，用来决定本片 8259A 是主片还是从片，$\overline{SP}/\overline{EN} = 1$ 时，为主片，$\overline{SP}/\overline{EN} = 0$ 时，则为从片；当作为输出时，由 $\overline{SP}/\overline{EN}$ 引出的信号在数据从 8259A 往 CPU 传输时，使数据总线驱动器启动。$\overline{SP}/\overline{EN}$ 到底作为输入还是输出，取决于 8259A 是否采用缓冲方式工作。若采用缓冲方式，$\overline{SP}/\overline{EN}$ 作为输出，若采用非缓冲方式，则作为输入。

（3）中断请求线

$IR_7 \sim IR_0$：外部设备向 8259A 发出中断请求信号的输入端，高电平或上升沿有效。

2. 8259A 的内部结构

8259A 的内部结构如图 6.27 所示，主要由下列 8 个基本部分组成。

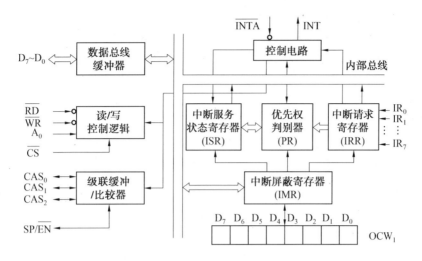

图 6.27　8259A 内部结构框图

（1）数据总线缓冲器

为 8 位双向三态缓冲器，数据线 $D_7 \sim D_0$ 与 CPU 系统总线相连，构成 CPU 与 8259A 之间信息传送的通道。

（2）读/写控制逻辑电路

该电路的功能是控制 CPU 与 8259A 之间的信息交换。为片选信号线，低电平时选中 8259A 工作。具体的操作内容由 $\overline{CS}$、A0、$\overline{RD}$ 和 $\overline{WR}$ 4 个信号共同决定。

（3）级联缓冲/比较器

用来实现多个 8259A 的级联和数据缓冲方式。当多片 8259A 采用主从结构级联时，一个 8259A 芯片为主芯片，最多能带动 8 个 8259 从片。这时，从片的 INT 脚与主片的一条中断请求信号线 IR_i 相连，同时将主、从片的 $CAS_2 \sim CAS_0$ 对应连接即可。

（4）中断请求寄存器（IRR）

IRR 是 8 位寄存器，它通过 $IR_7 \sim IR_0$ 与 8 个外设中断源连接，用于接收中断源的中断请求。若 $IR_i = 1$，则 IRR 的相应第 i 位置 1。若最多有 8 个中断请求信号同时进入 $IR_7 \sim IR_0$ 端，则 IRR 全被置 1。

（5）中断服务状态寄存器（ISR）

ISR 是 8 位寄存器，用来保存当前正在处理的中断请求。当 CPU 响应 IR_i 请求时，ISR 中相应位置 1，并一直保持到 CPU 处理完该中断服务程序为止。ISR 的 8 位与 IRR 的 8 位相对应，当 ISR 的某一位为 1 时，则与之对应的 IRR 外中断源的中断请求得到响应。当某个中断处理完毕时，由中断结束命令 EOI 或自动将相应位 ISR_i 清零。

（6）中断屏蔽寄存器（IMR）

IMR 是 8 位寄存器，用来屏蔽已被锁存在 IRR 中的中断请求信号。当 IMR 的第 i 位被置 1 时，相应的 IR_i 被屏蔽，不能进入系统的下一级优先权判别电路或向 CPU 发出中断请求。未被屏蔽的中断请求进入优先权判别器。IMR 的值可通过软件设置或改变（通过设置 OCW_1，可对来自 IRR 的一个或多个中断请求进行屏蔽）。

（7）优先权判别器（PR）

PR 能够将各中断请求中优先级最高者选中，并将 ISR 中相应位置 1。若 8259A 正为某一中断服务，而又出现新的中断请求，则 PR 判断新的中断请求级别是否更高，若是，则进入中断嵌套。一般原则是允许高级中断打断低级中断，不允许低级中断打断高级中断，或同级中断互相打断。

（8）控制电路

它是用来控制 8259A 内部各个部件之间协调一致的工作。它包含一组寄存器初始化命令字 $ICW_1 \sim ICW_4$ 和一组寄存器操作命令字 $OCW_1 \sim OCW_3$。前者用来存放初始化程序设定的工作方式字、管理 8259A 的工作，后者用来存放操作命令字，对中断处理过程进行动态控制。

3. 8259A 的中断工作过程

单片 8259A 工作时，每次处理中断包括以下过程。

（1）当有一个或多个中断源请求中断时，通过 $IR_7 \sim IR_0$ 输入给 8259A，使中断请求寄存器 IRR 相应位置 1。

（2）中断屏蔽寄存器 IMR 对中断请求寄存器 IRR 进行屏蔽，并通过优先级判别器 PR 判断出当前未屏蔽的最高优先级中断请求。若 CPU 正在处理某一中断，PR 判断新的请求是否比原中断级别高。

（3）控制逻辑接收中断请求，向 CPU 发 INT 信号。

（4）若 CPU 处于开中断状态，则在前指令执行完当后，进入中断服务程序，并用 $\overline{INTA}$ 信号作为响应中断的回答信号，进入两个中断响应周期。

（5）8259A 收到第一个 $\overline{INTA}$ 负脉冲后，将中断服务寄存器 ISR 中最高优先级中断的相应位置 1，使 IRR 的相应位置 0。在此期间，8259A 没有驱动数据总线。

（6）8259A 收到第二个 $\overline{INTA}$ 负脉冲后，通过数据总线向 CPU 输出当前最高级别的中断申请源的中断类型号。CPU 读取后，进入中断服务程序。

（7）中断响应结束后，8259A 若工作在自动结束中断方式（AEOI）下，在第二个 $\overline{INTA}$ 脉冲结束时，自行将 ISR 的相应位复位；若是工作在非自动结束中断（EOI）方式，则 ISR 中相应位的"1"一直保持，直到中断服务程序向 8259A 发 EOI（中断结束）命令时才复位。

4. 8259A 的级联方式

每片 8259A 只能管理 8 级中断。为了扩展系统的中断能力，可把若干个 8259A 按级联方式连接起来。8259A 的级联电路如图 6.28 所示。

由图 6.28 可知，主片与 CPU 相连，它的每个 IR 端分别与一个从片的 INT 端连，接收外设经从片发来的中断请求。主片的 $\overline{SP}/EN$ 已直接与 Vcc 相连，从片的 $\overline{SP}/EN$ 则直接接地。所有 8259A 的级联引脚 CAS2 ~ CAS0 是互联的，主片为输出，从片为输入。在 CPU 响应中断期间，主片通过这三条级联线，发出优先权最高的从片设备标志代码 ID，与 ID 相一致的从片，把本身的中断类型号送上数据总线。

级联结构中所有的 8259A 都必须进行各自初始化过程，设定各自的工作状态。在中断结束时，CPU 要发两次 EOI 命令，分别使主片和正在服务的从片结束执行中断操作。

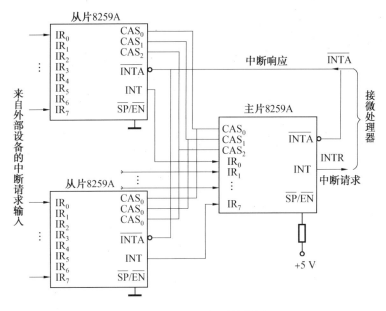

图 6.28　8259A 级联结构图

5. 8259A 的工作方式

（1）中断优先级管理方式

①全嵌套方式。中断优先级固定，$IR_0 \sim IR_7$ 依次降低。在对 8259A 初始化后若没有设置其他优先级方式，则默认为全嵌套方式。当执行某一级中断时，仅允许比该级别高的中断源申请中断。实现方法是将操作命令字 ICW_4 中的 D_4 位置 0。

②特殊全嵌套方式。在主从结构的 8259 系统中，将主片设置为特殊全嵌套方式，可以在处理某一级中断时，不但允许优先级更高的中断请求进入，也允许同级的中断请求进入。中断源优先级 IR_0 最高，IR_7 最低。实现方法是将操作命令字 ICW_4 中的 D_4 位置 1。

③优先级自动循环方式。采用这种方式，各中断源优先级是循环变化的，主要用在系统中各中断源优先级相同的情况下。一个设备的中断服务完成后，其优先级自动降为最低，而将最高优先级赋给原来比它低一级的中断请求。实现方法是通过将操作命令字 OCW_2 的 D_7、D_6 位置 1、0 来实现。

④优先级特殊循环方式。该方式与优先级自动循环方式基本相同，不同点仅在于可以设置开始的最低优先级。例如，最初设定 IR_4 为最低优先级，那么 IR_5 就是最高优先级，而优先级自动循环方式中，最初的最高优先级一定是 IR_0。实现方法是将操作命令字 OCW_2 的 $D_7 D_6 = 11$，同时用 OCW_2 中的 D_1、D_0 位指出哪个中断源的级别最低。

⑤查询方式。这种方式下，CPU 不是靠接收中断请求信号来进入中断处理过程，而是需要用软件查询方法来确认中断源，从而实现对外设的服务。

（2）中断屏蔽方式

①普通屏蔽方式。当 CPU 执行主程序不希望某几个中断源申请中断，或执行某一中断而不允许同级或低级的中断源申请中断时，使用该屏蔽方式。实现方法是将操作命令字 OCW_1 的相应位置 1 或置 0，置 1 表示该位对应的中断源被屏蔽，置 0 则开放响应的中断源。

②特殊屏蔽方式。当一个优先级较高的中断请求正在被处理时，若设置了特殊屏蔽方

式,则允许优先级较低的中断进入正在处理的高级别中断。实现方法是在某级中断服务程序中首先将操作命令字 OCW$_3$ 的 D$_6$、D$_5$ 位置 1,然后通过设置命令字 OCW$_1$ 使该级的中断申请被屏蔽。

若要退出特殊屏蔽方式,通过将操作命令字 OCW$_3$ 的 D$_6$、D$_5$ 位分别设置为 1、0,再执行输出指令即可。

(3)中断结束方式

①中断自动结束方式。该方式实现方法是通过将初始化命令字 ICW$_4$ 的 D$_1$ 位设置为 1。当某一中断被 CPU 响应后,CPU 送回第一个 $\overline{INTA}$ 中断回答信号,使中断服务寄存器 ISR 的相应位置 1,在第二个 $\overline{INTA}$ 负脉冲的后沿完成对应的 ISR 位的复位。

中断自动结束方式适合于中断请求信号的持续时间有一定限制以及不出现中断嵌套的场合。

②一般中断结束方式。用于全嵌套方式下的中断结束。实现方法是首先将初始化命令字 ICW$_4$ 的 D$_1$ 位清零,定为正常中断结束方式,然后通过将操作命令字 OCW$_2$ 的 D$_7$D$_6$D$_5$ = 001。

③特殊中断结束方式(SEOI)。即在程序中要发一条特殊中断结束命令,该命令指出了要清除 ISR 中的哪一位。实现方法是首先将初始化命令字 ICW$_4$ 的 D$_1$ 位清零,定为正常中断结束方式,然后通过将操作命令字 OCW$_2$ 的 D$_7$D$_6$D$_5$ = 011 或 111,D$_2$ ~ D$_0$ 位给出结束中断处理的中断源号,使该中断源在中断服务寄存器中的相应位清零。

另外,还要注意在级联方式下,一般不用自动结束中断方式,而是用一般结束方式或特殊结束方式。在中断处理程序结束时,必须发两次中断结束命令,一次是发往主片,另一次发往从片。

(4)中断触发方式

①电平触发方式。以中断源 IR$_7$ ~ IR$_0$ 端上出现的高电平作为中断请求信号。请求一旦被响应,该高电平信号应及时撤除。实现方法是使初始化控制字 ICW$_1$ 的 D$_3$ 置 1。

②边沿触发方式。以中断源 IR$_7$ ~ IR$_0$ 端上出现由低电平向高电平的跳变作为中断请求信号,跳变后高电平一直保持,直到被响应。实现方法是使初始化控制字 ICW$_1$ 的 D$_3$ 置 0。

(5)与系统总线的连接方式

①缓冲方式。缓冲方式主要用于多片 8259A 级联的大系统中。实现的方法是将 8259A 的初始化命令字 ICW$_4$ 的 D$_3$ 位置 1,并把 8259A 的 $\overline{SP}/\overline{EN}$ 端输出一个低电平信号,作为总线驱动器的启动信号。

②非缓冲方式。非缓冲方式主要用于单片 8259A 或片数不多的 8259A 级联的系统中。该方式下,初始化命令字 ICW$_4$ 的 D$_3$ 位置 0,8259A 直接与数据总线相连,8259A 的 $\overline{SP}/\overline{EN}$ 作为输入(SP 有效)。只有单片 8259A 时,$\overline{SP}/\overline{EN}$ 端必须接高电平;有多片 8259A 时,主片的 $\overline{SP}/\overline{EN}$ 端接高电平,从片的该引脚接低电平。

6. 8259A 的控制字及编程应用

8259A 是可编程的中断控制器,在它工作之前,首先要通过 CPU 定义它的工作状态和操作方式。8259A 有两类命令字:初始化控制字 ICW(Initialization Command Words)和操作控制字 OCW(Operation Command Words)。初始化命令字有 4 个,操作命令字有 3 个,需要写入 8259A 的 7 个相应的寄存器中。但是 8259A 只占用了两个地址,即奇地址和偶地址,8259A 是通过控制字的标识位和奇偶地址来决定控制字应写入哪个寄存器中。若 $A_0 = 0$,命令字应写在偶地址端口中;若 $A_0 = 1$,命令字应写在奇端口中。

开机时,CPU 首先按次序发送 2～4 个不同格式的 ICW,用来规定 8259A 操作的初始状态,此后的整个工作过程中该状态保持不变。操作控制字(OCW)则用于动态控制中断处理,是在需要改变或控制 8259A 操作时随时发送的。

(1)初始化命令字 ICW

①初始化命令字 ICW_1。ICW_1 是必须写入的第一个初始化命令字,用来设定 8259A 的基本工作方式。其格式如图 6.29 所示,它的特征是 $A_0 = 0$,并且控制字的 $D_4 = 1$。

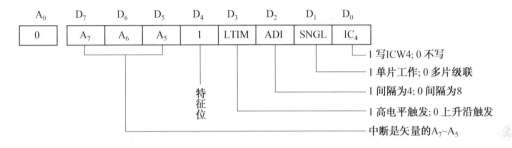

图 6.29　ICW_1 的格式

D_0:IC_4 位,是否有 ICW_4,对于 8086/8088 系统必须设置 ICW_4。

D_1:SGNL 位,是否工作在单片方式。

D_2 和 $D_7 \sim D_5$ 这四位在仅对 8080/8085 系统有意义,用来表示中断向量(即在中断响应时形成的 CALL 指令地址)中的低字节部分。8086/8088 系统中这四位不用,通常置为 0。

D_3:LTIM 位,设置 $IR_7 \sim IR_0$ 端中断请求信号的触发方式。

D_4:特征位,必须为 1,表示当前设置的是初始化控制字 ICW_1。

②初始化命令字 ICW_2。ICW_2 是必须写入的第二个初始化命令字,用于设置中断类型号,其格式如图 6.30 所示。其中 A_0 恒等于 1,为 ICW_2 的特征位。

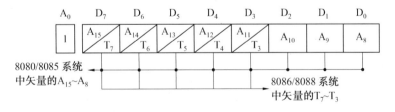

图 6.30　ICW_2 的格式

ICW_2 中的低 3 位 $D_2 \sim D_0$ 由中断请求输入端 $IR_i (i = 0 \sim 7)$ 的编码自动引入,高 5 位 $T_7 \sim T_3$ 由用户编程写入。若 ICW_2 写入 40H 时,则 $IR_7 \sim IR_0$ 对应的中断类型号为 47H～40H。

CPU 响应中断,发出第二个中断响应信号 $\overline{INTA}$ 后,8259A 将中断类型寄存器的内容 ICW_2 送到数据总线上。

③初始化命令字 ICW_3。ICW_3 仅用于级联方式,只有在一个系统中包含多片 8259A 时,

它才有意义,即只有当 ICW_1 的 SNGL 位为 0 时,才写入 ICW_3。主片和从片所对应的 ICW_3 的格式不同,主片 ICW_3 的格式如图 6.31 所示,从片 ICW_3 的格式如图 6.32 所示。

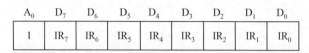

图 6.31　主片 8259A ICW_3 字格式

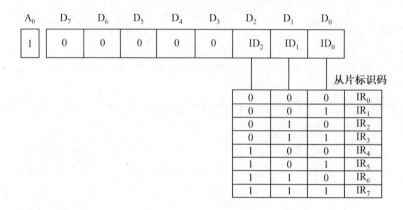

图 6.32　从片 8259A ICW_3 字格式

对于主片,ICW_3 的 $D_0 \sim D_7$ 指明了 $IR_0 \sim IR_7$ 各引脚连接从片的情况,置 1 的位表示对应的引脚有从片级联,否则为 0。对于从片,ICW_3 的 $D_7 \sim D_3$ 不用,置 0 即可;$D_2 \sim D_0$ 的取值取决于从片的 INT 脚连到主片的哪个中断请求输入脚。

④初始化命令字 ICW_4。只有当 ICW_1 的 $IC_4 = 1$ 时才使用,其格式如图 6.33 所示。ICW_4 的写入决定 8259A 是工作在缓冲方式还是非缓冲方式,是一般全嵌套方式还是特殊全嵌套方式,中断结束方式是自动还是正常。

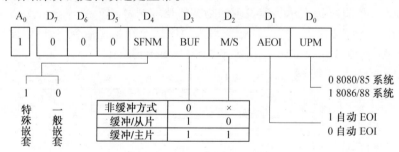

图 6.33　ICW_4 的格式

D_0:UPM 位,设置微处理器类型。

D_1:AEOI 位,设置结束中断方式。

D_2:M/S 位,当 D_3 即 BUF 位为 1 时,该位才有效,用于主片/从片选择。

D_3:BUF 位,若该位为 1,则 8259A 工作于缓冲方式,8259A 通过数据总线收发器和总线相连,$\overline{SP/EN}$ 引脚为输出;该位为 0,8259A 工作于非缓冲方式,$\overline{SP/EN}$ 引脚为输入,用作主片、从片选择端。

D_4：SFNM 位，设置中断的嵌套方式。在级联条件下，主片 8259A 的 $D_4 = 1$，从片 8259A 的 $D_4 = 0$。

$D_7 \sim D_5$：特征位。当这三位为 000 时，表示现在送出的控制字是 ICW_4。

（2）操作命令字 OCW

用初始化命令字进行初始化后，8259A 就进入了工作状态，准备好接收 IRR 输入的中断请求信号。在 8259A 工作期间，可通过操作控制字 OCW 来使它按不同的方式操作。

操作命令字共有 3 个，即 OCW_1、OCW_2、OCW_3，可以独立使用。设置时，次序没有严格的要求，但是对端口地址有严格规定。OCW_1 必须写入奇地址端口（即 8259A 的 $A_0 = 1$），OCW_2 和 OCW_3 必须写入偶地址端口（即 8259A 的 $A_0 = 0$）。

①操作命令字 OCW_1。OCW_1 是中断屏蔽操作控制字，它的功能是设置和清除中断屏蔽寄存器 IMR 的相应位。每位 M_i 对应一个中断源请求 IR_i，当某位 M_i 为 1 时，表示相应的中断请求被屏蔽，反之该中断请求被允许。例如，若 $OCW_1 = 03H$，说明 IR_0 和 IR_1 两个引脚上的中断请求被屏蔽。OCW_1 的格式如图 6.34 所示。

A_0	D_7	D_6	D_5	D_4	D_3	D_2	D_1	D_0	
1	M_7	M_6	M_5	M_4	M_3	M_2	M_1	M_0	中断屏蔽 1 屏蔽 0 允许

图 6.34 OCW_1 的格式

②操作命令字 OCW_2。OCW_2 用于设置优先级循环方式和中断结束方式，它的格式如图 6.35 所示。

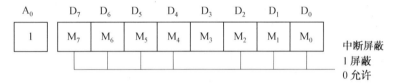

A_0	D_7	D_6	D_5	D_4	D_3	D_2	D_1	D_0		中断源选择							
0	R	SL	EOI	0	0	L_2	L_1	L_0		0	1	2	3	4	5	6	7
										0	1	0	1	0	1	0	1
										0	0	1	1	0	0	1	1
										0	0	0	0	1	1	1	1

特征位

0	0	1	EOI方式
0	1	1	特殊EOI(按编码复位ISR)
1	0	1	EOI且优先权自动循环
1	0	0	设置优先权自动循环
0	0	0	清除优先权自动循环
1	1	1	EOI且按编码循环优先权
1	1	0	按编码循环优先权
0	1	0	OCW₂无意义

图 6.35 OCW_2 的格式

D_4 和 D_3 位是特征位，$D_4 D_3 = 00$ 表示写入的是 OCW_2，用于区别 ICW_1 和 ICW_3。

D_7：R 位，表示优先级是否循环。

D_6：SL 位，表示 $L_2 \sim L_0$ 是否有效。

D_5：EOI 位，中断结束命令位。

D_7、D_6、D_5 三位的组合决定 8259A 设置的优先级循环方式和中断结束处理方式，其意义如图 6.35 所示。

D_2、D_1、D_0:$L_2 \sim L_0$ 位,只有 SL 位为 1 时,这三位才有意义。这三位的编码一一对应 $IR_0 \sim IR_7$。$L_2 \sim L_0$ 位有两个作用,一是当 OCW_2 设置为特殊中断结束命令时,$L_2 \sim L_0$ 三位的编码指出了要清除中断服务寄存器 ISR 中的哪一位;二是当 OCW_2 设置为特殊优先级循环方式时,由 $L_2 \sim L_0$ 的编码指出循环开始时哪个中断的最低优先级。

③操作命令字 OCW_3。OCW_3 的格式如图 6.36 所示,它有三种作用:第一是设置使用或不使用特殊屏蔽方式;第二是设置对 8259A 内部寄存器的读出命令;第三是设置中断查询方式。

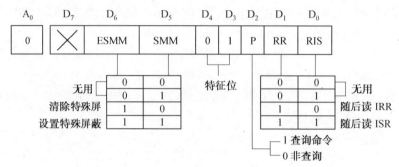

图 6.36　OCW_3 的格式

D_4 和 D_3 位是特征位,$D_4D_3 = 01$ 表示写入的是 OCW_3。

D_7:无关位,可设为任意值。

D_6:ESMM 位,为允许特殊屏蔽方式位,该位为 1 时 SMM 位才有意义。

D_5:SMM 位,为特殊屏蔽方式位。

D_2:P 位,用于查询工作方式。

D_1 和 D_0:即 RR 位和 RIS 位,这两位的组合用于指定对中断请求寄存器(IRR)和中断服务寄存器(ISR)内容的读出。

(3)8259A 的初始化编程

任何一种 8259A 的初始化都必须发送 ICW_1 和 ICW_2,只有在 ICW_1 中指明需要 ICW_3 和 ICW_4 以后,才发送 ICW_3 和 ICW_4。一旦初始化以后,若要改变某一个 ICW,则必须重新再进行初始化编程,不能只是写入单独的一个 ICW。

【例 6.1】　设 8086/8088 微机系统内有一片 8259A,中断请求信号采用边沿触发方式,中断类型码值为 18H,中断优先级管理采用全嵌套方式,中断结束方式采用普通 EOI 方式,系统中采用数据缓冲器,8259A 的端口地址为 3F80H、3F81H,对该 8259A 进行初始化,程序段如下:

```
MOV   DX,3F80H          ;设置 8259A 的偶地址端口
MOV   AL, 13H           ;设置 ICW₁(初始化命令字):边沿触发、单片
OUT   DX, AL            ;将 ICW₁输入到偶地址端口
MOV   DX,3F81H          ;设置 8259A 的奇地址端口
MOV   AL, 18H           ;ICW₂:中断类型码为 18H
OUT   DX, AL            ;将 ICW₂送入奇地址端口
MOV   AL, 0DH           ;设置 ICW₄:全嵌套、缓冲、EOI 方式
OUT   DX, AL            ;将 ICW₄送入奇地址端口
```

【例6.2】　PC/AT机中8259A的主片定义为：上升沿触发、在 IR_2 级联从片、有 ICW_4、非 AEOI 方式、中断类型号08H～0FH、一般的中断嵌套方式、端口地址是20H、21H；从片定义为：上升沿触发、级联到主片的 IR_2、有 ICW_4、非 AEOI 方式、中断类型号为70H～77H、一般的中断嵌套方式、端口地址是A0H、A1H。初始化过程如下：

```
初始化主片
MOV AL,11H              ;设置ICW₁:边沿触发、级联
OUT  20H,AL
MOV AL,08H              ;设置ICW₂:中断类型号为08H～0FH
OUT  21H,AL
MOV AL,04H              ;设置ICW₃:主片IR₂接有从片
OUT  21H,AL
MOV AL,01H              ;设置ICW₄:一般嵌套、主片、非AEOI方式
OUT  21H,AL
初始化从片
MOV AL,11H              ;设置ICW₁:边沿触发、级联
OUT  0A0H,AL
MOV AL,70H              ;设置ICW₂:中断类型号为70H～77H
OUT  0A1H,AL
MOV AL,02H              ;设置ICW₃:从片标识码,即接主片的IR₂
OUT  0A1H,AL
MOV AL,01H              ;设置ICW₄:一般嵌套、从片、非AEOI方式
OUT  0A1H,AL
```

6.4　计算机控制系统的抗干扰及可靠性技术

计算机控制系统一般放置在生产现场，与其相连的控制对象往往延伸到很多地方，这就使得生产现场的各种强烈的干扰源，从不同的渠道向计算机控制系统袭来。如电网的波动、大型设备的启停、高压设备和开关设备的电磁辐射等都会造成对系统正常工作的危害，甚至使整个系统瘫痪。因此，如果计算机控制系统不解决抗干扰问题，不提高其可靠性，就无法工作。由于各计算机控制系统所处的环境不同，系统所受的干扰不同，所以需要从实际情况出发，进行具体分析，找出合适的办法。

解决计算机控制系统的抗干扰问题，主要有两种途径：一是找到干扰源，寻找相应的办法抑制或消除干扰，尽可能避免干扰串入系统，从外因解决问题；二是提高计算机控制系统自身的抗干扰能力。

1. 干扰源

计算机控制系统工作时，干扰进入系统的途径主要有三类：来自电网的干扰、系统内部的干扰和系统外部空间的干扰。

（1）电网干扰

电网中大功率设备（特别是大容量接触器）的启停、电网切换或各种故障的产生，都会

使电网发生瞬变,产生干扰,其中包括:脉冲噪声和浪涌及波形畸变等。

高压电网中产生脉冲噪声的原因主要有:用断路器对高压母线或电缆进行通断负载操作、投入和断开补偿电容器组、发生间隙飞弧、切断变压器励磁电流、故障跳闸、雷击等。

低压电网中产生脉冲噪声的主要原因有:通断电力负载、熔断器熔断、断开感性负载(如继电器、变压器、蜂鸣器、电动机等)、雷电、投入电容器等。这种瞬变电压的波形大多为规律的正负脉冲,振荡频率高达 20 MHz,表现在电网上常常出现几百伏,甚至几千伏的尖脉冲干扰。

大功率的晶闸管在非零触发时会形成波形畸变,并且在电网上还可能产生持续时间在微秒级的尖峰浪涌。以上干扰出现后,常伴随着电网馈线与大地或机箱外壳的电位突变,通过电源通道进入系统后将导致计算机系统的工作混乱。

(2)内部干扰

由于整个系统内往往强电与弱电共存,各种元器件、高压采集电路和弱电线路、数字系统共存,并存在接地系统不完善等问题,信号被电磁感应和电容耦合,使系统内部存在干扰。内部干扰主要有:不同信号的感应(如杂散电容、长线传播造成的波的反射等)、多点接地造成的电位差引入的干扰,装置及设备中各种级生振荡引入的干扰,热噪声、尖峰噪声等引起的干扰。此类干扰主要通过系统内部各单元间的连线和高压强电邻近的弱信号电路或数字电路耦合两种方式产生危害。

(3)外部干扰

外部干扰主要指来自空间的干扰,如太阳及其他天体辐射的电磁波、电台发出的电磁波、周围的电器设备(如发射机、可控硅逆变电源等)发出的电磁干扰,气象条件、空中雷电,甚至地磁场的变化也会引起干扰。这些干扰可能通过系统外壳吸收、耦合,而对内部电路产生二次感应,也可能通过外壳的开孔和缝隙进入系统。

这些干扰中,以电网干扰影响最大,其次为系统内部的干扰,来自空间的辐射干扰不太突出。

2. 克服空间感应的抗干扰措施

空间感应的干扰主要源于电磁场在空间的传播,一般只需要采用适当的屏蔽及正确的接地方法即可解决。根据屏蔽目的的不同,屏蔽及接地的方法也不同。电场屏蔽解决分布电容问题,所以一般接大地。电磁场屏蔽主要避免雷达、短波电台等高频电磁场辐射干扰,屏蔽层可以用低阻金属材料做成,而且连接大地。磁屏蔽用以防止磁铁、电机、变压器、线圈等磁感应、磁耦合、屏蔽层用高导磁材料做成,一般也以接大地为好。

3. 过程通道的抗干扰措施

由于过程通道是电子系统进行信息传输的路径,因此强烈的干扰往往沿着过程通道进入计算机,其主要原因是过程通道与计算机及系统内电子设备之间存在公共地线。所以要求这些设备有很强的抗干扰能力,而且要设法削弱来自公共地线的干扰,以提高过程通道的抗干扰性能。

干扰的作用方式,一般可分为串模干扰和共模干扰。

(1)串模干扰及其抑制

串模干扰是指叠加在被测信号上的干扰信号。串模干扰和被测信号在回路中所处的地位相同,总是以二者之和作为输入信号。一般情况下,被测信号的变化比较缓慢,而串模干扰信号的主要成分是 50 Hz 的工频和特殊的高次谐波,且通过电磁耦合和漏电等传输形式,叠加到信号或引线上形成干扰,如图 6.37 所示。因此,除了在计算机内部采用适当的数字滤波外,在采样之前还可以采取下列措施尽量减少其影响。

①模拟滤波。当串模干扰的频率比被测信号高时,采用低通滤波器来抑制高频串模干扰。当串模干扰频率比被测信号频率低时,则采用高通滤波器来抑制低频串模干扰。图 6.38 为常用的二级阻容滤波器网络,它可以使 50 Hz 的干扰信号衰减到 1/600 左右,时间常数小于 200 ms。但当被测信号变化较快时,需要改变网络参数。

②进行电磁屏蔽和良好的接地。由图 6.37 可见,串模干扰和被测信号源处同一回路中,如果这种干扰是缓慢地变化,用上述滤波的方法就很难消除,只能从根本上切断引起干扰的干扰源。例如选择带屏蔽层的双绞线或同轴电缆连接一次仪表(如压力变送器、热电偶)和转换设备,并配以良好的接地措施来解决,或采用将被测信号尽早地进行信号放大,以提高电路中的信噪比等措施。

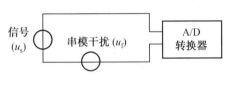

图 6.37　串模干扰示意图

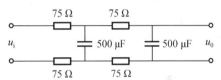

图 6.38　二级阻容滤波器网络

(2)共模干扰及其抑制

共模干扰是指 A/D 转换器两个输入端上共有的干扰电压,产生主要原因是不同"地"之间存在共模电压,以及模拟信号系统对地存在漏阻抗。共模干扰通过过程通道串入主机,其一般表现形式如图 6.39 所示。

抑制共模干扰的措施除了浮空加屏蔽的措施外,还可以采用以下两种有效的方法。

① 采用差分放大器做信号前置放大。共模干扰电压只有转变成串模干扰才能对系统产生影响,因此要抑制它,就要尽量做到线路平衡。采用差分放大器可以有效抑制共模干扰,如图 6.40 所示。图中 Z_1、Z_2 为信号源内阻和引线电阻,Z_{i1}、Z_{i2} 为输入电路的输入阻抗。

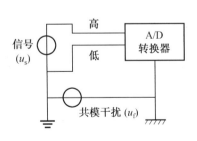

图 6.39　共模干扰示意图

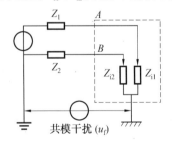

图 6.40　差分输入级示意图

共模干扰电压 u_f 在放大器输入端 A、B 产生的串模干扰为

$$u_e = u_f \left(\frac{Z_{i1}}{Z_1 + Z_{i1}} - \frac{Z_{i2}}{Z_2 + Z_{i2}} \right) \tag{6.1}$$

若线路中 Z_1、Z_2 越小,Z_{i1}、Z_{i2} 越大,而且 Z_{i1} 和 Z_{i2} 越接近,共模干扰的影响就越小。

② 采用隔离技术将地电位隔开。使用变压耦合或光电耦合将信号地与放大器地隔开时,共模干扰电压不能形成回路,就不能转成串模干扰。最简单的隔离方法是利用光电耦合器输入输出具有较高的绝缘电阻而实现将输入地与输出地隔离。但由于光电耦合器的线性范围有限,且难于满足对微弱信号低漂移的要求,因此限制了它的应用。

如果被测信号是直流信号,希望采用变压器隔离,则可以采用带调制解调的隔离放大器。

若将光电耦合器与压频(V/F)变换器、频压(F/V)变换器组合起来,形成组合式模拟隔离器,不仅隔离方便,信号抗干扰性强,而且对模拟信号的远距离传送尤为有效。

③双层屏蔽-浮地输入方式。将测量装置的模拟部分对机壳浮地,而达到抑制干扰的目的,是一种非常有效的共模干扰抑制措施。

4.电源系统的抗干扰措施

电源系统的干扰是所有干扰中最主要的干扰之一,现在的计算机大部分使用市电(220 V,50 Hz),市电电网的瞬变过程是经常不断发生的,电网上的频率波动将直接影响计算机控制系统的可靠性及稳定性,因此,在计算机与市电之间必须采取一些保护性的抗干扰措施。一般可采取如下一些措施:

(1)采用抗干扰能力强的开关电源

以开关频率可达 10～20 kHz 的脉冲调宽直流稳压器代替各种稳压器电源。这种电源体积小,功率大,效率高,抗干扰能力强,易于保护信息。

(2)合理配置和使用低通滤波器和交流稳压装置稳定电网电压

对于毫秒、毫微秒级的干扰源的大部分为高次谐波,所以可在电源电路中使用低通滤波器,让 50 Hz 的基波通过,将高次谐波成分滤掉。采用稳压器则能抑制长期电压波动,提高计算机控制系统的稳定性,交流稳压器能把输出波形畸变控制在 5% 以内,并可以对负载短路起到限流保护作用。

(3)采用备用电源或不间断电源(UPS)

电网瞬间断电或电压突降会使计算机陷入混乱状态,采用此种措施是为了防止电源突然中断对计算机工作的影响(如丢失数据,严重时损坏机器等)。

(4)采用分布式独立供电

计算机控制系统通常由许多功能模块组成。采用分布式独立供电,即在每块插件板上用三端直流稳压块(如 7805、7824 等)进行稳压。这种方式比单一集中稳压方式有许多优点,即将稳压器的散热面积增大,使之工作更加稳定可靠。

5.地线配置的抗干扰措施

在实时控制系统中,接地是抑制干扰的主要方法,在设计及施工中如果能把接地与屏蔽正确地结合起来使用,就可以解决大部分干扰的问题。接地的目的有两个:一是保证控制系统稳定可靠的运行,防止地环路引起的干扰,常被称为工作接地;二是避免工作人员因设备的绝缘损坏或下降而遭受危险,称为保护接地。

接地是抑制干扰的主要方法,其目的是:

①清除各电路电流流经公共地线阻抗时产生的噪声电压;

② 避免磁场及地电位差的影响,不使其形成地回路。

计算机控制系统中大致有以下几种地线:

①模拟地:这种地作为 A/D 和 D/A 转换器前置放大器或比较器的零电位,模拟信号有精度要求,且与生产现场连接,因此模拟地必须认真对待,否则会给系统带来不可估量的影响。

②数字地(又称逻辑地):该种地作为逻辑开关网络的零电位,应与模拟地分开,避免模拟信号受数字脉冲的干扰。

③功率地:是大电流网络的零电位,地线应粗,且与小信号地线分开,而与直流地相连。

④信号地:通常为传感器的零电位。

⑤交流地:是计算机交流供电电源地,即动力电地,在交流地上任意两点之间,容易有几伏至几十伏的电位差。容易带来各种干扰,因此要求交流地不允许与上述几种地连接,并要求电源变压器很好的绝缘性,以免漏电。

⑥直流地:直流电源的地线。

⑦屏蔽地(地壳地):是为防止静电感应和磁感应而设置的。

6. 长线传输干扰抑制措施

一个复杂的工业过程控制中,主机到现场相距较远,连接线可达几十米到数百米,甚至数千米。信息在这种长线上传输时会遇到三个问题:易受外界及其他传输线的干扰,产生信号延迟、高速脉冲波在传输过程中产生的畸变和衰减会引起脉冲干扰。因此,在长线传输过程中必须采取必要措施以提高传输的可靠性及稳定性。

长线传输时应注意下述一些问题:

①长线传输时通常应采用双绞线且应成对使用;

②注意排除长线传输中的串扰(常采用分开走线和交叉走线的方法);

③长线传输时还应注意输入与输出端的阻抗匹配,以消除长线传输中的反射波或把它抑制到最低限度,以增强抗干扰的能力。

7. 看门狗电路(Watchdog)

在计算机控制系统中常常受到来自外界电磁场干扰,造成程序的跑飞而陷入死循环,程序的正常运行被打断,使控制系统无法继续工作而造成整个系统陷入停滞状态,出于对系统运行状态进行实时监测而产生了一种专门用于监测控制系统程序运行状态的电路,俗称"看门狗(Watchdog)"。Watchdog 由一个与 CPU 形成闭合回路的定时器构成,如图 6.41 所示。看门狗实物图如图 6.42 所示。

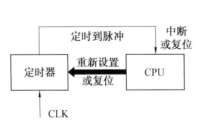

图 6.41　Watchdog 的构成

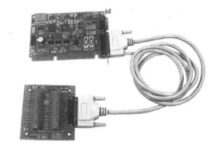

图 6.42　Watchdog 实物图

Watchdog 的输出连到 CPU 的复位端或中断输入端。每隔一个时间间隔(小于定时器最大时间间隔),CPU 就设置定时器。若程序由于外部干扰或内部程序编制错误引起的一种单片机运行故障而发生弹飞,CPU 就不能设置定时器。定时器计时超过最大时间间隔后,产生溢出输出。Watchdog 的每一次溢出输出将引起系统复位,使系统重新初始化或产生中断使系统进入故障处理程序,自动恢复正常的运行程序。

思考题及习题

6.1 计算机控制系统由哪几部分组成?

6.2 阐述计算机控制系统的典型形式及其特点。

6.3 简述计算机控制系统的总体设计步骤。

6.4 计算机控制系统的设计方法有哪些?

6.5 什么是中断?简述中断的基本过程。

6.6 简述 8259A 中断控制器的内部结构和主要功能。

6.7 何谓初始化命令字?8259A 有哪几个初始化命令字?各命令字的主要功能是什么?

6.8 按如下要求对 8259A 进行初始化编程:8086 系统,应用单片 8259A,边沿触发中断请求信号,中断类型号为 80H ~ 87H,采用自动中断结束方式、特殊全嵌套且工作在非缓冲方式。8259A 端口地址为 04A0H 和 04A2H。

6.9 什么是串模干扰?如何抑制?

6.10 数字信号通道可采用哪些抗干扰措施?

6.11 计算机控制系统中一般有几种接地形式?接地时应注意哪些方面?

参考文献

[1]冯勇. 现代计算机控制系统[M]. 哈尔滨:哈尔滨工业大学出版社,1996.

[1]http://cs. xiyou. edu. cn:84/wjyl/OnlineClass/7.5. html.

[2]http://www. 360doc. com/content/09/1017/08/128139_7395798. shtml.

[3]高金源,夏杰. 计算机控制系统[M],北京:清华大学出版社,2007.

[4]倪天林. 计算机原理[M]. 北京:中国财政经济出版社,2005.

[5]顾德英. 计算机控制技术[M]. 2 版. 北京:北京邮电大学出版社,2006.

[6]张弥左,王兆月,邢立军. 微型计算机几口技术[M]. 北京:机械工业出版社,2008.

[7]朱晓华,李彧晟,李洪涛. 微机原理与接口技术[M]. 2 版. 北京:电子工业出版社,2008.

[8]杨居义. 计算机接口技术项目教程[M]. 北京:清华大学出版社,2011.

[9]何珍祥. 微机原理与接口技术[M]. 北京:机械工业出版社,2009.

[10]古辉,刘均,陈琦. 微型计算机接口及控制技术[M]. 北京:机械工业出版社,2009.

[11]李嗣福. 计算机控制基础[M]. 北京:中国科学技术大学出版社,2006.

[12]石德全,高桂丽. 热加工测控技术[M]. 北京:北京大学出版社,2010.

第7章 焊接过程计算机控制系统的接口设计

为了实现对焊接过程的控制,计算机控制系统的"大脑"——CPU 需要有相应的指令和数据。这就需要在实际焊接操作过程中将源程序和原始数据从输入设备(如键盘)输入,或者将现场采集的信号(如熔宽、弧长、电流等)读入。通过 CPU 运算处理后将结果反馈到动作执行机构(如直流电机、变位器等),或者通过输出设备(如 CRT 显示器、打印机)输出。由于输入/输出设备的工作原理、驱动方式、运行速度、信息格式等各不相同,其处理数据的速度也不相同,因而这些设备不能直接与 CPU 相连,必须经过输入/输出接口电路与系统连接。这些输入/输出接口电路就是连接 CPU、内存储器与外部设备的桥梁,统称为输入/输出接口或 I/O 接口。计算机接口技术就是研究计算机与外部设备之间如何交换信息的技术。

本章主要介绍 I/O 接口电路的基本知识,CPU 与外部设备的数据交换模式;重点介绍并行接口芯片 8255、串行接口芯片 8251A、可编程定时/计数器芯片 8253A 及其应用,最后介绍数/模、模/数转换原理及应用。这些内容是进行焊接过程计算机控制系统接口设计的必备知识。

7.1 接口技术的基本知识

7.1.1 接口的概念及组成

计算机接口(Interface)就是 CPU 与外部设备的连接电路,是 CPU 与外界进行信息交换的中转站。这里所说的外部设备是指除 CPU 自身以外的所有设备或者电路,包括存储器、I/O 设备、控制设备、测量设备、通讯设备、多媒体设备、数/模转换器等。如图 7.1 所示,接口的位置是在系统总线与外部设备之间,用户可以根据自己的要求,选用不同类型的外部设备,设置相应的接口电路(接口卡),把它们挂到系统总线上,构成不同用途、不同规模的应用系统。接口电路与 CPU、内存储器、系统总线等一般都安装在计算机主板上。

为了实现预定的功能,一个能够运行的接口需要由物理基础——硬件,予以支撑,还要由相应的程序——软件,予以驱动。从作用上看,接口的硬件组成一般包括基本逻辑电路和端口地址译码电路。基本逻辑电路是指命令寄存器、状态寄存器和数据缓冲寄存器,它们的作用是负责执行接收命令、返回状态和传送数据等基本任务,是接口电路的核心。端口译码电路的任务是接收片内寻址信号、选择接口内部的不同寄存器、与 CPU 内的寄存器交换数据。接口的软件部分是指由汇编语言编写的各种程序,用于初始化接口芯片、确定数据的传输方式、控制接口硬件动作等主要功能。为了扩大接口的实用范围,它的编写模式一般按照通用型进行设计制作。

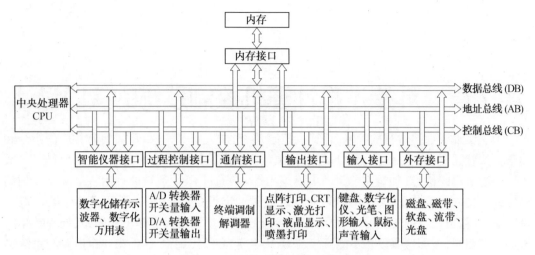

图 7.1　计算机接口的位置和概念

7.1.2　接口的功能

接口的基本作用就是要以尽量统一的标准为 CPU 和各种外设之间建立起可靠的消息连接和数据传输的通道。具体来说,I/O 接口需要具备下列功能。

(1)对 I/O 设备的寻址选择功能。系统的所有 I/O 设备都通过接口挂接在系统总线上,同一类型的 I/O 设备也可能有多台,而 CPU 在同一时刻只能与一台 I/O 设备进行信息交换。因此,只有通过地址译码选中的 I/O 接口允许与总线相通,而其他的 I/O 设备则呈现为高阻状态,与总线隔离,不能与 CPU 进行数据交换或通信。

(2)信息的输入/输出功能。通过 I/O 接口,CPU 可以从外部设备读入各种信息,也可以将处理结果输出到外设;CPU 可以控制 I/O 接口的工作(向 I/O 接口写入指令),还可以随时监控与管理 I/O 接口与外设的工作状态。

(3)信息的寄存和缓冲功能。因为 CPU 与外设之间的时序和速度差异很大,为了确保计算机和外设之间可靠地进行信息传送,要求接口电路具有信息缓冲与锁存功能。接口不仅要缓存 CPU 送给外设的信息,也要缓存外设送给 CPU 的信息,以实现 CPU 与外设之间信息交换的同步。

(4)信息转换功能。I/O 设备的信号往往不是 TTL 电平(0.3~3.6 V)或者 CMOS 电平(0~5 V),因此需要接口电路来完成信号电平的转换。另外,系统总线上传送的数据与 I/O设备使用的数据在位数、格式等方面也存在很大差异,例如,系统总线上传送的是并行数据,而 I/O 设备采用的却是串行数据,这就要求接口完成数据传送格式的转换。

(5)联络功能。当接口从系统总线或外设接收到一个数据时,会及时发出联络信号,通知外设或 CPU 取走数据;当数据传输完成后,又可以向数据发送方发出信号,准备进行下一次传输。

(6)中断管理功能。作为中断控制器的接口应该具有发送中断请求信号和接收中断响应信号的功能,以及发送中断类型号的功能。此外,如果总线控制逻辑中没有中断优先级管理电路,则接口还应该具有优先级管理功能。

(7)可编程功能。现在的接口芯片大多数都是可编程的,这样在不改变硬件的条件下只需要修改程序就可以改变接口的工作方式,大大增加接口的灵活性和可扩充性,使接口向智能化方向发展。

(8)其他功能,如复位功能、错误检测功能等。

当然,根据具体要求每种接口并不需要都具备以上所有功能。但是,寻址选择功能、信息的寄存与缓冲以及输入\输出操作的同步能力是各种接口都应具备的基本能力。

7.1.3　接口的分类

接口种类的划分方式很多,主要有以下几种划分方式。

1.接口按通用性分类

接口按通用性分类可以分为通用接口和专用接口两类。

通用接口是可供多种外部设备使用的标准接口,它可以连接各种不同的外设而不必增加附加电路。通用接口通常制成集成电路芯片,称为接口芯片,例如最初 IBM-PC 使用的接口芯片:8284、8288、8255、8259、8237 和 8253,后来的微机将这些芯片集成为大规模电路芯片,称为芯片组。

专用接口即为某种用途或某类外设而专门设计的接口电路,目的在于扩充微机系统的功能。专用接口通常制成接口卡,插在主板总线插槽上使用。

2.接口按可编程性分类

按照可编程性分为可编程接口和不可编程接口。可编程接口在不改动硬件的条件下用户只要修改初始化程序就可以改变接口的工作方式,大大增加了接口的灵活性和可扩充性。不可编程接口是按照特定的要求设计,通常由中小规模电路构成,一旦加工、制造完毕,它的功能就不能再改变。

3.接口按功能分类

从功能上划分,大致可分为输入接口、输出接口、外存接口、过程控制接口、通信接口、智能仪器接口等几大类,如图 7.1 所示。

4.接口按与外设的数据传送方式分类

接口按数据传送的方式可分为并行接口和串行接口两种。并行接口与外设之间的数据传送按字长传送(即 8 位或 16 位二进制数同时传送),串行接口即接口与外设之间的数据传送是按位(一个二进制位)传送的。

7.1.4　CPU 与 I/O 设备之间的接口信息

为了说明 CPU 与外部设备之间的数据传送方式,需要先了解它们之间传输的信号分类,通常包括数据信息、状态信息和控制信息。

1.数据信息

数据信息有数字量、模拟量和开关量 3 种形式,其字长通常为 8 位、16 位、32 位或 64 位。

数字量信息是以若干个二进制位组合或 ASCII 码表示的数据及字符,这类信息可以直接在 CPU 与 I/O 设备间传送。例如,由键盘、磁盘、光电读入机读入的信息,以及由 CPU 送到显示器、打印机和绘图仪等信息都属于这一类,它们通常是 8 位的。

模拟量信息是随时间变化的物理量,如弧长、温度、压力、流量等,这些物理量不能被

CPU 直接处理,一般需通过传感器先转换成模拟的电压/电流信号,再经过放大和 A/D 转换变成数字量,才能传送给 CPU 处理。反过来,CPU 处理完的信号如果要送到电机等执行机构,也必须经过数字量往模拟量的转换(D/A)才能被执行。

开关量只有两个状态,如开关的断开、闭合,阀门的打开、关闭,继电器的通电、断电等。这样的量只需要用一位二进制(0、1)来表示。由此,字长为 8 位的机器一次可以输入或输出 8 个开关量,以此类推。

另外,数据信息的传送有并行传送(多位同时传送)和串行传送(一位一位传送)两种方式。

2. 状态信息

状态信息是外部设备向 CPU 提供其当前工作状态的信息,每个外部设备一般有几个状态位,如常见的准备就绪位(Ready)、设备忙位(Busy)、错误位(Error)等,每种状态用一个二进制位表示。CPU 接收到这些状态信息后就可以适时决定应该进行的数据传送流程。

3. 控制信息

控制信息是 CPU 通过接口传送给外部设备的各种控制命令信息,这些控制命令主要用于 I/O 设备的工作方式设置等。如外部设备的启动、停止信号就是常见的控制信息。

7.1.5 I/O 端口的编址方式

CPU 与外部设备的访问实质上是对 I/O 接口电路中相应端口进行访问。为了便于 CPU 的访问,系统给每个 I/O 端口均赋予一个地址,称为端口地址。I/O 端口地址的编址方式通常有两种,一种是将 I/O 端口地址与存储器地址统一编址,即采用存储器映像方式;另一种是将 I/O 地址和存储器地址分别独立编址。

1. 统一编址

在这种编址方式下,I/O 端口和内存在统一的存储空间内编址,系统设计时要专门划分不同的地址范围分别分配给 I/O 端口和内存,在指令系统中,访问 I/O 端口和访问内存的指令是相同的,而不用设置专门的 I/O 指令。换言之,系统把存储空间的一小部分划归外部设备使用,大部分划归存储单元所有。

这种编址方式的优点在于 I/O 端口的地址空间较大,对端口进行操作的指令功能较强,不仅可对端口进行数据传送,还可对端口内容进行移位和算术逻辑运算等。它的缺点是端口占用了内存的地址空间,使内存容量减小。另外,其指令长度比专门 I/O 指令要长,因而执行速度较慢。这种编址方式在 M6800 系列微型机及单片机中得到广泛采用。

2. 独立编址

在这种编址方式下,系统中的 I/O 端口与内存单元独立编址,采用专门的 I/O 指令来访问具有独立空间的 I/O 端口。例如,在 8086/8088CPU 中,其内存地址的范围是从 00000H ~ FFFFFH 连续的 1 MB,其 I/O 端口的地址范围是 0000H ~ FFFFH 连续的 64 kB,它们相互独立,互不影响,后者由访问 I/O 端口的指令 IN 和 OUT 进行专门的输入/输出操作。

这种编址方式的优点在于 I/O 端口地址不占用内存单元的地址空间,其地址线少,地址译码器较简单,操作指令短,寻址速度快。它的主要缺点是 I/O 端口指令类型少,使 I/O 操作灵活性较差,另外,由于要用专门的信号来区分是访问存储器还是 I/O 端口,要求 CPU 设置专门的引脚信号,增加了控制逻辑的复杂性,也增加了 CPU 的引脚线。

以上这两种 I/O 编址方式各有利弊,不同类型的 CPU 可以根据外部设备的性能特点及使用要求采用不同的编址方式。

7.1.6　CPU 与接口的数据传送方式

由于外部设备在工作模式、运行速度等方面存在很大差别,为了与之匹配,接口在与 CPU 的数据传送方式上也有所不同,概括起来有以下四种方式:无条件传送方式、查询传送方式、中断方式和直接访问存储器(DMA)方式。

1. 无条件传送方式

无条件传送方式又称为同步方式,它适合于 I/O 设备总是处于准备好的情况,在传送信息时不需要查询外部设备当前的状态,直接对 I/O 接口进行读写数据。这种方式的优点是程序简单、硬件简单。但这种方式必须确保外部设备处于准备好的状态才能使用,否则就会出错。

无条件传送的输入方式如图 7.2 所示。输入时,由于数据保持时间相对于 CPU 的时间要长,其首先进入与 CPU 数据总线相连的输入缓冲器。CPU 执行输入指令时,指定的端口经系统地址总线送至地址译码器译码后,发出信号令端口读控制信号$\overline{\text{IOR}}$有效,输入缓冲器开启,来自输入设备的数据到达数据总线,传送给 CPU。显然,CPU 在执行输入指令时要求外设的数据已经准备好。

无条件传送的输出方式如图 7.3 所示。输出时,由于外部设备速度较慢,要求接口具有锁存能力。CPU 的输出数据经数据总线送至输出锁存器的输入端。CPU 执行输出指令时,指定的端口经系统地址总线送至地址译码器译码后,发出信号令端口写控制信号$\overline{\text{IOW}}$有效,输出的数据经过数据总线进入输出锁存器,输出锁存器保留这个数据直到外部设备将它取走。显然,CPU 在执行输出指令时,必须保证锁存器是空闲的。

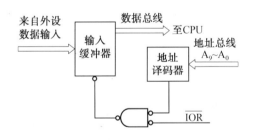
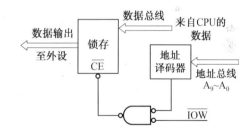

图 7.2　无条件传送的输入方式示意图　　　　图 7.3　无条件传送的输出方式示意图

2. 查询传送方式

查询传送方式也称为条件传送方式,是 CPU 在传送数据之前,首先检查外部设备的状态是否为"准备好",若是,则进行数据传送;若否,则 CPU 等待,并不断查询其状态,直至外部设备准备好。查询传送方式适用于具有不同工作速度、通信速度设备之间的数据传送。CPU 可以以极高的速度成组地向这些设备输出数据(微秒级),但这些设备的机械动作很慢(毫秒级),如果 CPU 不查询这些设备的状态,不停地输出数据,外部设备就来不及执行动作,后续的数据将覆盖前面的数据造成丢失。采用查询传送方式常见的外部设备有打印机、扫描仪、绘图仪等。

以数据输入为例进一步介绍查询传送方式。图 7.4 为查询式输入接口电路图,该电路有两个端口寄存器,即状态口和数据口。当输入设备的数据准备好之后,发出一个输入选通信号,该信号一方面把输入数据存入数据锁存器,另一方面将状态标志触发器置"1"。状态标志是一位信息,通过缓冲器连接至系统数据总线的某一位上。CPU 先读状态口,查询状态位是否为"1",若是,则读数据口,取走输入数据,同时设置状态标志触发器复位;若否,则CPU 等待。图 7.5 为查询式输入方式的流程图。

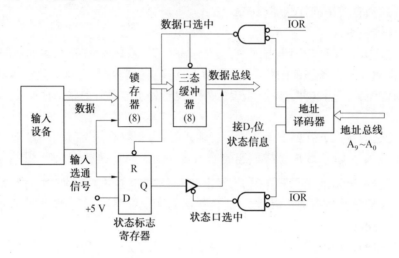

图 7.4　查询式输入接口电路图

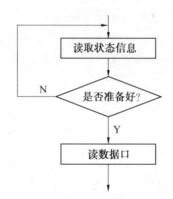

图 7.5　查询式输入方式流程图

3. 中断方式

在查询传送方式中,CPU 要不断地读取状态位,在查询等待期间不能做其他工作,工作效率较低。当系统中有多个外部设备时,多个外部设备要求 CPU 为它服务是随机的,若采用查询方式工作,就不能保证系统实时地对外部设备的请求作出响应。为了提高 CPU 的效率,使系统具有实时性能,于是产生了中断处理技术。

中断处理技术的基本思想是:当系统在正常运行一个程序时,因某个外部设备已经准备好,需要和 CPU 交换数据,就通过 I/O 接口向 CPU 提出"申请",CPU 接收申请信号后,中断正常运行的程序去执行 I/O 操作程序(称为中断服务程序),中断服务程序执行结束后又继续运行原来的程序。

有了中断传送方式,就允许 CPU 与 1 个 I/O 设备,甚至多个 I/O 设备同时工作。有关中断方式的详细内容请见第 6 章。

4. 直接访问存储器(DMA)方式

利用中断方式进行数据传送,可以提高 CPU 效率。但中断传送是由 CPU 通过指令来执行,每次中断都要执行保护断点、传送数据、存储数据等十几条指令。对于高速的 I/O 设备,如磁盘、高速数据采集系统等与内存间的信息交换,中断传送方式往往不能满足要求。

直接访问存储器方式(Direct Memory Access, DMA)使 CPU 不参与数据 I/O 操作,而在 DMA 控制器的控制下,直接进行 I/O 设备与主内存之间、I/O 设备之间的数据交换。这种条件下数据传送的速度取决于 I/O 设备及内存的工作速度。图 7.6 为 DMA 传送方式示意图。DMA 数据传送过程如下:

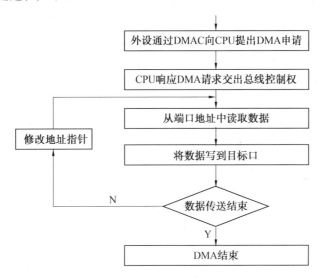

图 7.6 DMA 传送方式示意图

(1)I/O 设备数据准备好后向 DMA 控制器发出传送请求。

(2)DMA 控制器向 CPU 发出要求控制总线的 DMA 请求信号 HRQ(Hold Request),希望 CPU 让出数据、地址和控制总线,由其控制。

(3)CPU 在执行完现行的总线周期后,响应 DMA 请求,发出 HLDA(Hold Acknowledge)信号,表示 CPU 让出总线。

(4)DMA 控制器收到 CPU 发出的 HLDA 信号后接管总线,向地址总线发出存储器地址信号,向 I/O 设备端口发出 DMA 响应信号和读控制信号,因而将 I/O 设备端口送上数据总线,并发出存储写命令,将 I/O 设备的数据写入目标端口;在 DMA 控制下,每传送一个字节,地址寄存器加 1,字节寄存器减 1,如此循环,直至计数器的值为 0。

(5)DMA 传送结束后,DMA 控制器撤销总线请求信号 HRQ,CPU 重新控制总线,恢复 CPU 的工作。

DMA 的优点是速度快,减轻了 CPU 的负担,适合于大批量数据的高速传送,缺点是硬件电路比较复杂。常用的 DMA 控制器有 Intel8257、8237 和 Z-80DMA 等。

7.2 可编程并行接口芯片 8255A

7.2.1 并行接口的概念

计算机之间或与外设的数据传送方式有两种:并行数据传送和串行数据传送。并行数据传送是把一个字符的各个数位用几条线同时进行传送,数据有多少位,传输线至少就得有多少根。而串行数据传送是通过一条数据线将数据一位一位顺序送出。并行传送速率比串行传送快,适合于外设与微机之间近距离、大量和快速的信息交换,但引线多,且线路间电容会引起串扰,不适合用于远距离传送。

能够实现并行数据传送的接口就是并行接口。一个并行接口既可以设计为只用来作为输入接口,也可以设计为只用来作为输出接口。当然,也可以将一个并行接口设计为既可以输入又可以输出的接口。并行接口的种类繁多,最基本的并行接口电路芯片是三态缓冲器和锁存器,如常用的 74LS244/74LS254 和 74LS273/74LS373 等。这些并行接口芯片都是不可编程的,一旦组装成系统后用户无法改变其功能,通用性和灵活性较差。目前在计算机控制系统设计中经常使用的是可编程并行接口芯片,如 Intel 公司的 8255A、Motorola 公司的 MC6820 和 Zilog 公司的 Z80PIO 等,下面将详细介绍可编程并行接口芯片 8255A。

7.2.2 可编程并行接口芯片 8255A

1. 8255A 的内部结构

8255A 的内部结构如图 7.7 所示,8255A 由数据端口、A 组和 B 组控制逻辑、数据总线缓冲器和读/写控制逻辑四部分组成。

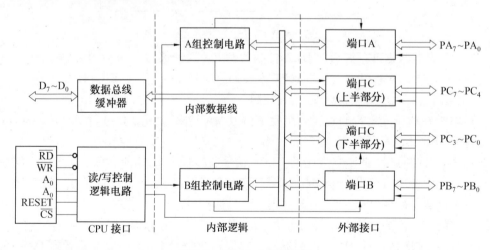

图 7.7 8255A 内部结构图

(1)数据端口

8255A 有 3 个 8 位并行的输入/输出端口,分别为 A 口、B 口和 C 口,它们均可独立地作为输入或者输出端口,作为 CPU 与外部设备进行数据信息、控制信息和状态信息的交换。

A 口:包含一个 8 位数据输出锁存器/缓冲器和一个 8 位数据输入锁存器,因此 A 口无论作为输入口或输出口,其数据均能受到锁存。

B 口:包含一个 8 位数据输出锁存器/缓冲器和一个 8 位数据输入缓冲器,因此 B 口输出时数据可以受到锁存,输入时数据不受锁存。

C 口:包含一个 8 位数据输出锁存器/缓冲器和一个 8 位数据输入缓冲器。因此 C 口作为输入端口时不能对数据进行锁存,作为输出端口时能对数据进行锁存。另外,C 口可以作为一个独立的 I/O 端口,也可分为两个 4 位端口,作为数据输入/输出端口,或作为控制状态端口,配合端口 A、B 工作。

(2)A 组和 B 组控制逻辑

8255A 内部的 3 个端口分为两组,端口 A 和端口 C 的高 4 位($PC_7 \sim PC_4$)构成 A 组,由 A 组控制逻辑电路进行控制;端口 B 和端口 C 的低 4 位($PC_3 \sim PC_0$)构成 B 组,由 B 组控制逻辑电路进行控制。

这两个控制电路内部都分别有控制寄存器,每组控制电路一方面接收来自读/写控制逻辑电路的读/写命令,另一方面接收芯片内部数据总线上的控制字,并向与其相连的端口发出相应的控制信号,这样就可以确定其对应端口的工作方式。

(3)数据总线缓冲器

这是一个双向三态的 8 位数据缓冲器,可直接与 CPU 系统数据总线相连,同时也是 8255A 与 CPU 之间传输数据的必经之路。CPU 执行输出指令时,可将控制字或数据通过该缓冲器传送给 8255A;CPU 执行输入指令时,8255A 可将状态信息或数据通过它传送给 CPU。

(4)读/写控制逻辑

该部件的功能是管理所有的内部和外部的传送过程,包括数据及控制字。它与 CPU 的 6 根控制线相连,接收来自 CPU 的地址总线和控制总线的输入信号,然后向 A 和 B 两组的控制部件发送命令。另外,这个部件还包括 8255A 复位电路,实现对各端口进行复位操作。

2.8255A 的引脚及功能

该芯片采用 NMOS 工艺制造,40 个引脚的双列直插封装(Dual in-Line Package, DIP) 如图 7.8 所示。除了电源和地引脚以外,其他引脚可分为与 CPU 连接和与外设连接两部分。

(1)与外设相连的引脚线

$PA_7 \sim PA_0$:A 口输入/输出数据信号线;

$PB_7 \sim PB_0$:B 口输入/输出数据信号线;

$PC_7 \sim PC_0$:C 口输入/输出数据信号线。

这些信号线均为双向、三态,输入/输出由工作方式决定,可直接与外设相连。

(2)与 CPU 相连的引脚线

$D_7 \sim D_0$:双向、三态数据线,与 CPU 系统数据总线相连。

$A_1、A_0$:8255A 片内端口地址选择信号,用来指明哪一个端口被选中。规定当 $A_1 A_0$ 为 00、01、10、11 时,分别选中 A 口、B 口、C 口、控制端口。

$\overline{CS}$:片选信号,低电平有效。$\overline{CS}=0$ 时,表明 8255A 被选中,允许与 CPU 交换信息。通常它由部分地址总线译码产生,只有片选信号有效时,读/写信号才对 8255A 有效。

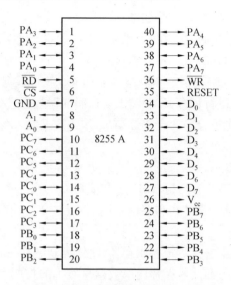

图 7.8　8255A 引脚图

$\overline{RD}$:读信号,低电平有效,与 CPU 的控制线相连。当 CPU 执行 IN 指令时,$\overline{RD}=0$,允许 CPU 从 8255A 端口读取数据或外部设备状态信息。

$\overline{WR}$:写信号,低电平有效,与 CPU 的控制线相连。当 CPU 执行 OUT 指令时,$\overline{WR}=0$,允许 CPU 将数据或控制字写入 8255A。

RESET:复位信号,高电平有效。当 RESET＝1 时,清除 8255A 内部所有寄存器的内容,并将 A、B、C 三个数据端口自动设为方式 0 下的输入端口。

V_{cc}、GND:电源线和地线。

$\overline{CS}$、A1、A0、$\overline{RD}$、$\overline{WR}$的信号组合所实现的读/写操作如表 7.1 所示。

表 7.1　8255A 的端口选择和基本操作

A_1	A_0	$\overline{RD}$	$\overline{WR}$	$\overline{CS}$	端口操作
0	0	0	1	0	端口 A→数据总线
0	1	0	1	0	端口 B→数据总线
1	0	0	1	0	端口 C→数据总线
0	0	1	0	0	数据总线→端口 A
0	1	1	0	0	数据总线→端口 B
1	0	1	0	0	数据总线→端口 C
1	1	1	0	0	数据总线→控制字寄存器
1	1	0	1	0	非法状态
×	×	×	×	1	数据总线为高阻态
×	×	1	1	0	数据总线为高阻态

3. 8255A 的控制字

8255A 的各种工作方式都是由控制字来设置的。可以通过软件编程的方法,在控制端口中设置控制字来决定 8255A 的工作方式,即这个设置过程称为"初始化"。控制字分为两类:方式选择控制字和端口 C 置位/复位控制字。前者用于定义各端口的工作方式,后者用于对端口 C 的任一位进行置位或复位操作。

(1)方式选择控制字

8255A 的方式选择控制字格式如图 7.9 所示,这种控制字可以使 8255A 的三个数据端口处于 A、B 两组不同的工作方式。

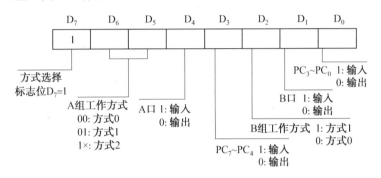

图 7.9　8255A 方式选择控制字

D_7:特征位/标志位。$D_7 = 1$ 说明为方式选择控制字。

D_6、D_5:A 组方式选择。

D_4:A 口的输入/输出选择。

D_3:C 口(高 4 位)输入/输出选择。

D_2:B 组方式选择。

D_1:B 口的输入/输出选择。

D_0:C 口(低 4 位)输入/输出选择。

由以上的 8255A 方式选择控制字可以看出:

①8255A 的三个端口 A、B、C 共有 3 种工作方式:

方式 0:基本的输入/输出方式;

方式 1:选通的输入/输出方式;

方式 2:双向传输方式。

②端口 A 可以工作在三种工作方式中的任何一种,可以作为输入端口或输出端口;端口 B 只能工作在方式 0 或方式 1;端口 C 分成高 4 位和低 4 位,通常配合端口 A 和端口 B 组成的 A、B 两组进行工作,并可分别设置各自的工作方式。

③同一组的两个端口可以分别工作在输入方式和输出方式,并不要求同为输入方式或同为输出方式。而一个端口具体究竟作为输入端口还是输出端口,这由方式选择控制字来决定。

在使用 8255A 芯片之前,必须先对其进行初始化。初始化的程序很简单,只要 CPU 执行一条输出指令,把控制字写入控制寄存器就可以了。

【例 7.1】　按下述要求对 8255A 进行初始化。要求 A 口设定为输出数据,工作于方式

0；B 口设定为输入数据，工作于方式 1；C 口设定为高 4 位输入，低 4 位输出。8255A 的端口地址为 200H ~ 203H。

MOV	DX,203H	;8255 控制口地址送 DX
MOV	AL,8EH	;写工作方式控制字 10001110B
OUT	DX,AL	;控制字送到控制口

（2）C 端口置位/复位控制字（端口 C 置 1/置 0，$D_7 = 0$）

8255A 的端口 C 的任一位都可通过控制寄存器写入控制字，使之置位（置 1），或者复位（置 0），而不影响其他位的状态。控制字的格式及各位的含义如图 7.10 所示。

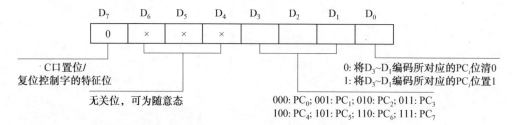

图 7.10　端口 C 置 1/置 0 控制字

D_7：特征位。$D_7 = 0$ 表明写入的是端口 C 置位/复位控制字。

$D_6 \sim D_4$：可为任意值，不影响置位、复位操作。

$D_3 \sim D_1$：按二进制编码，组合的 8 种状态确定对端口 C（$PC_7 \sim PC_0$）的哪一位进行操作。

D_0：选择对所选定的端口 C 的那一位是置位（$D_0 = 1$）还是复位（$D_0 = 0$）。

特别需要注意的是，尽管该控制字是对端口 C 进行操作，但将控制字写入控制端口，而不是写入端口 C。当 8255A 接收到写入控制端口的控制字时，就会对特征位进行测试。

4.8255A 的工作方式

如前所述，8255A 有三种工作方式：方式 0、方式 1 和方式 2，可以通过向控制端口写入控制字来设置其工作方式。在不同的工作方式下，8255A 的三个 I/O 端口的排列如图 7.11 所示。

（1）方式 0：基本输入/输出方式

①方式 0 的工作特点。在这种方式，端口 A 和端口 B 可以通过方式选择控制字规定为输入口或者输出口。端口 C 的高 4 位为一个端口，低 4 位为一个端口。这两个 4 位端口可以由方式选择控制字规定为输入口或输出口，同时，输出具有锁存功能，输入不具备锁存功能。

②方式 0 的使用场合。方式 0 可用于无条件传送或查询方式传送场合，不能实现中断。

在无条件传送时，发送方和接收方的动作由一个时序信号管理。双方互相知道对方的动作，不需要应答信号。此类情形一般用于连接简单的外部设备，如键盘、开关、指示器。

当进行查询传送方式时，需要有应答信号。将 A 口、B 口作为数据输入/输出的端口，而把端口 C 的 4 位作为输出口传送对外部设备的控制信号，另 4 位作为输入口连接外部设备的应答信号，作为 CPU 查询的状态信息，即利用端口 C 来配合端口 A 和端口 B 的输入/输出操作。

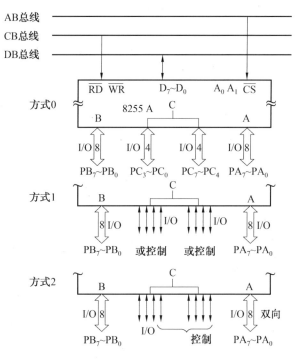

图 7.11　8255A 的 3 种工作方式

（2）方式 1：选通输入/输出方式

①方式 1 的工作特点。和方式 0 相比,最重要的差别是端口 A 和端口 B 要利用端口 C 提供的选通信号和应答信号,这些信号与端口 C 中的位数之间的固定对应关系是在对端口设定工作方式时自动确定的,不能通过程序改变,除非重新设置方式选择控制字。

②输入时有关联络信号的规定。方式 1 输入时对应的控制信号和状态信号如图 7.12 所示。当端口 A 工作在方式 1 并作为输入端口时,端口 C 的 PC_4 作为选通信号输入端 $\overline{STB_A}$,PC_5 作为输入缓冲器满信号输出端 IBF_A,PC_3 则作为中断请求信号输出端 $INTR_A$;当端口 B 工作在方式 1 并作为输入端口时,端口 C 的 PC_2 作为选通信号输入端 $\overline{STB_B}$,PC_1 作为输入缓冲器满信号输出端 IBF_B,PC_0 则作为中断请求信号输出端 $INTR_B$。当端口 A、B 都工作于方式 1 时,端口 C 只有 PC_7、PC_6 可作为 I/O 口使用。

方式 1 输入时各控制信号和状态信号的说明如下:

$\overline{STB}$:外部设备数据输入选通信号,低电平有效,送给 8255A。当它有效时,一个 8 位数据从外设输入到端口 A 或端口 B 的锁存器中。

IBF:输入缓冲器满信号,高电平有效。它是一个 8255A 送给外设的联络信号。当该信号有效时,表示外设的数据已经锁存到 8255A 相应的输入缓冲器中,但尚未被 CPU 取走,输入缓冲器已满,通知外设不能发送新数据。该信号一方面供 CPU 查询,另一方面,送给外设,阻止外设发送新的数据。

INTR:中断请求信号,高电平有效。该信号由 8255A 向 CPU 申请中断。当 $\overline{STB}$ 和 IBF 均为高电平时,在端口处于中断允许状态(INTE＝1)时,将 INTR 置为高电平,向 CPU 发出中断请求信号。当 CPU 响应中断从端口中读取数据后,由读信号 $\overline{RD}$ 的下降沿将 INTR 置为低电平。

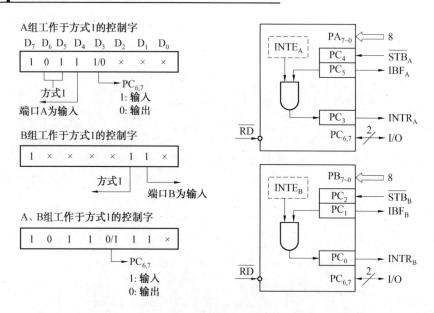

图 7.12　方式 1 输入时对应的控制信号和状态信号

INTE：端口 A、端口 B 的中断允许信号，高电平有效。该信号通过软件对端口 C 的置/复位指令来实现对中断的控制。将 PC_4 置 1，端口 A 允许中断；将 PC_2 置 1，端口 B 允许中断；将 PC_2 置 0，则两端口处于中断屏蔽。

③输出时有关联络信号的规定。图 7.13 为方式 1 作为输出端口时对应的控制信号和状态信号。输出时，端口 A、B 都工作在方式 1，此时与方式 1 输入的方式控制字相同。

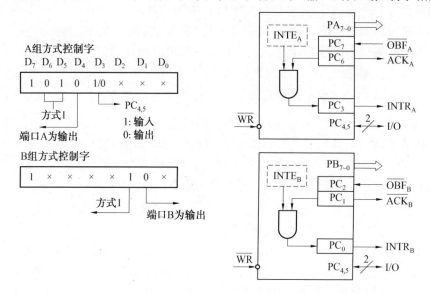

图 7.13　方式 1 作为输出端口时对应的控制信号和状态信号

对各控制信号和状态信号的说明如下：

$\overline{OBF}$：输出缓冲器满信号，低电平有效。当该信号有效时，表示 CPU 已经向指定的端口输出了数据。该信号由 8255A 输出给外设，通知外设取走数据。

$\overline{ACK}$:外设响应信号,低电平有效。它是对$\overline{OBF}$的响应信号,当该信号有效时,表明外设已经从输出锁存器中取走数据。

INTR:中断请求信号,高电平有效。它是 8255A 的一个输出信号,用于向 CPU 发出中断请求。INTR 是当$\overline{ACK}$、$\overline{OBF}$均为高电平且端口处于中断允许状态(INTE=1)时才被置为高电平,写信号$\overline{WR}$的上升沿将其置为低电平。

INTE:端口 A、端口 B 的中断允许信号,高电平有效。当 INTE=1 时,使端口处于中断允许状态;当 INTE=0 时,使端口处于中断屏蔽状态。在使用时,INTE 也是由软件来设置的。

④方式 1 的使用场合。方式 1 多用于以中断方式进行输入/输出的场合,因为在方式 1 下,规定一个端口作为输入口或者输出口的同时,自动规定了有关的控制信号和状态信号,尤其是规定了相应的中断请求信号。当然,也可以用于查询方式,CPU 通过读端口 C,可以查询输入/输出缓冲器当前状态,决定是否进行数据传输。

(3)方式 2:双向输入/输出方式

①方式 2 的工作特点。只有端口 A 才能工作于方式 2(因其有输入、输出两个锁存器)。在该方式下,外部设备可利用端口 A 的 8 位数据线与 CPU 之间分时进行数据传送,即在单一的 8 位数据线 $PA_7 \sim PA_0$ 上,既可往 CPU 发送数据,又可从 CPU 接收数据(当然不能同时进行)。工作时既可用软件查询方式,也可用中断方式。此时,端口 B 依然可以工作在方式 0 或方式 1。

端口 A 工作于方式 2 时,端口 C 作为联络信号自动配合端口 A 使用,提供控制信号和状态信号。

②工作在方式 2 时的控制信号和状态信号。当端口 A 工作于方式 2 时,端口 C 中的 $PC_7 \sim PC_3$ 共 5 个数位分别作为控制信号和状态信号端口。端口 B 可选择方式 0 或方式 1,端口 C 用 $PC_2 \sim PC_0$ 三位作为联络信号。D_7 作为标志位。若端口 B 工作于方式 0 时,端口 C 的 $PC_2 \sim PC_0$ 可用作数据输入/输出;若端口 B 工作于方式 1,端口 C 的 $PC_2 \sim PC_0$ 则用来为端口 B 提供控制和状态信号。具体的对应关系如图 7.14 所示。

除了联络信号 $INTE_1$ 和 $INTE_2$,其他控制信号和状态信号的含义与方式 1 中介绍的相应含义一致。各联络信号线的功能解释如下:

$\overline{OBF_A}$:端口 A 的输出缓冲器满信号,输出,低电平有效。当该信号有效时,表示 CPU 已经把数据写入端口 A 的输出缓冲器时,通知外设到端口 A 来取走数据。

$\overline{ACK_A}$:外设对$\overline{OBF_A}$的应答信号,输入,低电平有效。当该信号有效时,表示 CPU 输出到端口 A 的数据已被外设取走。

$INTE_1$:输出中断允许信号,高电平有效。$INTE_1$ 的状态由端口所设定的 PC_6 位的内容来决定,$PC_6=1$,则 $INTE_1=1$,允许 8255A 由 $INTR_A$ 向 CPU 发送中断请求信号,以通知 CPU 向 8255A 的端口 A 输出一个数据;当 $PC_6=0$,则 $INTE_1=0$,则屏蔽中断请求。

$\overline{STB_A}$:端口 A 选通信号,输入,低电平有效。当该信号有效时,允许外设数据进入端口 A 的输入数据缓冲器。

IBF_A:端口 A 输入缓冲器满信号,输出,高电平有效。当该信号有效时,表示当前已有

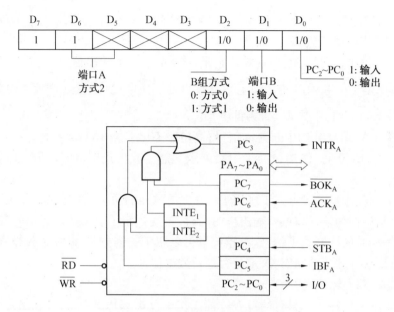

图 7.14　方式 2 的控制信号和状态信号

一个新数据进入端口 A 的缓冲器,尚未被 CPU 取走,外设不能送新的数据。一旦 CPU 完成数据读入操作后,IBF 复位(变为低电平),外设可以继续送数据。

$INTE_2$:输入中断允许信号,高电平有效。$INTE_2$ 的状态通过设定 PC_4 位的内容来决定,$PC_4 = 1$,则 $INTE_2 = 1$,端口 A 的输入处于中断允许状态;当 $PC_4 = 0$,$INTE_1 = 0$ 时,端口 A 的输入处于中断屏蔽状态。

$INTR_A$:中断请求信号,输出,高电平有效。无论是输入还是输出动作,在中断允许 $INTE = 1$ 且 $IBF = 1$ 的条件下,该信号可接至中断管理器 8259A 作中断请求。它表明数据端口已输入一个新数据。若 CPU 响应此中断请求,则读入数据端口的数据后使 INTR 复位(变为低电平)。

③方式 2 的使用场合。方式 2 是一种双向传输工作方式,如果一个并行外部设备具有输入、输出功能,但不是同时输入、输出数据,那么,将这个外设和 8255A 的端口 A 相连,并使它工作在方式 2 就会非常合适。比如,磁盘驱动器就是这样一种外设,它既可接收主机来的数据,也可向主机提供数据,而这种输入、输出的过程是分时进行的。这时可以将 8255A 的 $PA_7 \sim PA_0$ 与磁盘驱动器的数据线连接,再将 $PC_7 \sim PC_3$ 与磁盘驱动器的控制线和状态线相连即可。

【例 7.2】　设 8255A 的端口 A 工作于方式 2,要求发两个中断允许,即 PC_4 和 PC_6 均需要置位;端口 B 工作于方式 1,要求使 PC_2 置位来开放中断。8255A 的端口地址为 200H ~ 207H。

8255A 的初始化程序如下:

```
MOV     DX,203H              ;8255A 控制端口
MOV     AL,0C4H              ;控制字 11000100B,方式 2
OUT     DX,AL
MOV     AL,09H               ;PC4 置位,端口 A 输入允许中断
```

```
OUT      DX,AL
MOV      AL,0DH              ;PC6 置位,端口 A 输出允许中断
OUT      DX,AL
MOV      AL,05H              ;PC2 置位,端口 B 输出允许中断
OUT      DX,AL
```

7.2.3　8255A 的应用

【例7.3】　要求 8255A 作为模/数(A/D)转换的并行接口。A 组工作于方式 1,输入,端口 C 的 PC_7 设定为输出,与 A/D 转换器的转换启动信号相连,输出正脉冲信号启动 A/D 转换。系统连接图如图 7.15 所示。其中 A/D 的"忙端"经反向后作为采样保持器的控制信号启动下一次采样开始,同时它的下降沿触发单稳电路,再经反向输出一个负方波的波形至 PC_4。8255A 通过检测 PC_4 的信号,可以将 A/D 转换的结果输入至 A 口的数据输入寄存器。写出 8255A 的初始化程序及启动 A/D 转换的程序片段。

假设 8255A 的端口地址依次为 300H、301H 和 303H。

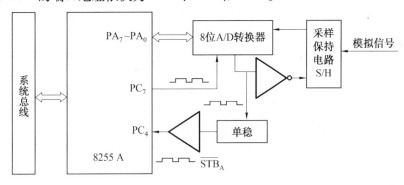

图 7.15　8255A 作为 A/D 转换的并行接口

8255A 的初始化程序:
```
MOV      DX,303H        ;8255A 控制端口地址
MOV      AL,0B0H        ;端口 PA 输入,端口 PC 输出
OUT      DX,AL
```
启动 A/D 转换器及读取转换数据:
```
MOV      DX,303H
MOV      AL,0FH
OUT      DX,AL
MOV      AL,0EH         ;端口 PC 地址
OUT      DX,AL          ;送置位/复位控制字,在 PC7 产生一个正方波输出,启动 ADC
MOV      DX,302H
AGAIN:IN AL,DX
TEST     AL,01H         ;是否"忙"
JNZ      AGAIN          ;等待 A/D 转换结束
MOV      DX,300H
IN       AL,DX          ;从 A 口中读取转换数据
```

7.3　串行通信和串行通信接口

7.3.1　串行通信

在计算机体系中,通常采用二进制代码来表示一个字符。在数据通信中,把要传送的每个字符的二进制代码沿通信线路依次传送到接收端,由低位到高位的顺序,同一时间只传送一个二进制位,这种数据传输方式称为串行通信。串行通信的信号在一根信号线上传输。发送时,把每个数据中的各个二进制位一位一位的发送出去,发送一个字节后再发送下一个字节;接收时,从信号线上一位一位地接收,将它们拼成一个字节传输给 CPU 处理。

串行通信的特点是通信线路简单,利用电话或电报线路就可实现通信,成本较低,而在并行通信中,数据有多少位就要有多少根传输线。在传输距离较长的情况下,串行通信的优点更为突出,是长距离通信系统及各类计算机网络的主要通信方式,但串行通信的速度比并行通信低。

在实用的 I/O 设备和被控对象中,早期是串行接口和并行接口并存,并行接口占有优势,如打印接口、硬盘接口等。但是,随着计算机主频提高和串行通信技术的发展,目前,串行通信接口的使用场合越来越多,最著名的是 USB 接口和 RS-232 接口等。

7.3.2　串行通信传送方式

串行通信数据传送方式有 3 种,如图 7.16 所示。

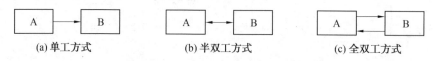

(a) 单工方式　　　　　(b) 半双工方式　　　　　(c) 全双工方式

图 7.16　串行通信数据传送方式

(1)单工方式。只允许数据按照一个固定的方向传送,任何时候都不能改变信号的传送方向(如电视信号)。

(2)半双工方式。数据能从 A 站传送到 B 站,也能从 B 站传送到 A 站,但是不能同时在两个方向上传送,每次只能有一个站发送,另一个站接收。通信双方可以轮流地进行发送和接收,但不能同时进行。

(3)全双工方式。允许通信双方同时进行发送和接收。这时,A 站在发送的同时也可以接受,B 站亦同。全双工方式相当于把两个方向相反的单工方式组合在一起,因此它需要两条传输线,全双工通信信道也可用于单工通信或半双工通信。

在计算机串行通信中主要使用半双工和全双工方式。用哪种传送方式,主要取决于用户所使用的硬件资源。

7.3.3　串行通信原理

按照发送和接收双方同步的方式,串行通信可分为异步通信和同步通信两种方式。

(1)异步通信方式

异步通信又称起止式异步通信,是计算机通信中最常用的数据信息传输方式。它是以字符为单位进行传输的,字符之间没有固定的时间间隔要求,而每个字符中的各位则以固定的时间传送。收、发双方取得同步的方法是采用在字符格式中设置起始位和停止位。在一个有效字符正式发送前,发送器先发送一个起始位,然后发送有效字符位,在字符结束时再发送一个停止位,起始位至停止位构成一帧。串行异步传输时的数据格式如图 7.17 所示。在进行异步通信时必须要确定字符格式及波特率。

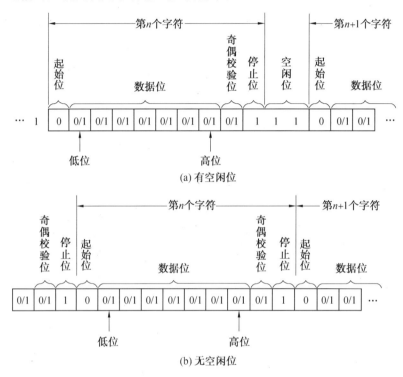

图 7.17　异步传送数据格式

图中的各位意义说明如下:

起始位:先发出一个逻辑"0"信号,表示传输字符的开始。

数据位:数据位为 5～8 位,它紧跟在起始位之后,是被传送字符的有效数据位。传送时先传送字符的低位,后传送字符的高位。数据位究竟是几位,可由硬件或软件来设定。

奇偶校验位:数据位结束之后是 1 位奇/偶校验位,其中奇校验法指在数据位和校验位中"1"的个数为奇数,偶校验法指在数据位和校验位中"1"的个数为偶数。

停止位:表示该字符的结束,紧跟在校验位或数据位(无奇偶校验)之后,是 1 位、1.5 位、2 位的高电平,并规定为逻辑"1"状态。

空闲位:空闲位表示线路处于空闲状态,此时线路上为逻辑"1"电平。空闲位可以没有,此时异步传送的效率为最高。

异步通信是按字符传输的,这种方式每发送一个字符都需要附加起始位和停止位,从而使有效数据传输率降低,故该方式只适用于数据量较少或对传输率要求不高的场合。对于需要快速传输大量数据的场合,一般应采用同步传送方式。

(2)同步通信方式

同步通信不用起始位和停止位来标识字符的开始和结束,而是用一串特定的二进制序列(称为同步字符)去通知接收方串行数据第一位何时到达,紧随其后的是欲传送的 n 个字符,字符间不留空隙,最后是两个错误校验字符。同步传送时一次通信传送信息的位数几乎不受限制,通常一次通信传送的数据可达几十到几百个字节。同步通信的数据格式如图7.18所示。

图 7.18　同步通信数据帧格式

同步通信的规程有以下两种:

①面向比特(bit)型规程:以二进制位作为信息单位。现代计算机网络大多采用此类规程。最典型的是 HDLC(高级数据链路控制)通信规程。

②面向字符型规程:以字符作为信息单位。字符是 EBCD 码或者 ASCII 码。最典型的是 IBM 公司的二进制同步控制规程(BSC 规程)。在这种规程下,发送端与接收端采用交互应答式进行通信。

同步通信利用同步时钟信号来实现数据的发送或接收,在同步时钟信号的一个周期时间里,数据线上可同步地对应发送一位数据。由于成千上万的数据是连续发送,且中间没有空隙,这就要求接收方与发送方的时钟完全同频同相,否则将发生错误。因而,这种通信的发送器和接收器比较复杂,成本较高。

7.3.4　串行通信速率

通信速率是衡量串行通信数据传送速度快慢的性能指标,主要有传输速率和波特率。

(1)数据传输速率

数据传输速率是指每秒钟传输二进制数的位数,也可称为比特率,以位/秒(bps 或 bit/s,简称 b/s)为单位。以字符为单位传送时数据传输速率等于每秒传送的字符数与每个字符位数的乘积。例如每秒传送 180 个字符,每个字符包含 10 位(一个起始位、7 个数据位、一个奇偶校验位、一个停止位),那么数据传输速率为 180 字符/s × 10 bit/字符 = 1 800 bit/s。

(2)波特率

在计算机中,传送速率也称波特率,是指每秒钟传送的二进制位数,单位为位/秒。国际上规定了标准波特率系列,最常用的标准波特率是 110 bit/s、300 bit/s、600 bit/s、1 200 bit/s、2 400 bit/s、4 800 bit/s、9 600 bit/s、19 200 bit/s 等。

例如,在某个异步串行通信系统中,数据传送速率位 960 字符/s。每个字符包括一个起始位、8 个数据为和一个停止位,则波特率为 10×960 = 9 600 bit/s。

在进行串行通信时,根据数据传送的波特率来确定发送时钟和接收时钟的频率。要使串行通信正常进行,收发双方处理器必须设置为相同的波特率,否则,将出现通信错误。波特率和串行通信接口的收发时钟频率不一定相等,时钟频率可为波特率的 1、16、64 倍或者更高,倍数越高,接收信号的正确性越高。

7.3.5　串行接口标准

串行接口标准指的是计算机或终端(数据终端设备 DTE)的串行接口电路与调制解调器 Modem 等(数据通信设备 DCE)之间的连接标准。标准的含义在于无论底层采用何种芯片,只要对外的信号输入/输出按照标准的要求控制,就能够实现数据通信功能。在计算机系统中,常用的串行通信接口标准有 RS-232C、RS-422A、RS-485、USB 接口、IEEE1394 等总线接口标准。

1. RS-232C 标准

RS-232C 是使用最早、应用最多的一种一步串行通信总线标准。它采用 D 型插座,目前较为常用的串口有 9 针串口(DB9)和 25 针串口(DB25),如图 7.19 所示。通信距离较近时(<12 m),可以用电缆线直接连接标准 RS-232C 端口,若距离较远,需附加调制解调器(MODEM),其连接及通信原理如图 7.20 所示。

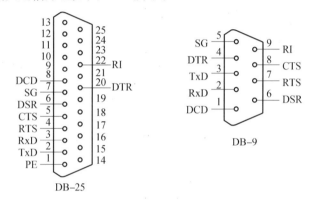

图 7.19　RS-232C 的连接器

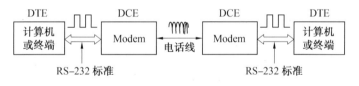

图 7.20　串行通信连接图

(1)信号线

RS-232C 标准规定接口有 25 根联机,只有以下 9 个信号经常使用,引脚和功能分别如下:

①TxD(第 2 脚):发送资料线,输出。发送资料到 MODEM。

②RxD(第 3 脚):接收资料线,输入。接收资料到计算机或终端。

③RTS(第 4 脚):请求发送,输出。计算机用它来控制 MODEM 是否要进入发送状态。

④CTS(第 5 脚):用来表示 DCE 准备好接收 DTE 发来的数据,是对请求发送信号 RTS 的响应信号。当 MODEM 已准备好接收终端传来的数据,并向前发送时,使该信号有效,通知终端开始沿发送数据线 TxD 发送数据。

⑤DSR(第 6 脚):数据装置就绪(即 MODEM 准备好),输入。表示调制解调器可以使用,该信号有时直接接到电源上,这样当设备连通时即有效。

⑥CD(第 8 脚):载波检测(接收线信号测定器),输入。表示 MODEM 已与电话线路连接好。

如果通信线路是交换电话的一部分,则至少还需如下两个信号:

⑦RI(第 22 脚):振铃指示,输入。MODEM 若接到交换台送来的振铃呼叫信号,就发出该信号来通知计算机或终端。

⑧DTR(第 20 脚):数据终端就绪,输出。计算机收到 RI 信号以后,就发出信号到 MODEM 作为回答,以控制它的转换设备,建立通信链路。

⑨GND(第 7 脚):信号地。

(2)逻辑电平

RS-232C 标准采用 EIA 电平,规定:"1"的逻辑电平为-3 ~ -15 V,"0"的逻辑电平为+3 ~ +15 V。由于 EIA 电平与 TTL 电平完全不同,因此必须进行相应的电平转换。MC1488 可完成 TTL 电平到 EIA 电平的转换;MC1489 可完成 EIA 电平到 TTL 电平的转换;MAX232 可以实现 EIA 电平与 TTL 电平之间的相互转换。

2. RS-422A 接口标准

RS-422A 接口标准采用了平衡差分传输技术,减小了地线电位差引起的麻烦,并且提高了抵抗共模信号干扰能力。RS-422A 通过两对双绞线可以全双工工作收发互不影响。它的主要优点是:RS-422A 比 RS-232C 传输速度快、传输距离长,传输速率最大达到 10 Mb/s,在该速率下,电缆的允许长度达到 12 m,如果采用低速率传输,最大距离可达 1 200 m,并允许在一条平衡总线上连接最多 10 个接收器。

当然,RS-422A 也有缺陷:因为其平衡双绞线的长度与传输速率成反比,所以在 100 kbps 速率以内,传输距离才可能达到最大值,也就是说,只有在很短的距离下才能获得最高传输速率。一般在 100 m 长的双绞线上所能获得的最大传输速率仅为 1 Mbps。另外有一点必须指出,在 RS-422A 通信中,只有一个主设备(Master),其余为从设备(Salve),从设备之间不能进行通信,所以 RS-422A 支持的是点对多点的双向通信。

RS-422A 的接口标准如图 7.21 所示,发送器 SN75174 把 TTL 电平转换为标准的 RS-422A 电平;接收器 SN75175 把 RS-422A 接口信号转换为 TTL 电平。

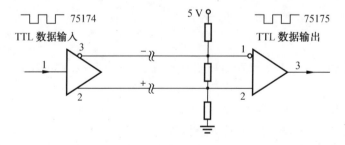

图 7.21　RS-422A 接口标准

3. RS-485 接口标准

RS-485 扩展了 RS-422A 的性能,允许双导线上一个发送器驱动 32 个负载设备,是一种多发送器的电路标准。在要求通信距离为几十米到上千米时,广泛采用 RS-485 串行总线标准。RS-485 采用平衡发送和差分接收,因此具有抑制共模干扰的能力。加上总线收发器具有高灵敏度,能检测低至 200 mV 的电压,故传输信号能在千米以外得到恢复。RS-

485 适用于收发双方共享一对线进行通信,也适用于多个点之间共享一对线路进行总线方式联网,但通信只能是半双工的。

最小型的 RS-485 由两条信号电路线组成。两条信号线路都必须有接地参考点,该电缆可以支持 32 个发送、接收器。每个设备都必须接地,以防地面漏电流的影响。电缆包括连接到所有的设备地的第三信号参考线。如果用屏蔽电缆,屏蔽电缆应接到设备的外壳上。

4. USB 接口

USB 是英文 Universal Serial Bus 的缩写,中文含义是"通用串行总线"。它是目前电脑上应用较广泛的接口规范,由 Intel、Microsoft、Compaq、IBM、NEC 等几家大厂商发起的新型外设接口标准。

USB 接口是一种四针接口,其中中间两个针传输数据,两边两个针给外设供电。USB 接口速度快、连接简单,不需要外接电源,传输速度 12 Mbps,新的 USB 2.0 可达 480 Mbps。电缆最大长度 5 m,USB 电缆有 4 条线:2 条信号线,2 条电源线,可提供 5 V 电源。USB 电缆还分屏蔽和非屏蔽两种,屏蔽电缆传输速度可达 12 Mbps,价格较贵,非屏蔽电缆速度为 1.5 Mbps,但价格便宜。

早在 1995 年,USB 接口就已经出现在 PC 机中,但由于缺乏软件及硬件设备的支持,这些 USB 接口都闲置未用。1998 年后,随着微软在 Windows 98 中内置了对 USB 接口的支持模块,USB 接口才逐步走入了实用阶段。随着大量支持 USB 的个人电脑及设备的普及,USB 逐步成为 PC 的标准接口已经是大势所趋。在主机(host)端,最新推出的 PC 机几乎 100% 支持 USB;而在外设(device)端,用 USB 接口的设备也与日俱增,例如数码相机、扫描仪、游戏杆、打印机、键盘、鼠标等。

USB 设备之所以会被大量应用,主要是具有以下优点。

①具备即插即用和热插拔功能。在 Windows 2000 等操作系统中,任何一款标准的 USB 设备可以在任何时间、任何状态下与计算机连接,并且能够马上开始工作。

②标准统一。早期 PC 机中常用的 IDE 接口的硬盘、串口的鼠标键盘、并口的打印机扫描仪,在有了 USB 之后,这些应用外设统统可以用同样的标准与 PC 连接,这时就有了 USB 硬盘、USB 鼠标、USB 打印机等。

③可以连接多个设备。USB 通过串联方式最多可串接 127 个设备。

④携带方便。

5. IEEE1394 接口

IEEE1394 又名 Firewire 或 iLinkTM,它的设计初衷是成为电子设备(包括便携式摄像机、个人计算机、数字电视机、音/视频接收器、DVD 播放机、打印机等)之间的一个通用连接接口。IEEE1394 有两种接口标准,即 6 针标准接口和 4 针小型接口。6 针标准接口中 2 针用于向连接的外部设备提供 8～30 V 的电压,以及最大 1.5 A 的供电,另外 4 针用于数据信号传输。4 针小型接口的 4 针都用于数据信号传输,无电源。

IEEE1394 是一种与平台无关的串行通信协议,1394 电缆可以传输不同类型的数字信号,包括电视、音频、数码音响、设备控制命令和计算机数据,标准速度分为 100 Mbps、200 Mbps 和 400 Mbps。目前,它的商业联盟正在负责对它进行改进,争取未来将速度提升至 800 Mbps、1 Gbps 和 1.6 Gbps 这三个档次。相比于 EIA 接口和 USB 接口,IEEE1394 的速度要高得多,所以,IEEE1394 也称为高速串行总线。

从技术上看,IEEE1394 具有很多优点,首先,它是一种纯数字接口,在设备之间进行信息传输的过程中,数字信号不用转换成模拟信号,从而不会带来信号损失;其次,速度很快,1 Gbps 的数据传输速度可以非常好地传输高品质的多媒体数据,而且设备易于扩展,在一条总线中,100 Mbps、200 Mbps 和 400 Mbps 的设备可以共存;另外,产品支持热插拔,易于使用,用户可以在开机状态下自由增减 IEEE1394 接口的设备,整个总线的通信不会受到干扰。

7.3.6　可编串行通信接口 8251A

8251A 是通用同步/异步收发器,可以用作 CPU 与串行外设的接口电路。它的主要性能表现在以下几个方面:

①可用于同步传送和异步传送。同步传送:5 ~ 8 位/字符,内同步或外同步,自动插入同步字符;异步传送:5 ~ 8 位/字符,时钟速率为通信波特率的 1、16 或 64 倍。

②可产生中止字符,可产生 1、1.5 或 2 位停止位,自动检测和处理中止字符。

③同步传送的波特率范围为 0 ~ 64 kb/s,异步传输的波特率范围为 0 ~ 19.2 kb/s。

④全双工、双缓冲器发送和接受。

⑤出错检测:具有奇偶、溢出和帧错误等检测电路。

⑥与 Intel8080、8085、8088 和 8086CPU 兼容,全部输入输出与 TTL 电平兼容。

1. 8251A 内部结构

8251A 的内部结构如图 7.22 所示,它由 5 部分组成,各功能模块的功能如下:

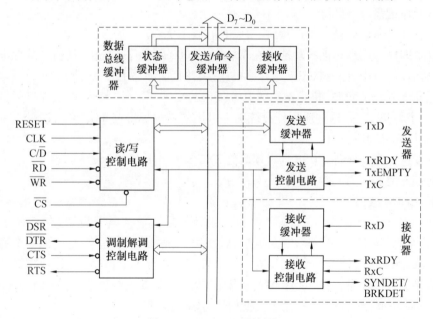

图 7.22　8251A 内部结构图

(1)发送器

发送器由发送缓冲器和发送控制电路两部分组成。串行接口收到的数据,转变成并行数据后存放在该缓冲器中,供 CPU 读取。

采用异步方式,则由发送控制电路给发送数据加上起始、奇偶检验、停止位,按约定的波特率从 TxD 逐位串行输出。

采用同步方式,则在发送数据之前,发送将自动先送出 1 个或 2 个同步字符,然后逐位输出串行数据。

如果 CPU 与 8251A 之间采用中断方式交换信息,那么 TxRDY 可作为向 CPU 发出的中断请求信号。当发送器中的 8 位数据串行发送完毕时,由发送控制电路向 CPU 发出 TxEMPTY(TxE)有效信号,表示发送器中移位寄存器已空。

（2）接收器

接收器由接收缓冲器和接收控制电路两部分组成。它的作用是接收在 RxD 上的串行数据并按规定的格式转换为并行数据,存放在接收数据缓冲器中。

异步方式。当 8251 允许接收并准备好接收数据时,监测 RxD 端,当检测到起始位(低电平)后,8251A 开始进行采样,完成字符装配,内部删除起始、奇偶、停止位,变成了并行数据后送到接收缓冲寄存器,同时发出 RxRDY 信号送 CPU,表示已经收到一个可用数据。

同步方式。首先搜索同步字符。在 CPU 发出允许接收命令后,8251 一直检测 RxD,把接收到的每一位数据送入移位寄存器,与同步字符寄存器的内容进行比较。若两者不相同,则接收下一位数据,并且重复上述比较过程;若相等,则 8251 将 SYNDET 置"1",表示已找到同步字符,同步已经实现。

采用双同步方式,就要在测得输入移位寄存器的内容与第一个同步字符寄存器的内容相同后,再继续检测此后输入移位寄存器的内容是否与第二个同步字符寄存器的内容相同。如果相同,则认为同步已经实现。

在外同步情况下,由外部电路检测同步字符,即同步输入端 SYNDET 加一个高电位来实现同步。

找到同步字符后,接收器和发送器间就开始进行数据的同步传输。这时,接收器利用时钟采样和移位 RxD 线上的数据位,按规定的位数把收到的数据位送到移位寄存器中。在 RxRDY 引脚上发出一个高电平信号,表示收到了一个字符。

（3）数据总线缓冲器

引脚 $D_7 \sim D_0$ 是 8251A 和 CPU 接口的三态双向数据总线,用于向 CPU 传递命令、数据或状态信息。与 CPU 相互交换的数据和控制字就存放在这里,共 3 个 8 位缓冲寄存器,2 个寄存器分别用来存放 CPU 向 8251A 读取的数据或状态信息,1 个寄存器用来存放 CPU 向 8251A 写入的数据或控制。

（4）读/写控制电路

读/写控制电路用来接收 CPU 的控制信号,以控制数据的传输方向。

（5）调制解调控制电路

调制解调控制电路用来简化 8251A 和调制解调器连接,并提供与调制解调器的联络信号。

2. 8251A 的引脚功能

8251A 是一个采用 NMOS 工艺制造的 28 脚双列直插式封装的芯片,其外部引脚如图 7.23 所示。8251A 的引脚按功能可分为与 CPU 连接的信号引脚和与外部设备(或调制解调器)连接的信号引脚。

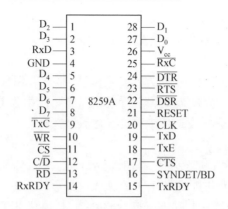

图 7.23　8251A 的外部引脚

（1）8251A 和 CPU 之间的连接信号

8251A 和 CPU 之间的连接信号如图 7.24 所示，连接信号可以分为 4 类。

①片选信号$\overline{\text{CS}}$。由 CPU 的地址线信号经过译码器电路转换后得到，低电平有效。

②数据信号。$D_7 \sim D_0$，8 位三态双向数据线，与 CPU 的数据总线对应连接，传输 CPU 到 8251A 的编程命令字和 8251A 送往 CPU 的状态信息及数据。

③读/写控制信号。

$\overline{\text{RD}}$：读信号，低电平有效，低电平时，CPU 当前正在从 8251A 读取数据或者状态信息。

$\overline{\text{WR}}$：写信号，低电平有效，低电平时，CPU 当前正在往 8251A 写入数据或者控制信息。

$C/\overline{D}$：控制/数据信号，低电平时传送的是数据，高电平时传送的是控制字或状态信息。该信号也可以看作 8251A 数据口/控制口的选择信号。

$\overline{\text{RD}}$、$\overline{\text{WR}}$、$C/\overline{D}$ 这 3 个信号的组合，决定了 8251A 的具体操作，它们的关系如表 7.2 所示。

④收发联络信号。

TxRDY：发送器准备好信号，输出，高电平有效，用来通知 CPU，8251A 已准备好发送一个字符。

TxE：发送器空信号，输出，高电平有效。TxE = 1 时，表示发送器中没有要发送的字符，当 CPU 把要发送的数据写入 8251A 中后，TxE 自动变为低电平。

RxRDY：接收器准备好信号，输出，高电平有效。RxRDY = 1 时，表明 8251A 已经从串行输入线接收了一个字符，正等待 CPU 将此数据取走。所以，在中断方式时，RxRDY 可作为向 CPU 申请中断的请求信号；在查询方式时，RxRDY 的状态供 CPU 查询之用。

SYNDET：同步检测信号，高电平有效，用于内同步状态输出或外同步信号输入。此线仅对同步方式有意义。

RESET：复位信号，高电平有效。复位后 8251A 处于空闲状态直至被初始化编程。

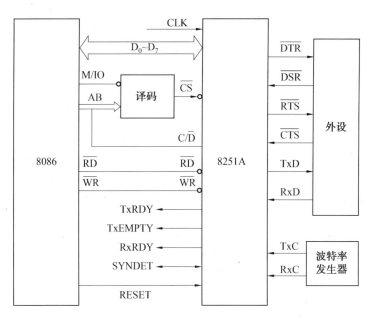

图 7.24　8251A 和 CPU 之间的连接信号示意图

表 7.2　CPU 对 8251A 的读/写操作

C/$\overline{\text{D}}$	$\overline{\text{WR}}$	$\overline{\text{RD}}$	$\overline{\text{CS}}$	功能
0	0	1	0	CPU 从 8251A 输入数据
0	1	0	0	CPU 向 8251A 输出数据
1	0	1	0	CPU 读取 8251A 的状态
1	1	0	0	CPU 往 8251A 写入控制命令

（说明：数据输入端口和数据输出口合用同一个偶地址，而状态端口和控制端口合用同一个奇地址。）

（2）8251A 与外部设备之间的连接信号

8251A 与外部设备之间的连接信号分为如下 3 类。

①收发联络信号。

$\overline{\text{DTR}}$：数据终端准备好信号，输出，低电平有效。这是当 CPU 对 8251A 输出命令字使控制寄存器 D_1 位置 1，从而使 $\overline{\text{DTR}}$ 变为低电平，以通知外设 CPU 当前已准备就绪。

$\overline{\text{DSR}}$：数据设备准备好，输入，低电平有效。这是由外设（调制解调器）送入 8251A 的信号，用于表示调制解调器或外设的数据已经准备好。

$\overline{\text{RTS}}$：请求发送，输出，低电平有效，表示 CPU 已经准备好发送，请求外设（调制解调器）作好发送准备。

$\overline{\text{CTS}}$：清除发送，输入，低电平有效，是对 $\overline{\text{RTS}}$ 的响应，由外设（调制解调器）送往 8251A。

当实际使用时，这 4 个信号中通常只有 $\overline{\text{CTS}}$ 必须为低电平，其他 3 个信号可以悬空。

②数据信号,与 CPU 的数据总线相连。

TxD:发送数据输出信号。在 CPU 送往 8251A 的并行数据被转化为串行数据后,从该引脚串行发送出去。

RxD:串行数据输入信号。用接收外设送来的串行数据,数据进入 8251A 后被转变为并行方式。

③时钟、电源和地信号。8251A 除了与 CPU 及外设的连接信号外,还有电源端、地端和 3 个时钟端。

CLK:时钟信号输入,用来产生 8251A 器件的内部时序,在同步工作方式下,大于接收数据或者发送数据的波特率的 30 倍;在异步方式下,则要大于数据波特率的 4.5 倍。

TxC:发送器发送时钟输入端,用来控制发送字符的速度,同步方式下,TxC 的频率等于字符传输的波特率;异步方式下,TxC 的频率由专门的时钟发生器提供,可以为字符传输波特率的 1 倍、16 倍或者 64 倍。数据在 TxC 的下降沿由发送器移位输出。

RxC:接收器时钟输入,用来控制接收字符的速度。在实际使用时,RxC 和 TxC 往往连在一起,共同接到一个信号源上,该信号源要由专门的辅助电路产生。

V_{cc}:电源输入。

GND:接地。

3. 8251A 的工作原理

(1)接收器的工作过程

在异步方式中,当发现 RxD 线上的电平由高电平变为低电平时,认为是起始位到来,便开始接收数据位、奇偶校验位和停止位。接收到的信息经过删除起始位和停止位,把已转换成的并行数据置入接收数据缓冲器。此时,RxRDY 输出高电平,表示已收到一个字符,CPU 可以来读取。

在同步方式中,若程序设定 8251A 为外同步方式,则引脚 SYNDET 用于输入外同步信号,该引脚上电平正跳便启动接收数据。若设定为内同步接收,则 8251A 先搜索同步字,搜到同步字后令 SYNDET=1,在接收时钟 RxC 的同步下,开始接收数据。RxD 线上的数据送入位移寄存器,按规定的位数将它组装成并行数据,再把它送至接收数据缓冲器中。当接收数据缓冲器接收到由外设传送来的数据后,发出"接收准备就绪"RxRDY 信号,通知 CPU 取走数据。

(2)发送器的工作过程

在异步方式中,首先由 CPU 向发送数据/命令缓冲寄存器中写入要发送的信息,由发送控制器在其首尾加上起始位及停止位,然后从起始位开始,经位移寄存器从数据输出线 TxD 串行输出。

在同步方式中,发送器将根据程序的设定自动送一个(单同步)或两个(双同步)同步字符,然后由位移寄存器从数据输出线 TxD 串行输出数据块。

4. 8251A 的编程

8251A 编程的内容包括两大方面:一是由 CPU 发出的控制字,即方式选择控制字和操作命令控制字;二是由 8251A 向 CPU 送出的状态字。

(1)方式选择控制字

方式选择控制字用来确定 8251A 的通信方式(同步或异步)、校验方式(奇校验、偶校验或不校验）、数据位数（5、6、7 或 8 位）及波特率参数等。方式选择控制字的格式如图 7.25 所示。确定 8251A 的工作方式是对其编程的第一步方式。它应该在复位后写入，且只需写入一次。

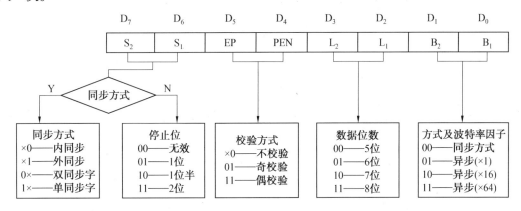

图 7.25　8251A 方式选择控制字

需要说明的是，在设置方式选择控制字时，要确保收发双方特征参数是一致的。异步工作方式时，接收器接收时钟 RxC、发送器发送时钟 TxC 与波特率的关系。

（2）操作命令控制字

操作命令控制字是 8251A 进入规定的工作状态以准备发送或接收数据。操作命令控制字的格式如图 7.26 所示。它应该在写入方式选择控制字后写入，根据需要多次重复写入。

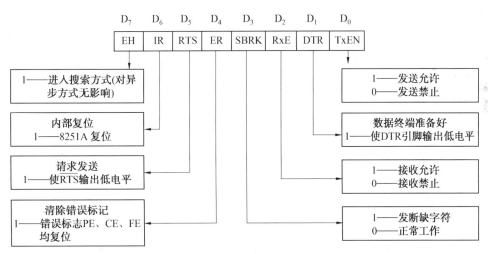

图 7.26　8251A 操作命令控制字

（3）状态字

状态字的格式如图 7.27 所示。状态字存放在状态寄存器中，CPU 只能读取状态寄存器，而不能对它写入内容。CPU 通过输入指令读取状态字，了解 8251A 传送数据时所处的状态，作出是否发出命令，是否继续下一个数据的决定。状态字可以提供 8251A 芯片关键引脚的电平信息，在出现错误时提供错误类别信号，对程序流程控制以及提高程序调试效率都有重要作用。

（4）8251A 的初始化

在传送数据前要对 8251A 进行初始化，才能确定发送方与接收方的通信格式，以及通信的时序，从而保证准确无误地传送数据。图 7.28 给出了 8251A 初始化过程的流程图。8251A 初始化的顺序为：首先写入方式控制字，以决定通信方式、数据位数、校验方式等。若是同步方式则紧接着送入一个或两个同步字符，若是异步方式则这一步可省略，最后送入命令控制字，就可以发送或接收数据了。由于三个控制字没有特征位且工作方式控制字和操作命令控制字放在同一个端口，因而要求按一定顺序写入控制字，不能颠倒，否则就不能正确识别。

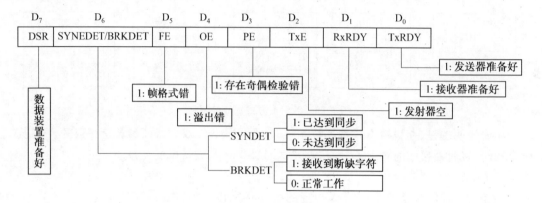

图 7.27　8251A 状态字

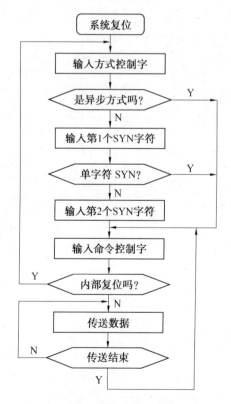

图 7.28　8251A 初始化流程图

【例 7.4】 异步模式下的初始化程序。

设 8251A 工作在异步模式,波特率系数(因子)为 16,7 个数据位/字符,偶校验,2 个停止位,发送、接收允许,设端口地址为 00E2H 和 00E4H 。完成初始化程序。

分析:根据题目要求,可以确定模式字为:11111010B 即 FAH,而控制字为:00110111B 即 37H。则初始化程序如下:

```
MOV AL          ; 0FAH:送模式字
MOV DX          ; 00E2H
OUT DX          ; AL:异步方式,7 位/字符,偶校验,2 个停止位
MOV AL          ; 37H:设置控制字,使发送、接收允许,清除错标志
OUT DX          ; AL:送命令控制字
```

【例 7.5】 同步方式下初始化编程。

设 8251A 设定为同步工作方式,控制口地址为 51H,两个同步字符,采用内同步,SYN-DET 为输出引脚,偶校验,每个字符 7 个数据位。

分析:两个同步字符,它们可以相同,也可以不同。本例使用两个相同的同步字符 16H。初始化编程如下:

```
MOV AL,00111000B        ;方式控制字:设置工作方式、双同步字符偶校验、每个字
                            符 7 位
OUT 51H,AL              ;送方式控制字:7 个数据位,偶校验
MOV AL,16H              ;同步字符
OUT  51H,AL             ;送第一个同步字符
OUT  51H,AL             ;送第二个同步字符
MOV   AL,10010111B      ;命令控制字:使接收器启动,发送器启动,使状态寄存器
                            中的 3 个出错标志位复位,通知调制解调器 CPU,现已准
                            备好进行数据传送。
OUT  51H,AL             ;送命令控制字
```

7.3.7　串行通信和并行通信的比较

从原理上讲,串行通信速度慢、线路简单,有通信格式要求,比较适用于长距离传送;并行通信速度快,在相同频率下,并口传输的效率是串口的几倍。然而,从技术发展的情况来看,凭借着其改善的信号完整性和传播速度,串行传输方式大有彻底取代并行传输方式的势头,USB、IEEE1394、RS-232(以及派生的 RS-485、RS-422/423)等串行接口占据了主要数据通信接口的市场。

当前,串行通信一般用于计算机之间、数字设备之间的通信,计算机网络间的通信也属于串行通信。在数字设备(如嵌入式系统)内部对通信速度要求不高的场合也可以采用串行通信接口。并行通信主要用于数字设备内部,要求传送速度快、速率高、实时的场合,一般 A/D、D/A 和按字、字节输入/输出的数字化芯片以及组件,主要通过并行接口连接。例如,计算机或 PLC 各种内部总线就是以并行方式传送数据的。另外,在 PLC 底板上,各种模块之间通过底板总线交换数据也以并行方式进行。

7.4　定时/计数接口及其应用

7.4.1　定时/计数器的基本概念

在工业控制系统与微机系统中,常常需要有定时信号为处理器和外设提供时间基准。微机系统中常用的定时/计数方法有以下 3 种:

(1)软件定时/计数

根据所需定时的时间常数来设计一个延时的子程序,通过执行子程序内的循环等待来达到延时的目的。这是实现系统定时控制或延时控制的最简单方法。其优点是:不需要专门的硬件,方法简单、灵活;缺点是:CPU 执行延时指令会增加 CPU 的时间开销,降低了微处理器的效率,定时精度不高。软件延时主要适用于延时时间不长、精度要求不高的场合。

(2)不可编程的硬件定时/计数

采用分频器、单稳电路或简易定时电路来实现定时与计数。对较长时间的定时一般用硬件电路来完成。这种方法的优点是:不占用微处理器的时间,电路也不复杂,成本低、使用方便;缺点是:缺少灵活性,电路一旦连接好,定时时间和范围就不能改变,长时间工作后电阻、电容器件会老化,造成电路工作不稳定,影响精度。

(3)可编程的硬件定时/计数

采用软硬件结合,用可编程定时器芯片构成一个方便灵活的定时电路,定时时间可以通过软件来设置。这种方法克服了上面两种方法的缺点,具有不占用 CPU 资源、定时准确、使用灵活的优点,得到了广泛应用。Intel 公司生产的 8253 定时/计数器就属于这一类,下面将进行详细讨论。

7.4.2　可编程定时/计数器 8253A

8253A 是一种常用的可编程定时/计数器接口芯片,主要针对解决与 CPU 系统有关的公共时间问题而设计的。它具有 3 个独立的功能完全相同的 16 位减法计数器,24 脚 DIP 封装,由单一的+5 V 电源供电。主要功能如下:

(1)每个 8253A 芯片上有 3 个独立的 16 位减法计数器,最大计数范围为 0 ~ 65 535;

(2)每个计数器都可以按二进制或十进制(BCD 码)计数;

(3)每个计数器都有 6 种不同的工作方式,都可以通过程序设置和改变;

(4)每个计数器计数脉冲的频率为 0 ~ 2 MHz;

(5)所有的输入输出都与 TTL 电平兼容。

8253A 的读/写操作对系统时钟没有特殊要求,因此可以应用于任何一种微机系统中,可作为可编程定时器/计数器,还可以作为分频器、方波发生器以及单脉冲发生器等。

1. 8253A 的内部结构

8253A 的内部结构如图 7.29 所示,它由数据总线缓冲器、读/写控制逻辑电路、控制字寄存器和 3 个结构相同的计数器组成。

(1)数据总线缓冲器

数据总线缓冲器是一个双向、三态的 8 位寄存器,通过 8 根数据线 $D_0 \sim D_7$ 接收 CPU 向控制寄存器写入的控制字,向计数器写入计数初值,也可以把计数器的当前计数值读入 CPU。

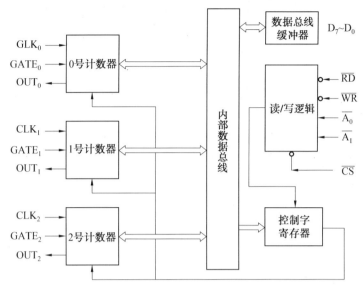

图 7.29　8253A 的内部结构图

(2)读/写控制逻辑电路

读/写控制逻辑电路是 8253A 内部的控制电路,主要用来从 CPU 系统控制总线接收输入信号,经由片选信号、读信号、写信号和 A_1、A_0 组合产生对 8253A 芯片的工作控制信号。

(3)控制字寄存器

当 $A_1A_0 = 11$ 时,CPU 可以向控制字寄存器写入来自数据总线缓冲器的控制字。这个控制字用来选择计数器并确定计数器通道的工作方式、读写格式和计数的进制。每个计数器对应一个只能写入不能读出的控制字寄存器。

(4)计数器

8253A 有 3 个相互独立、内部结构相同的计数电路,分别称为计数器 0、计数器 1 和计数器 2。每个计数器包括一个 8 位的用来存放控制字的控制寄存器(控制单元)、一个 16 位的用来存放计数初值的初值寄存器 CR(时间常数寄存器)、一个 16 位计数执行单元 CE(减 1 计数器)和一个 16 位输出锁存器 OL,如图 7.30 所示。

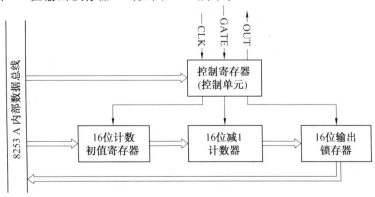

图 7.30　计数器内部结构图

计数器初始化时,首先向计数初值寄存器写入计数初值,然后自动送入减1计数器。当门控信号 GATE 允许计数后,在时钟脉冲 CLK 的作用下,开始进行减1计数直至计数值减到0时,由输出端 OUT 产生输出信号。若想知道计数过程中的当前计数值,不能直接从减1计数器中读出,必须先将当前值锁存后,再从输出锁存器中读出。

2. 8253A 的引脚及功能

8253A 芯片有 24 根引脚,采用双列直插式封装,没有复位信号 RESET 引脚,如图 7.31 所示。除了电源和地引脚以外,各引脚的功能定义如下:

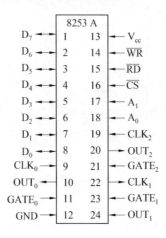

图 7.31　8253A 芯片引脚功能

$D_7 \sim D_0$:双向三态数据线,通常接在 16 位数据总线的低 8 位上,用于传送 CPU 与 8253A 之间的数据信息,包括控制字和计数器初值等。

A_1、A_0:内部端口地址选择信号,用于对 3 个计数器和控制寄存器进行寻址,与 CPU 的系统地址总线相连。$A_1 A_0 = 00$ 时,选择计数器 0;$A_1 A_0 = 01$ 时,选择计数器 1;$A_1 A_0 = 10$ 时,选择计数器 2;$A_1 A_0 = 11$ 时,选择控制寄存器。

$\overline{CS}$:片选信号,低电平有效。该信号有效时,表示系统选中该芯片,CPU 可以对该芯片执行读/写操作,即 $\overline{RD}$、$\overline{WR}$ 才能起作用。

$\overline{RD}$:读信号,低电平有效。该信号有效时,表示 CPU 正在读取 8253A 的某个计数器的计数当前值。该引脚与 CPU 系统控制总线的 $\overline{IOR}$ 相连。

$\overline{WR}$:写信号,低电平有效。该信号有效时,表示 CPU 正在向 8253A 的控制寄存器写入控制字或者向一个计数器写入计数初值。该引脚与 CPU 系统控制总线的 $\overline{IOW}$ 相连。

$CLK_0 \sim CLK_2$:计数器 0 ~ 2 的时钟输入信号。CLK 时钟信号用于控制计数器的减1操作,每输入一个时钟信号 CLK,便使定时或计数值减1。CLK 可以是系统时钟脉冲,也可由系统时钟分频或者由其他脉冲源提供。

$GATE_0 \sim GATE_2$:计数器 0 ~ 2 的门脉冲控制输入信号,高电平有效。当 GATE 为低电平时禁止计数器工作,只有当 GATE 为高电平时或 GATE 的上升沿触发后才允许计数器工作。

$OUT_0 \sim OUT_2$:计数器 0 ~ 2 的输出信号。它的作用是在计数器工作中,当时间到或计数结束时,在 OUT 引脚输出一个高电平或脉冲信号,用来指示定时或计数结束。

8253A 的读/写逻辑信号组合功能及地址分配如表 7.3 所示。尽管表 7.3 列出 8253A 有多种工作方式,但从总体功能上看,其工作方式分为两类,即计数器和定时器工作方式。

在计数器方式下,当 CPU 给 8253A 装入计数初值后,当 GATE 端变为高电平或者给一个触发脉冲 CLK 时,可由外部事件进行减 1 计数,直至计数器为 0。计数器只计算 CLK 脉冲的个数,而不管它是否均匀、连续以及周期精确。而在定时器工作方式下,CLK 脉冲触发定时器开始工作后,CLK 必须是连续的、周期精确的时钟脉冲,以确保定时器产生的定时时间间隔恰好是 CLK 时钟周期的整数倍。

由此看来,计数器仅仅与计数脉冲的个数有关,而与计数脉冲的周期性无关;定时器则把计数值与计数脉冲的个数和周期性联系起来。

表 7.3　8253A 读/写逻辑信号组合功能及地址分配

$\overline{CS}$	$\overline{RD}$	$\overline{WR}$	A_1	A_0	操作
0	1	0	0	0	向计数器 0 写入"计数初值"
0	1	0	0	1	向计数器 1 写入"计数初值"
0	1	0	1	0	向计数器 2 写入"计数初值"
0	1	0	1	1	向控制寄存器写入"方式控制字"
0	0	1	0	0	从计数器 0 读出"当前计数值"
0	0	1	0	1	从计数器 1 读出"当前计数值"
0	0	1	1	0	从计数器 2 读出"当前计数值"
0	0	1	1	1	无操作
1	×	×	×	×	禁止
0	1	1	×	×	无操作

3. 8253A 的控制字

8253A 的工作方式是由主机编程设定的,即在初始化编程中由 CPU 向 8253A 的控制寄存器输出一个控制字,用来选择计数器通道、设置工作方式和计数方式。控制字的格式如图 7.32 所示。

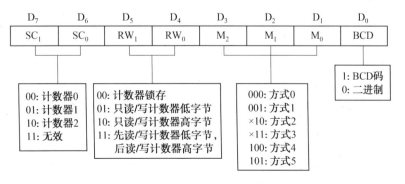

图 7.32　8253A 控制字格式

D_7D_6:用来选择将控制字送往哪一个计数器。

D_5D_4:当 $D_5D_4=00$ 时,它使当前减 1 计数器中的数值在锁存器中锁定,计数器仍然工作,随后可以用指令读出已锁存的计数值。

$D_3D_2D_1$:用来确定工作方式。

D_0:该位用于使计数器按二进制计数或十进制(BCD 码)计数。

4.8253A 的工作方式

8253A 的工作方式有 6 种,不论哪种工作方式,都遵循如下基本原则。

①控制字写入计数器时,所有的控制逻辑电路立即复位,输出端 OUT 进入初始状态。该初始状态与工作方式有关,设置成方式 0 时,OUT 的初始状态为低电平,设置成其他方式时,OUT 的初始状态为高电平。

②在计数初值写入计数初值寄存器 CR 后,要经过一个时钟脉冲的上升沿和下降沿,才将初值送入计数执行单元 CE,减 1 计数器从下一个时钟开始进行计数。

③在时钟脉冲的下降沿计数器进行计数。

④通常在时钟脉冲 CLK 的上升沿对门控信号 GATE 进行采样,对于给定的工作方式,门控信号的触发方式有具体规定。在方式 0、方式 4 中,门控信号为电平触发;方式 1、方式 5 中,门控信号为上升沿触发;方式 2、方式 3 中,既可用电平触发,也可用上升沿触发。

8253A 中的 3 个计数器均可独立工作,每个计数器都有 6 种工作方式。

(1)方式 0:计数器结束产生中断请求

在方式 0 下,门控信号决定计数的启/停,写入初值决定计数过程重新开始,计数过程时序如图 7.33 所示。

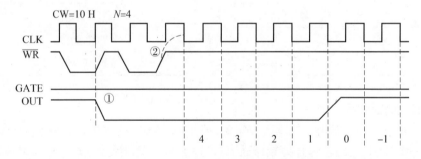

图 7.33 计数器方式 0 计数过程时序

①计数过程。由图 7.33 可以看出,首先 CPU 将控制字 CW 写入控制寄存器。在下一个时钟脉冲 CLK 的上升沿和写信号 $\overline{WR}$ 的上升沿,输出端 OUT 变为低电平(图 7.33 中虚线①所示),若原来为低电平,则继续维持低电平,并且计数过程中一直维持低电平;然后,计数初值(设 $N=4$)写入初值寄存器 CR 后,在 $\overline{WR}$ 上升沿之后的第一个时钟脉冲 CLK(图 7.33 中虚线②所示)的下降沿,将 CR 的值送入计数执行单元 CE 中。

写入计数初值后的下一个脉冲,计数初值被送到减 1 计数器,计数器开始对 CLK 脉冲进行减 1 计数。计数过程中,门控信号 GATE 必须是高电平。当计数值减到 0 时输出端 OUT 变成高电平,此信号可用于向 CPU 发出中断请求。输出端 OUT 保持高电平,并一直维持高电平直到写入新的计数初值开始下一轮计数。计数初值一次有效,经过一次计数过程后,必须重新写入计数初值。方式 0 主要用于对外部事件计数。

②工作特点。门控信号 GATE 为计数控制信号。当 GATE = 0 时，计数暂停并保持当前值。当 GATE 恢复到高电平并经过一个时钟周期后，计数执行单元从当前值开始继续执行减 1 操作。

在计数过程中也可以改变计数值，在写入新的计数初值后，计数器将立即按新的计数值重新开始计数，即改变计数值是立即有效地。从计数开始时输出信号 OUT 变为低电平，一直保持到计数结束，并不会因为写入新的计数初值而受到影响。

（2）方式 1：可重复触发的单稳态触发器

方式 1 是在门控信号 GATE 的作用下才开始计数，并且该信号可重复触发计数过程，计数过程时序如图 7.34 所示。

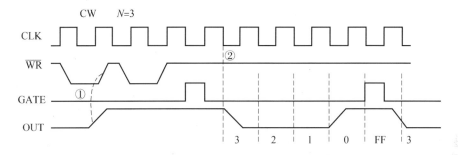

图 7.34　计数器方式 1 计数过程时序

①计数过程。当 CPU 在 $\overline{\text{WR}}$ 的上升沿将方式 1 的控制字 CW 写入控制寄存器后，输出信号 OUT 变成高电平，若原来为高电平，则继续维持高电平。在 CPU 将计数初值 $N = 3$ 写入后计数执行单元 CE 并不启动计数，只有当门控信号 GATE 的上升沿到来，在下一个时钟周期 CLK 的下降沿才开始计数，输出信号 OUT 变为低电平（图 7.34 中虚线②所示）。在计数过程中 OUT 一直维持低电平，直到计数值减到 0 时，输出信号 OUT 回到高电平，并一直保持到下一个触发后的第一个时钟到来之前。

②工作特点。方式 1 中，计数结束后，若再来一个门控信号 GATE 的上升沿，则在下一个时钟周期 CLK 的下降沿又从初值开始计数，而且不需要重新写入计数初值，即门控脉冲可重新触发计数，同时输出端 OUT 从高电平变为低电平，直到计数结束再恢复到高电平。

在计数器未减到 0 时，若来一个门控信号 GATE 的正脉冲，则在下一个时钟脉冲 CLK 的下降沿终止原来的计数过程，从初值重新计数。在这个过程中输出端 OUT 保持低电平不变，直到计数执行单元的数值减为 0 时，OUT 才恢复为高电平。这可使输出端 OUT 的低电平持续时间加长，即输出单次脉冲的宽度加宽。

在计数过程中，可装入新的计数初值，不会影响计数过程。只有当 GATE 上升沿再次出现，并在到来后的第一个时钟脉冲的下降沿，才终止原来的计数过程并按新值开始计数。

（3）方式 2：分频器

在方式 2 下，用门控信号 GATE 可达到同步计数的目的，方式 2 的计数过程时序如图 7.35 所示。

①计数过程。CPU 写入控制字 CW 后，在时钟脉冲 CLK 的上升沿，输出端 OUT 变为高电平（图 7.35 中虚线①所示）。当计数初值被写入初值寄存器后，在下一个时钟脉冲 CLK 的下降沿，计数初值被写入计数执行单元并开始减 1 计数，当减到 1 时，经过两个时钟脉冲，

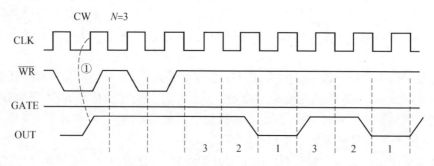

图 7.35　计数器方式 2 计数过程时序

OUT 变为低电平。经过一个时钟周期,OUT 又变为高电平,并且计数器将自动按初值重新开始一个新的计数过程,周而复始。

在方式 2 下,不用重新设置计数初值,计数器就能连续工作,并在输出端 OUT 不断输出固定频率的负脉冲,因此又称此方式下的计数器为 N 分频器或频率发生器。其工作的频率取决于计数初值 N,如果计数初值为 N,则每输入 N 个时钟脉冲 CLK 就输出一个负脉冲,负脉冲的宽度为 1 个时钟周期,两个负脉冲间的宽度等于 $N-1$ 个时钟周期。

②工作特点。减 1 计数的过程中,GATE 为高电平时允许计数,为低电平时终止计数,而由低电平恢复为高电平后的第一个时钟脉冲下降沿从初值重新开始计数。

如果在计数过程中写入新的初值后,遇到 GATE 的上升沿,则结束当前的计数过程,从下一个时钟脉冲的下降沿开始按新的初值开始计数,由于此种情况是计数值未减到 0 就重新按新的初值进行计数,在此期间输出端 OUT 一直维持高电平,这样就可以随时通过重新写入计数初值来改变输出脉冲的频率。

(4)方式 3:方波发生器

方式 3 和方式 2 的工作过程类似,除计数过程和输出波形有差别外,其他均与方式 2 相同。方式 3 计数过程时序如图 7.36 所示。

①计数过程。方式 3 计数过程分奇、偶两种情况。

当初值为偶数时(图 7.36(a)),CPU 写入控制字 CW 后,在时钟脉冲 CLK 的上升沿,输出端 OUT 变为高电平。当计数初值写入初值寄存器 CR 后,经过一个时钟周期,计数初值被写入计数执行单元 CE,在下一个时钟脉冲的下降沿开始进行减 2 计数,以后每来一个时钟脉冲继续执行减 2。当计数值减到 0 时输出端 OUT 改变极性,此后计数执行单元重新从初值开始计数。只要门控信号 GATE=1,此工作过程一直重复进行,在输出端 OUT 得到一方波信号,故这种方式下的计数器又称为方波发生器。方波的正脉冲或者负脉冲的宽度均为 $N/2$ 的 CLK 周期。

当初值为奇数时(图 7.36(b)),则在计数初值写入初值寄存器之后,经过一个时钟周期,计数初值被写入计数执行单元,在下一个时钟脉冲的下降沿进行减 1 计数,其后,每一个时钟脉冲使计数器减 2,计数到 0,输出端 OUT 变为低电平,同时计数单元重新从初值开始计数,并在第一个时钟脉冲使计数器减 3,其后每一个时钟脉冲使计数器减 2,计数到 0,输出端 OUT 变为高电平,此时一个周期完毕,重复下一个计数过程。在门控信号 GATE 一直为高电平的情况下,输出端 OUT 的波形为连续的近似方波,高电平持续时间为 $(N+1)/2$ 个脉冲周期,低电平持续时间为 $(N-1)/2$ 个脉冲周期。

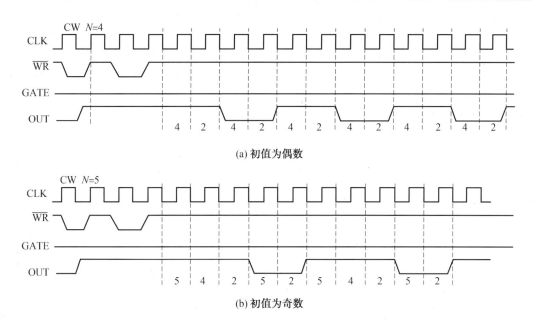

(a) 初值为偶数

(b) 初值为奇数

图 7.36　计数器方式 3 计数过程时序

②工作特点。方式 3 的工作条件是门控信号 GATE = 1,如果在计数过程中门控信号 GATE = 0 时,计数器停止计数,输出端 OUT 立即变为高电平。当 GATE 恢复为高电平时,计数器从初值开始重新计数。

在计数过程中写入新的初值,若门控信号 GATE = 1,新的初值写入不影响当前的计数过程,只是在下一个计数过程中按新的初值进行计数;若加入一个 GATE 脉冲信号,则结束当前的计数过程,在门控信号的上升沿后的第一个时钟周期的下降沿,按新的初值开始计数。

(5)方式 4:软件触发选通方式

方式 4 为软件触发选通方式,其计数过程时序如图 7.37 所示。

①计数过程。CPU 写入控制字 CW 后,在时钟脉冲 CLK 的上升沿,输出信号 OUT 变成高电平,将计数初值写入初值寄存器 CR 中。经过一个时钟周期 CLK,计数初值被写入计数执行单元 CE,下一个时钟脉冲的下降沿开始进行减 1 计数,减到 0 时,OUT 变为低电平,并保持脉冲宽度为一个 CLK 时钟周期,然后自动恢复为高电平。

方式 4 每写一次计数初值只能得到一个负脉冲输出,要启动下一次计数,必须重新写入计数初值,所以称方式 4 为软件触发。若设置计数初值为 N,则在写入计数初值后的 $N+1$ 个 CLK 时钟周期,才输出一个负脉冲,且负脉冲的宽度为一个 CLK 时钟周期。输出端 OUT 的低电平持续时间为一个 CLK 时钟周期,常用此负脉冲作为选通信号,故又称为软件触发选通方式。

②工作特点。当门控信号 GATE 为高电平时,允许计数;当门控信号 GATE 为低电平时,停止计数。然而,当门控信号 GATE 为低电平时恢复为高电平时并不是恢复计数,而是重新从初值开始计数。

在计数过程中,如果写入新的计数初值,则立即终止当前的计数过程,并在下一个时钟周期的下降沿按新的初值开始计数。如果新的计数初值为双字节,则在写入第一个字节时,原来计数过程不受影响,在写入第二个字节后的下一个时钟脉冲到来时,按新的计数值开始计数。

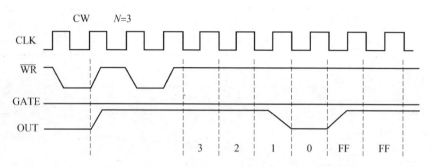

图 7.37　计数器方式 4 计数过程时序

方式 0 和方式 4 都可用于定时和计数,定时的时间 = $N \times T$。只是定时时间到时,方式 0 的输出信号 OUT 是正脉冲信号,方式 4 的输出信号 OUT 是负脉冲信号。

(6)方式 5:硬件触发选通方式

方式 5 为硬件触发选通方式,完全由 GATE 端引入的触发信号控制定时和计数,其计数过程时序如图 7.38 所示。

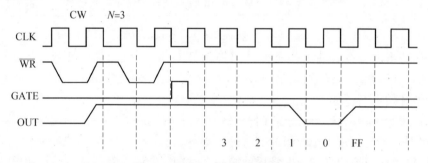

图 7.38　计数器方式 5 计数过程时序

①计数过程。CPU 写入控制字 CW 后,在时钟脉冲 CLK 的上升沿,输出信号 OUT 变成高电平,写入计数初值后,经过一个时钟脉冲,计数初值送入计数执行部件,但计数器并不立即开始计数。直到门控信号 GATE 的上升沿到来后,在下一个时钟周期的下降沿才开始减 1 计数,直至计数值减到 0 时,OUT 变为低电平,持续一个时钟周期后又自动变为高电平,并一直保持。

由上述计数过程可见,采用方式 5 循环计数时,计数过程并不自动开始,而是靠门控信号 GATE 触发的,故方式 5 又称为硬触发。若设置计数初值为 N,则在 GATE 的上升沿到来后,经过 $N+1$ 个 CLK 时钟周期,才输出一个负脉冲,负脉冲的宽度为一个 CLK 时钟周期。

②工作特点。在计数的过程中,若来一个门控信号 GATE 的上升沿,当前计数过程立即终止,并重装计数初值,在下一个时钟周期的下降沿又从初值开始计数。计数过程结束后,若来一个门控信号 GATE 的上升沿,计数过程类似,不用重新写入初值。

无论在计数的过程中,还是在计数结束之后,写入新的计数初值如果没有门控信号 GATE 上升沿的触发,都不会影响原计数过程;若有,则在下一个时钟脉冲的下降沿按新的计数初值重新开始计数。

7.4.3　8253A 的编程及应用

8253A 作为经典的可编程定时/计数芯片,应用非常广泛,例如精确地硬件定时器、方波发生器、分频器、脉冲计数器等。下面举几个应用的例子,以进一步加深对 8253A 工作原理的理解和认识。

(1)定时器

【例 7.6】 用 8253A 控制 LED 灯闪烁。编程将 8253A 定时器 0 设定为方式 3,定时器 1 设定为方式 2,定时器 0 的输出作为定时器 1 的输入,定时器 1 的输出接在一个 LED 上,运行后可观察到该 LED 在不停闪烁。

图 7.39 所示为用 8253A 控制 LED 闪烁的电路原理框图。连线说明如下:8253A 的片选信号$\overline{CS}$接至译码处 200H ~ 207H,CLK_0接至 OUT_1,CLK_1接至 1 MHz 时钟信号源,$GATE_0$ 和 $GATE_1$接至+5 V 电源,OUT_0接至 LED_0 的阴极上。

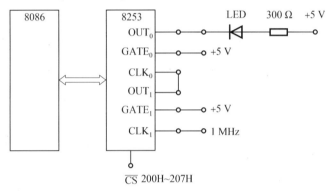

图 7.39　用 8253A 控制 LED 闪烁电路原理框图

用 8253A 对标准脉冲信号进行计数,就可以实现定时功能,8253A 的工作频率为 0 ~ 2 MHz,所以输入的 CLK 时钟信号的频率必须在 2 MHz 以下。用 1 MHz 作为标准信号,将 8253A 可编程定时/计数器的时间常数设为 1 000 000 次,就可以在定时器的管脚上输出 1 秒钟高或 1 秒钟低的脉冲信号。由于 8253A 每个计数器只有 16 位,因此要用两个计数器才能实现一百万次的计数,实现每一秒钟输出状态发生一次反转。

由于定时常数过大,需要采用多级串联方式。本题中采用两级计数器,定时常数分别为 100 和 10 000。将计数器 1 的输出 OUT_1接到计数器 0 的输入 CLK_0上,计数器 0 的输出接到 LED_0。

用 8253A 控制 LED 闪烁的程序流程图如图 7.40 所示,下面是程序清单。

```
CODE   SEGMENT
ASSUMECS：CODE
START：  MOV    AL,36H      ;计数器 0 初始化,16 位,方式 3,二进制
         MOV    DX,203H     ;8253A 控制端口地址
         OUT    DX,AL
         MOV    AX,10000
         MOV    DX,200H
```

```
        OUT     DX,AL          ;计数器低字节
        MOV     AL,AH
        OUT     DX,AL          ;计数器高字节
        MOV     AL,76H         ;计数器1初始化,16位,方式2,二进制
        MOV     DX,203H
        OUT     DX,AL
        MOV     AX,100
        MOV     DX,201H
        OUT     DX,AL          ;计数器低字节
        MOV     AL,AH
        OUT     DX,AL          ;计数器高字节
        JMP     $
CODE    ENDS
        END     START
```

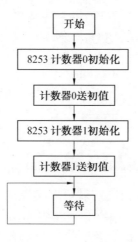

图 7.40　用 8253A 控制 LED 闪烁程序流程图

（2）方波发生器

【例 7.7】　IBM PC/XT 系统板上使用了一片 8253A,具体连接如图 7.41 所示。8253A 的片选信号$\overline{CS}$连接系统板上的外设端口译码电路 74LS138 的输出端$\overline{T/CCS}$,地址范围为 40H ~ 5FH。BIOS 中 8253A 的三个计数器及控制端口地址规定为 40H ~ 43H,三个计数器的 CLK 都由频率为 1.19 MHz 的电路产生,对三个计数器的用途作了如下规定:

规定 1:计数器 0,每隔 55 ms 向中断控制器的 IRQ$_0$端发一次中断请求信号,定时用于报时及磁盘驱动器的马达定时。工作在方式 3,计数初值为 65536,二进制格式。

初始化程序如下:

```
…
MOV     AL,36H         ;计数器 0 的控制字
OUT     43H,AL
MOV     AL,0           ;计数初值为 65536,先写入低 8 位,再写入高 8 位
```

```
OUT     40H,AL
OUT     40H,AL
...
```

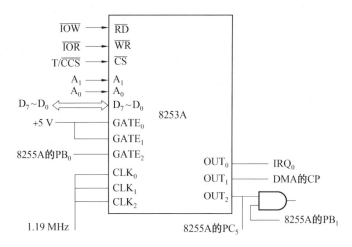

图 7.41　PC/XT 系统板上 8253A 连接示意图

规定 2：计数器 1，每隔 15.12 μs 请求一次 DMA，对动态存储器进行一行刷新。OUT_1 连接 DMA 请求触发器的 CP 端。工作在方式 2，计数初值为 18，二进制格式。

初始化程序如下：

```
...
MOV     AL,54H          ;计数器 1 的控制字
OUT     43H,AL
MOV     AL,12H          ;计数初值为 18
OUT     41H,AL
...
```

规定 3：计数器 2，将产生约 1 kHz 的方波送到扬声器，$GATE_2$ 连接 8255A 的 PB_0，当 PB_0 为高时才产生方波。OUT_2 产生的电平经 8255A 的 PC_5 被 CPU 检测，又经电路转换连接 8255A 的 PB_1。假设此发声子程序的入口地址为 FFA08H，8255A 的 PB 口地址为 61H，则程序片段如下：

```
...
MOV     AL,0B6H         ;计数器 2 的控制字
OUT     43H,AL
MOV     AX,0533H        ;计数初值为 1331
OUT     42H,AL
MOV     AL,AH
OUT     42H,AL
IN      AL,61H          ;读取端口 61H 的值
MOV     AH,AL           ;存放在 AH 中
OR      AL,03H          ;低两位均为 1，使扬声器发声
```

```
OUT        61H,AL
SUB        CX,CX          ;延时,CX 为循环计数值
…
```

（3）分频器

8253A 的端口地址为 250H~253H,利用该定时器将 2 MHz 的脉冲变为 1 Hz 的脉冲。

若使用一个计数器,初值 N=定时时间/时钟脉冲周期=时钟脉冲频率/输出脉冲频率=2 MHz/1 Hz=2 000 000,而一个计数器的初值最大长度是 16 位,即 65 536,远小于初值 N,因为用一个计数器无法实现该分频过程,必须采用两个计数器进行级联,如图 7.42 所示。

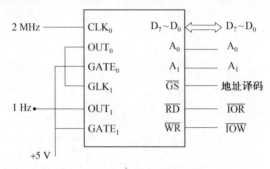

图 7.42　计数器级联结构示意图

将计数器 0 的输出 OUT 信号作为计数器 1 的时钟信号,同时设定计数器 0 工作在方式 3,分频系数为 400,采用 BCD 码计数,则计数器 0 方式的控制字为 27H。计数器 1 工作在方式 2,分频系数为 5 000,采用相同的计数方式,则计数器 1 的控制字为 65H。初始化程序如下:

```
MOV        AL, 27H        ;计数器 0 的控制字
MOV        DX, 253H       ;端口地址
OUT        DX, AL
MOV        AL, 65H        ;计数器 1 的控制字
OUT        DX, AL
MOV        DX, 250H       ;端口地址
MOV        AL, 04H        ;计数器 0 的时间常数(BCD 数高 8 位)
OUT        DX, AL
MOV        AL, 50H        ;计数器 1 的时间常数(BCD 数高 8 位)
MOV        DX, 251H
OUT        DX, AL
```

该程序执行完之后计数器 1 输出端 OUT 输出的脉冲就是 1Hz。

7.5　数/模(D/A)转换技术

7.5.1　概　述

焊接过程中的数据采集系统或过程控制系统所采集的外部信号或被控对象的参数通常

是一些随时间连续变化的物理量,如温度、压力、流量、光通量、位移量、电压、电流等,称为模拟量。然而,计算机所能接收、处理的信息一般是"0"、"1"及其组合的数字,即数字量。因此,只有将外部这些模拟量转换为数字量,才能被计算机接收、处理;同理,计算机运算、处理后输出的数字量必须转换成模拟量(必要时还要进行功率放大),被控制对象才能接收,从而完成相应的控制动作。

将模拟量转换为数字量的过程称为模/数(A/D)转换,实现这一个过程的器件称为模/数转换器(ADC);将数字量转换为模拟量的过程称为数/模(D/A)转换,实现这一过程的器件称为数/模转换器(DAC)。

图 7.43 是一个包含 A/D 转换和 D/A 转换的微机实时控制系统的示意图。该系统主要由以下几个部分构成:

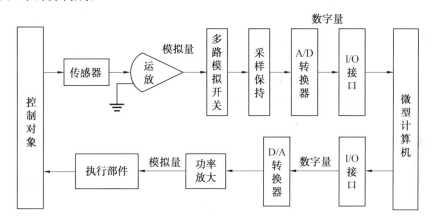

图 7.43 包含 A/D 转换和 D/A 转换的微机实时控制系统示意图

1. 传感器

传感器又称变送器,是指能够将非电信号,如温度、压力、速度、流量等转换为电模拟信号的敏感元件。目前有温度、光电、压力、位移、速度、流量等多种传感器。传感器的精度直接影响整个测控系统的精度。

2. 信号处理组件

信号处理组件通常包含放大器和滤波器。在进行 A/D 转换之前,由于传感器一般不能提供足够幅度的模拟量信号,所以需要进一步放大之后才能获得 ADC 所要求的输入电平范围。另外现场的传感器及其传输线路容易受到各种干扰信号的影响,有时还需要加接一个滤波电路。同样由于 D/A 转换器输出的模拟信号通常也不足以直接驱动执行部件,所以要在 D/A 转换器和执行部件之间加上功率放大器。

3. A/D 转换器

把连续变化的电信号转换为数字信号的器件称为模/数转换器,即 A/D 转换器(ADC),如芯片 ADC0809。注意 A/D 转换器输入的模拟信号有一定的电压范围,需要和前面的放大电路配合好。

4. 多路开关

在数据采集系统中需要检测或者采集的模拟量往往是多个,由于许多模拟量变化缓慢,可以使用多路开关器件轮流接通其中的一路,从而使多个模拟信号可以共用一个 A/D 转换器。

5. 采样保持器

进行 A/D 转换需要一定的时间,与此同时模拟信号会随时间不断地发生变化,甚至在一次 A/D 转换期间可能会发生很大的变化。为了使转换过程顺利进行,不至于发生错误,在 A/D 转换器之前安置一个采样保持器,转换开始前,它采集输入信号,并在转换进行过程中向 ADC 提供不变的输入信号。对于缓慢变化的模拟量,采样保持器可以省略。

6. D/A 转换器

把数字信号转换成模拟信号的转换装置,即 D/A 转换器(DAC),如芯片 DAC0832。

7. I/O 接口电路

计算机与外部设备通信的桥梁。详见 7.1 节。

7.5.2　D/A 转换的基本原理

D/A 转换即数/模转换,是将数字量转化成模拟量的过程。D/A 转换器的基本功能就是将数字量转换成对应的模拟量输出。其转换的基本原理如下:为了将数字量转换为模拟量,可将每位代码按照其"权"值转换为相应的模拟量(仅指模拟电压),然后再把对应于各位代码的模拟量加起来,即可得到与数字量成正比的总模拟量,从而实现了数字-模拟转换。

1. D/A 转换器的转换特性

D/A 转换器输入的是离散的二进制数字,输出 A 是模拟量,如电流、电压。D/A 转换器的特性如图 7.44 所示,其中 V_{LSB} 为最小输出电压增量。在一定的关系条件下,采用 000、001、…、111 这些离散的数字就可以对应表示出 0 ~ 7 V 的电压信号。

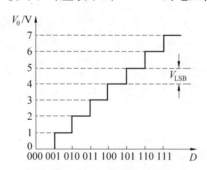

图 7.44　D/A 转换器的转换特性

2. D/A 转换器的电路

D/A 转换器的具体电路有多种形式,其中解码网络是普遍采用的形式,解码网络的主要形式有两种:二进制权电阻网络和 T 型电阻网络。

(1)二进制权电阻网络

4 位权电阻网络数模转换器电路结构如图 7.45 所示。V_{REF} 是基准电源,数字寄存器的数码作为输入数字量 D_3、D_2、D_1、D_0 分别控制 4 个模拟电子开关 S_3、S_2、S_1、S_0。例如,当 $D_3 = 0$ 时,电子开关 S_3 接到右边,使电阻接地;$D_3 = 1$ 时,电子开关 S_3 接通左边,使 R 与 V_{REF} 接通。4 个电阻称为权电阻。权电阻的阻值大小与该位的权值成反比,如 D_2 位的权值是 D_1 的两倍,而所对应的权电阻值却是 D_1 位的 1/2。

根据反相比例运算公式可知:

$$\frac{V_0}{R_F} = -\frac{V_{REF}}{R}$$

可得

$$V_0 = -\frac{V_{REF} \times R_F}{R}(2^3 \times D_3 + 2^2 \times D_2 + 2^1 \times D_1 + 2^0 \times D_0)$$

　　显然,输出模拟电压的大小直接与输入二进制数的大小成正比,从而实现了模拟量到数字量的转换。

　　权电阻网络数模转换器精度取决于基准电压 V_{REF} 以及模拟电子开关、运算放大器和各权电阻值的精度。它的缺点是各权电阻的阻值都不相同,位数多时,其阻值相差非常大,这给保证精度带来很大的困难,特别是对于集成电路的制作很不利,因此在集成的数模转换器中很少单独使用该电路。

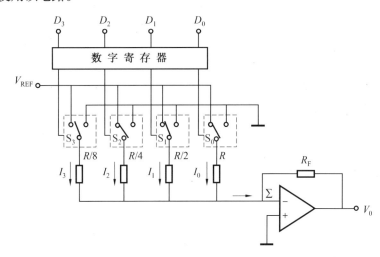

图 7.45　4 位权电阻网络数模转换器电路结构

　　(2)R–2R T 型电阻网络

　　4 位 R–2R T 型电阻网络数模转换器电路结构如图 7.46 所示。V_{REF} 是基准电源,输入数字量 D_3、D_2、D_1、D_0 分别控制 4 个模拟电子开关 S_3、S_2、S_1、S_0。

　　由图 7.46 可见 T 型电阻网络中电阻类型少,只有 R 和 $2R$ 两种,电路构成比较方便,从而克服了权电阻阻值多且阻值差别大的缺点。由电路结构可得,D、C、B、A 四点电位逐位减半,即

$$U_D = V_{REF}, \quad U_C = V_{REF}/2, \quad U_B = V_{REF}/4, \quad U_A = V_{REF}/8$$

　　因此,I_3、I_2、I_1、I_0 也逐位减半,则可以求得:

$$I_{\Sigma} = I_3 + I_2 + I_1 + I_0 =$$

$$\frac{V_{REF}}{2R} \times D_3 + \frac{V_{REF}/2}{2R} \times D_2 + \frac{V_{REF}/4}{2R} \times D_1 + \frac{V_{REF}/8}{2R} \times D_0 =$$

$$\frac{V_{REF}}{2R} \times D_3 + \frac{V_{REF}}{4R} \times D_2 + \frac{V_{REF}}{8R} \times D_1 + \frac{V_{REF}}{16R} \times D_0 =$$

$$\frac{V_{REF}}{16R}(2^3 \times D_3 + 2^2 \times D_2 + 2^1 \times D_1 + 2^0 \times D_0)$$

根据反相比例运算公式可得

$$V_0 = -\frac{V_{\text{REF}} \times R_F}{16R}(2^3 \times D_3 + 2^2 \times D_2 + 2^1 \times D_1 + 2^0 \times D_0)$$

输出模拟电压的大小也直接与输入二进制数的大小成正比,从而实现模拟量到数字量的转换。R-2R T 型电阻网络数模转换器是工作速度较快、应用较多的一种。

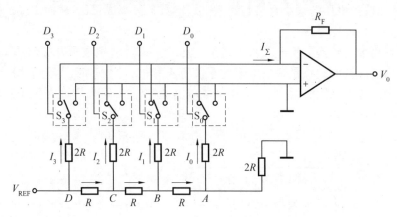

图7.46　4 位 R-2RT 型电阻网络数模转换器结构

7.5.3　D/A 转换器的主要技术参数

1. 分辨率

分辨率是指 DAC 可输出的模拟量的最小变化量,也就是最小输出电压(输入的数字量只有 $D_0 = 1$)与最大输出电压(输入的数字量所有数位都等于 1)之比,也通常定义为刻度值与 2^n 之比(n 为二进制数)。二进制位数越多,分辨率越高。例如,若满量程为 10 V,根据分辨率的定义可知分辨率为 10 V/2^n。设 8 位 D/A 转换,即 $n = 8$,分辨率为 10 V/$2^8 \approx$ 39.06 mV,即二进制变化一位可引起模拟电压变化 39.06 mV,该值占满量程的 0.39%,常用 1LSB 表示。同理,10 位、12 位、14 位、16 位 DAC 的分辨率(1LSB)为 10 V/2^{10}、10 V/2^{12}、10 V/2^{14}、10 V/2^{16}。

2. 转换精度

转换精度是实际输出与理论输出模拟值之差,这种差值由转换过程中的各种误差引起,它可分为绝对精度和相对精度。

(1)绝对精度

绝对精度也称绝对误差,是指输入已知数字量时,在输出端实际测到的模拟输出值与理论输出值之差。它是由 DAC 的增益误差、零点误差、线性误差和噪声等因素引起的。

增益误差:DAC 的输入与输出传递特性曲线的斜率称为转换增益或标度系数,转换器输出的实际增益与理想增益之间的偏差称为增益误差。

零点误差:它是由运算放大器零点漂移产生的误差,即数字输入全为 0 时,其模拟输出值与理想输出值(应为 0)之间的偏差,一般用 LSB 的分数值或偏差值相对于满量程的百分数来表示。

线性误差:它指 DAC 的转换特性曲线与理想特性之间的最大偏差,通常以 LSB 的分数值形式给出。

（2）相对精度

相对精度也称相对误差，是指 DAC 满量程值校准后，任一数字输入的模拟输出值与它的理论输出值之差。一般以满量程电压 V_{FS} 的百分数或者以最低有效位（LSB）的分数形式给出。

例如，某 DAC 的相对精度为±0.1%，指的是最大相对误差为 V_{FS} 的±0.1%，如满量程值 $V_{FS} = 10$ V，则最大相对误差 $V_E = ±10$ mV。

例如，N 位 DAC 的相对精度为±1/4LSB，是指最大相对误差为

$$V_E = ±1/4LSB = ±1/4 \cdot 1/2^N \cdot V_{FS} = ±1/2^{N+2} V_{FS}$$

注意：精度与分辨率是两个不同的参数。精度取决于 D/A 转换器各个部件的制作误差，而分辨率取决于 D/A 转换器的位数。

3. 建立时间

建立时间是 DAC 的一个重要参数，它是指从数字信号输入 D/A 转换器起，到模拟信号输出达到稳态值±1/2LSB 时所需要的时间。当输出的模拟量为电流时，这个时间很短，如输出电压，则它取决于输出运算放大器所需的时间。建立时间一般在几十个纳秒至几微秒。

DAC 按照建立时间可以分为：低速型（>100 μs）、中速型（1~100 μs）、高速型（50~100 ns）和超高速型（<50 ns）。

4. 温度灵敏度

温度灵敏度表明 DAC 受温度变化影响的特性。它是指温度每变化 1 ℃，增益、线性度、零点及偏移等参数的变化量。一般 DAC 的温度灵敏度为±50 ppm/℃（ppm 为百万分之一）。

5. 输出电平范围

输出电平范围是指 DAC 可输出的最低电压与最高电压的差值。常用的 D/A 转换器的输出范围是 0~+5 V、0~+10 V、-2.5~+2.5 V、-5~+5 V、-10~+10 V。

7.5.4　常用 D/A 转换器及接口

从 DAC 芯片与总线或 CPU 连接的方法看，DAC 芯片可分为两类：一类是芯片内部没有数据输入寄存器，这类芯片内部结构简单、价格低，但在使用时不能直接与总线相连，如 AD7520、AD7521 及 AD561 等；另一类是芯片内部有数据输入寄存器，内部机构较复杂，在使用时可以与总线直接相连，如 DAC0832、DAC1210 及 AD7524 等。

1. DAC0832

（1）DAC0832 主要特性

DAC0832 是内部带有数据输入寄存器和 T 型电阻网络的 8 位 D/A 转换器。DAC0832 与微机接口方便，转换控制容易，且价格较低，适用于要求几个模拟量同时输出的场合，因此在实际中得到广泛应用。它是 DAC0800 系列的一种，该系列产品还有 DAC0830、DAC0831。

DAC0832 具有以下主要特性：

①电流输出型 D/A 转换器；

②采用 CMOS 和薄膜 Si-Cr 电阻相容工艺，温度漂移小；

③数字量输入具有双重缓冲锁存功能，与 CPU 可直接接口；

④可工作在双缓冲、单缓冲或直通三种方式;

⑤输入数据的逻辑电平满足 TTL 电平标准;

⑥分辨率为 8 位,满量程误差为±1LSB;

⑦转换时间(建立时间)为 1 μs;

⑧参考电压±10 V,单电源+5 ~ +15 V,功耗 20 mW。

(2)DAC0832 的内部结构及引脚功能

DAC0832 芯片为 20 脚的双列直插式封装,其内部结构如图 7.47 所示。DAC0832 内部有一个 8 位输入寄存器和一个 8 位 DAC 寄存器构成二级缓冲寄存器,还有一个 D/A 转换器(R–2R T 型电阻解码网络)及转换控制电路。

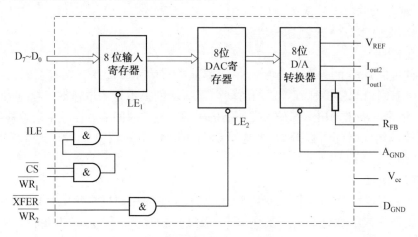

图 7.47　DAC0832 的内部结构

8 位输入寄存器是将 CPU 送入的数据保存,直到有新的数据到来,构成第一级锁存,它的锁存信号为允许输入锁存信号 ILE。8 位 DAC 寄存器为第二级锁存器,它的锁存信号为数据传送控制信号$\overline{\text{XFER}}$。因为有两级锁存器,DAC0832 可以工作在双缓冲器方式,即在输出模拟信号的同时采集下一个数字量,这样能有效提高转换速度。

DAC0832 的外部引脚如图 7.48 所示,其引脚功能说明如下:

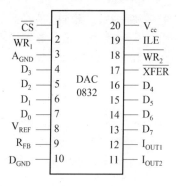

图 7.48　DAC0832 的引脚信号

ILE:输入锁存允许信号,高电平有效。

$\overline{CS}$:输入寄存器选择信号,低电平有效。它和输入锁存允许信号 ILE 一起决定$\overline{WR_1}$是否起作用。

$\overline{WR_1}$:写信号 1,它作为输入寄存器的写选通信号(锁存信号)将输入数据锁入 8 位输入寄存器,必须和$\overline{CS}$、ILE 同时有效。

输入寄存器的锁存信号 LE_1 由 ILE、$\overline{CS}$、$\overline{WR_1}$ 的逻辑组合产生。当 ILE 为高电平,$\overline{CS}$ 和 $\overline{WR_1}$ 同时为低电平时,LE_1 为高电平,输入寄存器的输出随输入而变化。当 $\overline{WR_1}$ 变为高电平时,LE_1 变为低电平,输入数据被锁存在输入寄存器中。

$\overline{WR_2}$:写信号 2,即 DAC 寄存器的写选通信号,低电平有效。将锁存在输入寄存器中的数据送到 DAC 寄存器中锁存,此时传送控制信号$\overline{XFER}$必须有效。

$\overline{XFER}$:从输入寄存器向 DAC 寄存器传送 D/A 转换数据的控制信号,低电平有效,用来控制$\overline{WR_2}$。

DAC 寄存器的锁存信号 LE_2 由 $\overline{WR_2}$ 和$\overline{XFER}$的逻辑组合产生,当$\overline{WR_2}$和$\overline{XFER}$同时为低电平时,LE_2 为高电平,DAC 寄存器的输出随它的输入而变化;当$\overline{WR_2}$或$\overline{XFER}$由低变高时,LE_2 变为低电平,LE_2 的下降沿将输入寄存器中的数据所存在 DAC 寄存器中。

$D_7 \sim D_0$:8 位数字量输入端,D_0 为最低位 LSB,D_7 为最高位 MSB。

I_{OUT1}:DAC 模拟电流输出端 1,是数字输入端逻辑电平为 1 的各位输出电流之和。DAC 寄存器内部随输入代码线性变化,当 DAC 寄存器的内容全为 1 时,I_{OUT1}最大;DAC 寄存器的内容全为 0 时,I_{OUT1} 最小。

I_{OUT2}:DAC 模拟电流输出端 2,I_{OUT2} 等于常数减去 I_{OUT1},即 $I_{OUT1} + I_{OUT2} =$ 常数。此常数对应于一固定基准电压的满量程电流。

R_{FB}:反馈电阻,被制作在芯片内部,用作 DAC 提供输出电压时运算放大器的反馈电阻,直接接到外部运算放大器的输出端。

V_{REF}:参考电压输入端,V_{REF} 一般为$-10 \sim +10$ V,由外部电路提供。由于它是转换的基准,要求电压准确、稳定性好。

V_{cc}:芯片电源输入端,取值范围为$+5 \sim +15$ V,最佳值为$+15$ V。

A_{GND}:模拟地,即芯片模拟电路接地点,所有的模拟地要连在一起。

D_{GND}:数字地,即芯片数字电路接地点,所有的数字电路地要连在一起。设计 D/A 转换电路时,在环境电磁干扰不严重的情况下可以将模拟地和数字地一块连到一个公共接地点。

(3)DAC0832 的工作方式及与 CPU 的连接

由于 DAC0832 内部有数据锁存器,在与 CPU 相连时,可直接与数据总线相连,也可以通过并行接口(如 8255A 等)与 PC 相连。通过对 DAC0832 的输入寄存器和 DAC 寄存器采用不同的控制方法,可以使 DAC0832 处于三种不同的工作方式。

①单缓冲方式。单缓冲方式就是使两个寄存器中的一个处于直通状态,另一个处于受控锁存器状态,如图 7.49 所示。输入数据只经过一级缓冲送入 D/A 转换电路。通常的做法是将$\overline{WR_2}$和$\overline{XFER}$均接数字地,使 DAC 寄存器处于直通方式,而把 ILE 接$+5$ V,$\overline{WR_1}$接

CPU 系统总线的$\overline{\text{IOW}}$信号，$\overline{\text{CS}}$接端口地址译码信号，使输入寄存器处于锁存方式。单缓冲方式只需执行一次写操作即可完成 D/A 转换。一般当不需要多个模拟量同时输出时，可采用单缓冲方式。

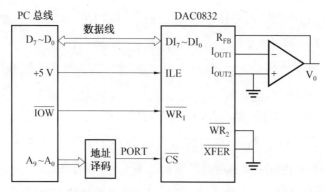

图 7.49　DAC0832 单缓冲方式接口图

　　②双缓冲方式。双缓冲方式就是使输入寄存器和 DAC 寄存器均处于锁存状态，数据要经过两级锁存（即两级缓冲）后再送入 D/A 转换器，即要执行两次写操作才能完成一次D/A 转换。如图 7.50 所示，ILE 固定接+5 V 高电平，CPU 的$\overline{\text{IOW}}$信号复连到$\overline{\text{WR}_1}$和$\overline{\text{WR}_2}$，$\overline{\text{CS}}$和$\overline{\text{XFER}}$分别接两个不同的 I/O 地址译码信号。利用双缓冲方式可在 D/A 转换的同时，进行下一个数据的输入，可以有效地提高转换速度。更重要的是，这种方式特别适用于要求多个模拟量同时输出的场合。此时，要用多片 DAC0832 组成模拟输出系统，每片对应一个模拟量。

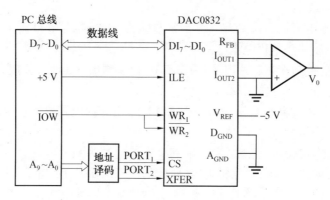

图 7.50　DAC0832 双缓冲方式接口图

　　③直通方式。直通方式就是使 DAC 内部的两个寄存器处于不锁存状态，数据一旦到达输入端 $D_7 \sim D_0$ 就直接送入 D/A 转换器，被转换成模拟量。如图 7.51 所示，只要使$\overline{\text{CS}}$、$\overline{\text{WR}_1}$、$\overline{\text{WR}_2}$和$\overline{\text{XFER}}$端都接数字地，ILE 接高电平，就可使锁存信号 LE_1、LE_2 均为高电平，从而使两个寄存器同时处于不锁存状态，即直通方式。这种方式可用于一些不采用微机的控制系统中或其他不需要 DAC 缓冲数据的情况。

　　（4）DAC0832 的输出方式

DAC0832 的输出方式有单极性和双极性输出两种方式，其电压输出电路图如图 7.52 所示。

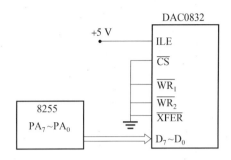

图 7.51　DAC0832 的直通工作方式及 CPU 的接口

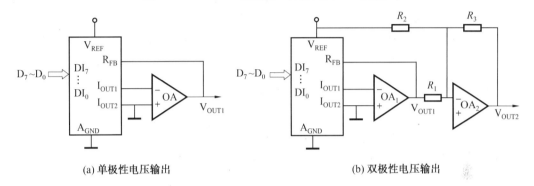

(a) 单极性电压输出　　　　　　　　　　(b) 双极性电压输出

图 7.52　DAC0832 电压输出方式

①单极性输出。DAC0832 输入的数字均为正数即二进制数的所有位都为数值位时,根据电路形式或参考电压的极性不同,输出电压或为 0 V 到正满度值,或为 0 V 到负满度值,这种工作方式称为单极性输出方式,如图 7.52(a)所示。因为内部反馈电阻 RFB 等于 T 形电阻网络的 R 值,则电压输出为

$$V_{\mathrm{OUT}} = -I_{\mathrm{OUT1}} R_{\mathrm{FB}} = -\left(\frac{V_{\mathrm{REF}}}{R_{\mathrm{FB}}}\right)\left(\frac{D}{2^8}\right) R_{\mathrm{FB}} = -\frac{D}{2^8} V_{\mathrm{REF}}$$

②双极性输出。在实际应用中,D/A 转换器输入的数字量有正极性也有负极性。这就要求 D/A 转换器能将不同极性的数字量对应转换为正、负极性的模拟电压,这种工作方式称为双极性输出方式。在单极性电压输出的基础上,在输出端再加一级运算放大器,就构成了双极性电压输出。通过运放 A$_2$ 将单向输出转变为双向输出。如图 7.52(b)所示,选择 $R_2 = R_3 = 2R_1$,则电压输出为:

$$V_{\mathrm{OUT2}} = -(2V_{\mathrm{OUT1}} + V_{\mathrm{REF}}) = -\left[2\left(-\frac{D}{256}\right)V_{\mathrm{REF}} + V_{\mathrm{REF}}\right] = \left(\frac{D-128}{128}\right)V_{\mathrm{REF}}$$

上述两个计算公式中,D 代入的值都是其对应的十进制值。表 7.4 选取若干具有典型意义的数字量,说明对应的单极性和双极性的模拟输出。其中,数字量在单极性时,采用二进制码;在双极性时,常采用偏移二进制码。偏移二进制码与无符号二进制码形式相同,它实际上是将二进制码对应的模拟量的零值偏移至 80H,使偏移后的数中,大于 128 的为正数,而小于 128 的则为负数,即输出为正值时,符号位(最高位)为“1”;输出为负值时,符号位为“0”。

表 7.4 DAC0832 数字量与模拟量对照表

单极性(V_{REF} = +5 V)		双极性(V_{REF} = +5 V)	
数字量的二进制码	模拟量输出 V_{OUT1}/V	数字量的偏移码	模拟量输出 V_{OUT2}/V
11111111	−4.98	11111111	+4.96
11111110	−4.96	11111110	+4.92
⋮	⋮	⋮	⋮
10000001	−2.52	10000001	+0.04
10000000	−2.50	10000000	0
01111111	−2.48	01111111	−0.04
⋮	⋮	⋮	⋮
00000001	−0.02	00000001	−4.96
00000000	0 V	00000000	−5

(5) DAC0832 的应用

【例7.8】 利用 8255A 的端口 PB 接三个开关 K_0、K_1 和 K_2,通过开关的闭合来实现直流电机的不同转速,DAC0832 做 D/A 转换器,编制程序,通过 DAC0832 把数字量转换为模拟量输出去控制直流电机的转速。图 7.53 所示为电路原理图,8255A 的片选信号 $\overline{CS}$ 接至译码处 200H ~ 207H,DAC0832 的片选信号 $\overline{CS}$ 接至译码处 208H ~ 20FH,DAC0832 的输出端 AOUT 接至直流电机的 DCIN。图 7.54 为程序流程图。

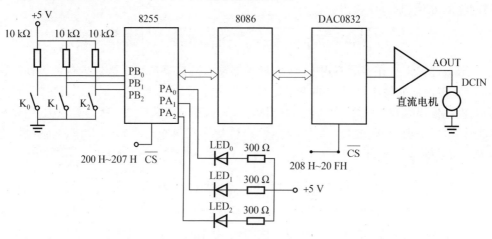

图 7.53 用 DAC0832 控制直流电机转速电路原理框图

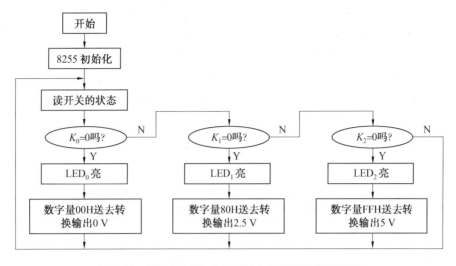

图 7.54　用 DAC0832 控制直流电机转速程序流程图

程序清单如下：

```
CODE      SEGMENT
          ASSUMECS:CODE,SS:STACK
START:    MOV       DX,203H        ;8255A 控制端口地址
          MOV       AL,82H         ;端口 PA 输出,端口 PB 输入
          OUT       DX,AL
K0:       MOV       DX,201H        ;端口 PB 的地址
          IN        AL,DX          ;读开关的状态
          AND       AL,01H         ;与 PB₀相"与"
          JNZ       K1             ;K₀没有闭合(K₀≠0)转 K₁
          MOV       DX,200H        ;K₀闭合(K₀=0),LED₀亮
          MOV       AL,0FEH        ;LED₀亮
          OUT       DX,AL
          MOV       DX,208H        ;DAC0832 地址
          MOV       AL,00H         ;数字量 00H 送去转换输出 0 V
          OUT       DX,AL
          JMP       K0
K1:       MOV       DX,201H        ;端口 PB 的地址
          IN        AL,DX          ;读开关的状态
          AND       AL,02H         ;与 PB₁相"与"
          JNZ       K2             ;K₁没有闭合(K₁≠0)转 K₂
          MOV       DX,200H        ;K₁闭合(K₁=0),LED₁亮
          MOV       AL,0FDH        ;LED₁亮
          OUT       DX,AL
          MOV       DX,208H        ;DAC0832 地址
```

```
          MOV     AL,80H        ;数字量 80H 送去转换输出 2.5 V
          OUT     DX,AL
          JMP     K0
K2:       MOV     DX,201H       ;端口 PB 的地址
          IN      AL,DX         ;读开关的状态
          AND     AL,04H        ;与 PB₂相"与"
          JNZ     K0            ;K₂没有闭合(K₂≠0)转 K₀
          MOV     DX,200H       ;K₂闭合(K₂=0),LED₂亮
          MOV     AL,0FBH       ;LED₂亮
          OUT     DX,AL
          MOV     DX,208H       ;DAC0832 地址
          MOV     AL,FFH        ;数字量 FFH 送去转换输出 5 V
          OUT     DX,AL
          JMP     K0
CODE      ENDS
END       START
```

2. DAC1210

（1）DAC1210 主要特性

DAC1210 是 12 位电流输出型 D/A 转换芯片,是智能化仪表中常用的一种高性能 DAC,采用 24 脚双列直插式封装,输入信号电平与 TTL 电平兼容。该芯片的主要特性如下:

①分辨率为 12 位;

②内部具有双寄存器结构,可对输入数据进行双重缓冲;

③与微处理器兼容,接口方便;

④电流建立时间为 1 μs,转换速度快;

⑤线性度好,温度漂移小;

⑥工作电压+5 ~ +15 V,外接基准电压范围±10 V;

⑦功耗低,约为 20 mV。

（2）DAC1210 内部功能及引脚

DAC1210 的内部结构如图 7.55 所示。DAC1210 的内部结构与 DAC0832 的非常相似,也具有双缓冲输入寄存器。不同的是 DAC1210 具有 12 位双缓冲寄存器和 D/A 转换器。12 位输入寄存器由一个 8 位寄存器和一个 4 位寄存器组成。两个输入寄存器的输入允许控制都要求 CS 和 WR_1 为低电平,但 8 位输入寄存器的数据输入还要求 B_1/B_2 端为高电平。

DAC1210 的引脚如图 7.56 所示,引脚的功能及含义如下。

与 CPU 相连的引脚:

$D_{11} \sim D_0$:12 位数据输入端。

$\overline{CS}$:片选信号,低电平有效。

$\overline{WR_1}$:写信号 1,低电平有效,在CS有效时,用它将数字锁存于第一级锁存器中。

$BYTE_1/\overline{BYTE_2}$:12 位/4 位输入选择信号,高电平时,12 位输入数据锁存,低电平时,低 4

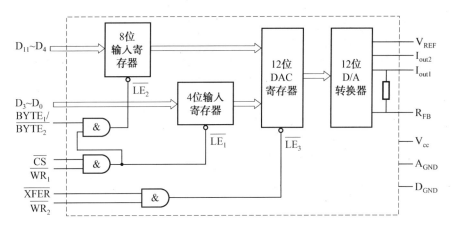

图 7.55　DAC1210 内部结构图

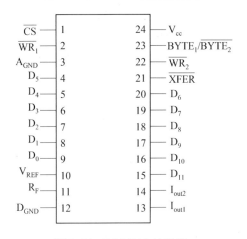

图 7.56　DAC1210 的引脚

位输入数据锁存。

$\overline{\text{XFER}}$:传送控制信号,低电平有效。

$\overline{\text{WR}_2}$:写信号 2,低电平有效。在$\overline{\text{XFER}}$有效的条件下,第一级锁存器中的数据传送到第二级的 12 位 DAC 寄存器中。

与外部设备相连的引脚:

I_{out1}:DAC 电流输出 1,它是逻辑电平为 1 的各位输出电流的总和。

I_{out2}:DAC 电流输出 2,它是逻辑电平为 0 的各位输出电流的总和。

R_F:反馈电阻,该电阻被制作在芯片内,用作运算放大器的反馈电阻。

其他引脚:

V_{REF}:基准电压输出端。

V_{cc}:逻辑电源。

A_{GND}:模拟地。

D_{GND}:数字地。

(3)DAC1210 与 CPU 的连接

12 位 DAC1210 内部有两级锁存器,所以可以和 CPU 相连。但是由于数据总线宽度为

8 位或 16 位,所以该芯片与微机数据总线连接时的方法如下:

①与 8 位的数据总线(如 8088CPU)相连时,DAC1210 输入数据线的高 8 位 $D_{11} \sim D_4$ 与数据总线的 $D_7 \sim D_0$ 相连,低 4 位 $D_3 \sim D_0$ 与数据总线的 $D_3 \sim D_0$ 或 $D_7 \sim D_4$ 相连。显然,12 位输入数据需要分两次才能写入。CPU 地址总线中的 A_0 反相后连接 $BYTE_1/\overline{BYTE_2}$ 端,$\overline{WR_1}$ 和 $\overline{WR_2}$ 直接与系统IOW连接。接口示意图如图 7.57 所示。

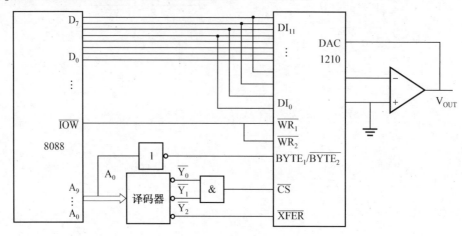

图 7.57　DAC1210 与 PC 的接口

②与 16 位的数据总线连接时,DAC1210 的 12 位数据输入线 $D_{11} \sim D_0$ 可以直接连接到数据总线的低 12 位上,12 位数据的输入可以通过一次写操作完成。

(4)DAC1210 的工作方式和输出方式

DAC1210 的工作方式与 DAC0832 的基本相同,有所区别的是:

①与 8 位 PC 机连接时,DAC1210 只能工作在双缓冲方式。

②与 16 位 PC 机连接时,DAC1210 可工作在单缓冲、双缓冲和直通三种方式。

DAC1210 的输出方式有单极性输出和双极性输出两种方式,这与 DAC0832 基本相同。

7.6　模/数(A/D)转换技术

7.6.1　A/D 转换的基本原理

1. A/D 转换的基本过程

焊接过程当中数据采集系统或者测量系统获得的数据往往是温度、速度、压力、流量、电流、电压等连续变化的物理量。这些物理量通过各种传感器转化成电信号,而电信号依然是连续变化的模拟量。计算机系统只能处理离散的数字量,那么这些模拟信号如何变化才能成为可被计算机接收并进行处理的数字量呢? 因此就必须进行模/数(A/D)转换。A/D 转换器就是把模拟量转换成数字量的器件。A/D 转换的基本过程如图 7.58 所示。

由图 7.58 可见,模拟电子开关 S 在采样脉冲 CPS 的控制下重复接通、断开。S 接通时,$u_i(t)$ 对 C 充电,为采样过程;S 断开时,C 上的电压保持不变,为保持过程。在保持过程中,采样的模拟电压经数字化编码电路转换成一组 n 位的二进制数输出。

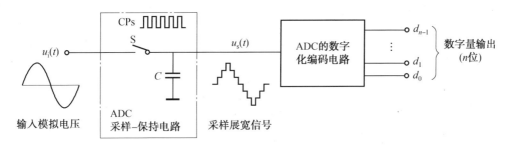

图 7.58　A/D 转换的基本过程

A/D 转换器的工作原理涉及以下几个概念。

（1）采样

采样是将时间上连续变化的模拟信号转换为时间上离散的模拟信号。这是因为，模拟信号在时间上是连续的，它有无限多个瞬时值。而模/数转换过程总是需要时间的，不可能把每一个瞬时值都一一转换为数字量，必须在连续变化的模拟量上按一定的规律（周期地）取出其中某一些瞬时值（样点）来代表这个连续的模拟量。

采样是通过采样器实现的。采样器（电子模拟开关）在采样脉冲 $s(t)$ 的控制下，周期地把随时间连续变化的模拟信号 $f(t)$ 转变为时间上离散的模拟信号 $f_s(t)$，如图 7.59 所示。图中是 $s(t)$ 为采样脉冲。

由图 7.59 可见，仅在采样瞬间 τ 内取样开关联通，允许输入信号 $f(t)$ 通过采样器，其他时间开关断开，无信号输出。采样器的输出 $f_s(t)$ 是一系列窄脉冲，而脉冲的包络线是与输入信号相同的。为了不失真地恢复原来的输入信号，根据香农采样定理，一个频率有限的模拟信号，其取样频率 f_s 必须大于等于输入模拟信号包含的最高频率 f_m 的两倍时，采样输出信号 $f_s(t)$（样点脉冲序列）能代表或能恢复成输入模拟信号 $f(t)$。这里，"最高频率"指的是包括干扰信号在内的输入信号经频谱分析后得到的最高频率分量。在应用中，一般取采样频率 f_s 为最高频率 f_m 的 4～8 倍。

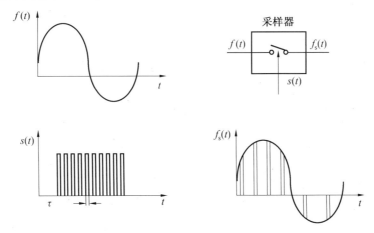

图 7.59　采样器输入/输出波形

当系统中有多个变化较为缓慢的模拟量输入时，常常采用模拟多路开关，利用它将各路模拟量轮流与 A/D 转换器接通。这样使用一片 A/D 转换器就可完成多个模拟输入信号的依次转换,从而节省了硬件电路。

（2）保持

被采样的信号是动态、随时改变的,在 A/D 转换期间,为了使输入信号不变,保持在开始转换时的值,通常要采用一个采样保持电路。如果 A/D 转换很快,比信号本身的变化快 10 倍或者更高,则无需保持电路。

（3）量化、编码

将通过采样得到的幅值变为数字量即为量化、编码的过程。

把模拟信号经过在时间轴上抽样后获得的取样电平值,用一预定精度的数近似地表示的过程称为量化,它是模/数转化的核心。编码就是用 n 位（bit）的 m 进制码,如二进制、四进制、八进制等,表示取样元的量化值。编码位数越多,量化误差越小。

2. A/D 转换的基本原理

A/D 转化器的类型很多,按转换的模拟量来分,可分为时间/数字、电压/数字及机械变量/数字等。使用最广泛的是电压/数字转换器,本节主要介绍这种类型的 A/D 转换器的工作原理,主要包括计数式、双积分式和逐次逼近式三种。

（1）计数式 A/D 转换

计数式 A/D 转换器的工作原理如图 7.60 所示。图 7.60 中 V_i 是模拟输入电压,$D_7 \sim D_0$ 是数字输出。由"计数器"对固定频率信号 CLK 进行计数,计数输出值送 DAC,DAC 的输出模拟量 V_o 与输入模拟量 V_i 在"比较器"中进行比较,随着计数的进行,V_o 不断增加,当 $V_o > V_i$,计数器停止计数,此时的计数值即是模拟量 V_i 对应的数字量。

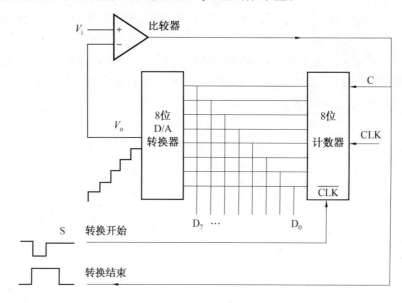

图 7.60　计数式 A/D 转换原理

具体工作过程为:

①首先启动"开始转换"信号 S。当 S 由高变低时,"计数器"清 0,DAC 输出 $V_o = 0$,"比较器"输出 1,即 C=1,计数器允许计数。

②当 S 由低变高时,计数器开始计数,随着计数的进行,D/A 转换器输入端获得的数字

量不断增加,使输出电压 V_o 不断上升。

③当 $V_o > V_i$,"比较器"输出 0。一方面 C = 0,计数停止;另一方面,"比较器"的输出也作为"转换结束"信号 EOC。此时,计数器的值作为转换结果的数字量。

计数式 A/D 转换的缺点是速度比较慢,特别是模拟电压比较大时,转换速度更慢。

(2)双积分式 A/D 转换

双积分式 A/D 转换属于间接电压/数字转换,它把模拟输入电压转换为与其平均值成正比的时间间隔,同时把这个时间间隔再转变为数字,是一种间接的 A/D 转换技术。双积分式 A/D 转换的电路原理图如图 7.61 所示。由图 7.61(a)可见,电路中的主要部件包括电子开关、积分器、检零比较器、计数器和控制逻辑等。

先将开关接通待转换的模拟量 V_i,V_i 采样输入到积分器,积分器从零开始进行固定时间 T 的正向积分,时间 T 到后,开关再接通与 V_i 极性相反的基准电压 V_{REF},将 V_{REF} 输入到积分器,进行反向积分,如图 7.61(b)所示,反向积分进行到一定时间 Δt,积分器便返回起始值 0,停止积分。V_i 越大,积分器输出电压越大,反向积分时间也越长。计数器在反向积分时间内所计的数值,就是输入模拟电压 V_i 所对应的数字量,实现了 A/D 转换。

双积分式 A/D 转换的优点是转换精度高、抗干扰能力强,但转换速度较慢,通常转换频率小于 10 Hz。这种方式主要用于数字式测试仪表、温度测量等方面。

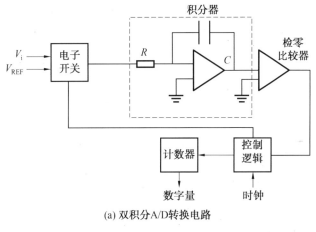

(a) 双积分 A/D 转换电路

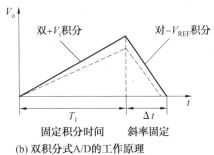

(b) 双积分式 A/D 的工作原理

图 7.61　双积分式 A/D 转换原理

(3)逐次逼近式 A/D 转换

逐次逼近式 A/D 转换是使用最广泛的一种 A/D 转换方法,A/D 转换集成电路芯片通常都采用这种方式工作,它可以用较低的成本得到很高的分辨率和速度。逐次逼近 ADC 的结构如图 7.62 所示,它主要包括一个高分辨比较器、高速 DAC 和控制电路,以及逐次逼近寄存器。

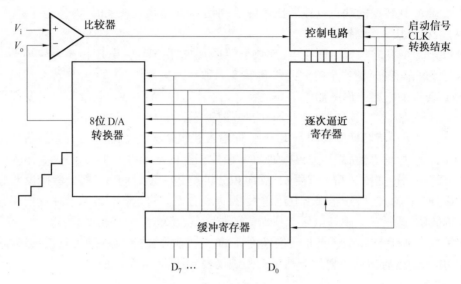

图 7.62　逐次逼近式 A/D 转换原理

逐次逼近法转换过程是:初始化时将逐次逼近寄存器各位清 0;转换开始时,先将逐次逼近寄存器最高位置 1,送入 D/A 转换器,经 D/A 转换后生成的模拟量送入比较器,称为 V_o,与送入比较器的待转换的模拟量 V_i 进行比较,若 $V_o < V_i$,该位 1 被保留,否则被清除。然后再置逐次逼近寄存器次高位为 1,将寄存器中新的数字量送 D/A 转换器,输出的 V_o 再与 V_i 比较,若 $V_o < V_i$,该位 1 被保留,否则被清除。重复此过程,直至逼近寄存器最低位。转换结束后,控制电路送出一个低电平作为结束信号,这个信号的下降沿将逐次逼近寄存器中的数字量送入缓冲寄存器,从而得到数字量输出。

简单地说,该方法将最高位置 1,相当于取最大允许值电压的 1/2 与输入电压 V_i 进行比较。如果 V_i 在这范围之内,最高位置 0,次高位置 1,相当于再对半取值,再比较,根据比较结果确定次高位是保留还是复位。该过程用对分搜索的方法来逼近 V_i,搜索一次比前一次区间缩小 1/2,因此,逐次逼近法又称为二分搜索法或对半搜索法。

一般来讲,用逐次逼近法时,如果设计合理,N 位的 ADC,只要 N 个时钟脉冲就可以完成 N 位的转换。因此,这种 A/D 转换的速度是很快的。

7.6.2　A/D 转换器的主要技术参数

1. 分辨率

ADC 的分辨率表示输出数字量变化一个相邻数码所需要输入模拟电压的变化量,通常定义为满刻度电压与 2^N 的比值,其中 N 为 ADC 的位数。例如,ADC 的输出为 12 位二进制数,最大输入模拟信号为 10 V,则其分辨率为

$$\frac{1}{2^{12}} \times 10 \text{ V} = \frac{10 \text{ V}}{4\ 096} = 2.44 \text{ mV}$$

这即是 ADC 所能分辨输入电压变化的最小值。分辨率又称精度,通常以数字信号的位数来表示。

2. 量化误差

量化误差是由于 ADC 的有限分辨率而引起的误差,即有限分辨率 ADC 的阶梯状转移特性曲线与无限分辨率 ADC(理想 ADC)的转移特性曲线(直线)之间的最大偏差。通常是 1 个或半个最小数字量的模拟变化量,表示为 1LSB、1/2LSB。分辨率较高的 ADC 具有较小的量化误差。

3. 转换时间和转换速率

转换时间是从接到转换启动信号开始到输出端获得稳定的数字信号所经过的时间,即完成一次 A/D 转换的时间。积分型 ADC 的转换时间是毫秒级,属低速,逐次比较型 ADC 是微秒级,属中速,全并行/串并行型 ADC 可达到纳秒级。

转换速率是指每秒转换的次数。值得注意的是,转换速率与转换时间不一定是倒数关系。因为,两次转换过程可能有部分时间是重叠的,因而转换速率大于转换时间的倒数。

4. 绝对精度

绝对精度指的是在 ADC 的输出端产生给定的数字量时,输入端实际的模拟量输入值与理论上要求的模拟量输入值之差。

其他指标还有:相对精度、微分非线性、单调性和无错码、积分非线性等。

7.6.3　ADC0809 的结构和功能

1. ADC0809 主要特性

ADC0809 是 CMOS 单片型逐次逼近型 A/D 转换器,具有如下主要特性:

(1)具有 8 路模拟量输入、8 位数字量输出功能的并行 A/D 转换器;

(2)电源电压为 +5 V,模拟电压输入范围 0 ~ +5 V,不需零点和满刻度校准;

(3)低功耗,约为 15 mW,工作温度范围 -40 ~ +85 ℃;

(4)时钟频率 10 ~ 1 280 kHz,标准时钟频率(640 kHz)下的转换时间为 100 μs;

(5)具有三态输出功能,输出与 TTL 兼容,可与系统数据总线直接相连;

(6)分辨率 8 位,最大可调误差小于 ±1LSB,精度为 7 位。

2. ADC0809 的内部结构及引脚功能

ADC0809 的内部结构如图 7.63 所示。它的模拟量输入通道选择部分由一个 8 路模拟开关、通道地址锁存与译码器构成;转换部分主要由比较器、8 位开关树型 D/A 转换器、逐次逼近寄存器和时序及控制逻辑电路构成;输出部分包括一个 8 位三态输出锁存器。

8 路模拟信号(IN_7 ~ IN_0)连接至 8 路模拟开关,后者选通其中一路信号输入并进行A/D转换,模拟开关受通道地址锁存和译码电路的控制。当地址锁存信号 ALE 有效时,3 位地址 ADD_C、ADD_B 和 ADD_A 进入地址锁存器,经译码后使 8 路模拟开关选通某一路信号。

三态输出锁存器用来保存 A/D 转换结果,当输出允许信号 OE 有效时,打开三态门,使转换结果输出。

ADC0809 芯片共有 28 个引脚,采用双列直插式封装,如图 7.64 所示。下面说明各引脚的功能。

IN_7 ~ IN_0:8 路(8 通道)模拟量输入端,同一时刻只可有一路模拟信号输入。

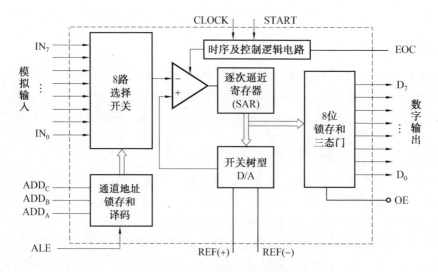

图 7.63　ADC0809 的内部结构

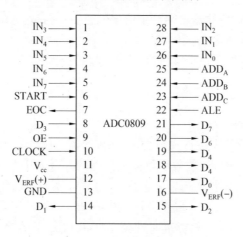

图 7.64　ADC0809 的引脚线

$D_7 \sim D_0$:8 位数字量输出端,由输出允许信号 OE 控制,其中 D_7 为最高位(MSB),D_0 为最低位(LSB)。

START:A/D 转换启动信号,输入,高电平有效。该信号上升沿把 ADC 的内部寄存器清0,下降沿启动 A/D 转换。

EOC:A/D 转换结束信号,输出,高电平有效,可作为中断请求信号。该信号平时为高电平,转换开始和转换中均为低电平,转换结束后又变为高电平。

OE:数据输出允许信号,输入,高电平有效。当 A/D 转换结束时有效,打开输出三态门,将输出数字量送至数据总线。

ADD_C、ADD_B、ADD_A:多路通道地址选择线,用于选通 8 路模拟输入中的一路。被选中的通道对应的输入模拟电压将被送到内部转换电路进行转换。ADD_C 是最高位,ADD_A 是最低位,通常接在地址线的低 3 位。ADD_C、ADD_B、ADD_A 的 111 ~ 000 对应 $IN_7 \sim IN_0$。

ALE:地址锁存允许信号,输入,高电平有效。该信号有效时,将 ADD_C、ADD_B、ADD_A 地址选择线的状态存入通道地址锁存器中,也就是使相应通道的模拟开关处于闭合状态。实际使用时常将 ALE 与启动信号 START 连在一起,当在 START 端加高电平时,同时将某一通道锁存起来。

CLK:时钟脉冲信号输入端,该时钟供 ADC0809 内部工作定时用。

REF(+)和 REF(-):参考电压输入端,用于提供 A/D 转换的标准电平。通常参考电压从 REF(+)端输入,而 REF(-)与模拟地 A_{GND} 相连。当 REF(+)= +5 V 时,输入电压范围为 0 ~ +5 V。

V_{cc}:+5 V 工作电压输入端。

GND:接地。

3. ADC0809 的工作过程及与 CPU 的接口

（1）ADC0809 的工作过程

只要给 A/D 转换器接上供电电源,将模拟信号加到输入端,控制端加上启动信号,A/D 转换器就可以工作了。ADC0809 的工作时序如图 7.65 所示。

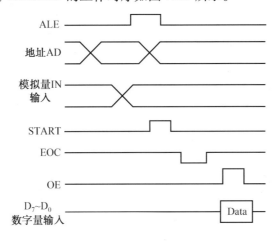

图 7.65　ADC0809 工作时序图

由图 7.65 可知,对指定通道采集一个数据的过程分为如下 6 步:

①首先输入 3 位通道地址编码到 ADD_C、ADD_B 和 ADD_A 引脚上,决定选择哪一路模拟信号。

②在 ALE 端加一个正脉冲信号,使该路模拟信号经选择开关到达比较器的输入端。

③在 START 引脚上加一个正脉冲信号,在信号的上升沿将逐次逼近寄存器复位,下降沿启动 A/D 转换。

④转换开始后 EOC 变为低电平,经过 64 个时钟周期后转换结束。

⑤A/D 转换结束,EOC 变为高电平,数据保存到 8 位锁存器中。

⑥转换结束后,可通过执行 IN 指令,使 OE 变为高电平,则 8 位三态锁存缓冲器的三态门被打开,转换好的 8 位数字量输出到数据总线上并被读入到 CPU 中。

（2）ADC0809 与 CPU 的接口

ADC0809 与 CPU 的连接主要包括三总线的连接,即数据总线、地址总线和控制总线之间的连接。其与 CPU 的连接图如图 7.66 所示。

①数据总线的连接。ADC0809 为 8 位分辨率,且内部具有三态缓冲器,故数据输出线

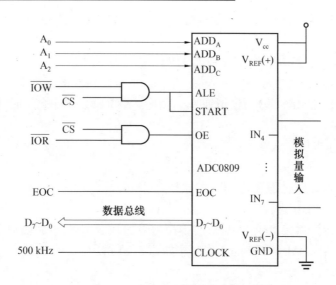

图 7.66　ADC0809 与 CPU 的连接图

可直接与 PC 系统数据总线相连。

②地址总线的连接。ADC0809 的 ADD_C、ADD_B、ADD_A 三位地址信号输入线与地址总线的低三位,即 A_2、A_1、A_0 对应相连,用于控制 8 路模拟输入通道哪一路被选中。

③控制总线的连接。ADC0809 的控制信号包括启动转换信号 START、输入允许信号 OE、转换结束信号 EOC 以及地址锁存信号 ALE。CPU 控制总线的 I/O 写信号 $\overline{IOW}$、$\overline{IOR}$ 分别与片选信号 $\overline{CS}$ 经或非门后,前者连接到 ADC0809 的 START、ALE 引脚,后者连接到 OE 引脚。这样 CPU 就可以控制 A/D 转换的启动和转换结果的读出。

A/D 转换结束后,ADC0809 会输出一个 EOC 信号,通知 CPU 读取转换数据。EOC 信号是一个查询标志且设为状态端口,经三态门接入数据总线最高位 D_7。CPU 读取数据的方式可以有三种,包括定时传送方式、查询传送方式和中断传送方式。

a. 定时传送方式。对于一种 A/D 转换器来说,它的转换时间是已知和固定的,例如 ADC0809 的转换时间为 100 μs(时钟脉冲为 640 kHz),AD574 的转换时间为 25 μs。因此,可根据这个参数设计一个延时子程序,A/D 转换启动后就调用这个延时子程序,每到延时时间结束时,转换肯定完成,从而可进行数据传送。在这种方式下,EOC 信号不起作用。

b. 查询传送方式。在这种方式下,通过查询 EOC 的高低电平来判断 A/D 转换是否结束,EOC = 0,表示转换正在进行,EOC = 1,表示转换已经结束。EOC 与数据总线最高位 D_7 连接,这样,启动转换之后,只要不断检测 D_7 位是否为 1,就可知道转换是否结束。

c. 中断传送方式。采用中断传送方式,转换结束信号 EOC 接到中断控制器 8259A 的中断申请输入端,当转换结束时,EOC 由低电平变为高电平,向 CPU 提出中断请求,通过执行中断服务程序读取转换结果并送入内存单元。

7.6.4　ADC0809 的应用

【例 7.9】　A/D 转换电路如图 7.66 所示,ADC0809 的片选信号 $\overline{CS}$ 接至译码处 200H ~ 207H,请编写程序实现对 8 路模拟输入电压的轮流输入,并把转换结果存入 DI 指向的存储缓冲区 BUF。

程序段如下：

```
        LEA     DI,BUF      ;DI 指向 A/D 转换结果的存储缓冲区
        MOV     CL,8
        MOV     DX,200H     ;模拟输入通道 0 的端口地址
LOP：   OUT     DX,AL       ;启动 A/D 转换
        CALL    DELAY       ;调用延时子程序,延时约 150 μs,等待 A/D 转换完成
        IN      AL,DX       ;将 A/D 转换的结果读入 AL
        MOV     [DI],AL     ;结果存入 DI 指向的缓冲区
        INC     DI          ;DI 指向缓冲区下一个单元
        INC     DX          ;DX 为下一个模拟输入通道的端口地址
        DEC     CL
        JNZ     LOP
```

思考题及习题

7.1 简述什么是并行接口。举例说明并行接口用在什么地方。

7.2 CPU 与外设交换数据的传送方式有哪几种？各有何特点？

7.3 简述 8255A 的基本组成及各部分的功能。

7.4 8255A 有哪几种工作方式？有何差别？

7.5 8255A 有哪些编程命令字,其命令格式及每位的含义是什么？试举例说明。

7.6 假设 8255A 的端口地址为 60H ~ 63H,试编写下列情况的初始化程序：

(1)将 A 口、B 口设置成方式 0,A 口和 C 口为输入口,B 口为输出口。

(2)将 A 口设置成方式 1 输出,PC_6、PC_7 输出;B 口设置为方式 1 输入。

7.7 串行通信与并行通信的主要区别是什么？各有何优缺点？

7.8 用图表示异步串行通信数据的位格式,标出起始位、停止位和奇偶校验位,在数字位上标出数字各位发送的顺序。

7.9 试说明 8251A 的方式控制字、操作控制字和状态字各位的含义及它们之间的关系。在对 8251A 进行初始化时,应按什么顺序向它的控制口写入控制字？

7.10 说明 8253A 的内部结构。

7.11 试总结对比 8253A 的六种工作方式的主要不同点。

7.12 设一个 8253A 的计数器 0 产生 20 ms 的定时信号,试对它进行初始化编程。

7.13 将 8253A 定时器 0 设为方式 3(方波发生器),定时器 1 设为方式 2(分频器)。要求定时器 0 的输出脉冲作为定时器 1 的时钟输入,CLK_0 连接总线时钟 4.77 MHz,定时器 1 输出 OUT_1 约为 40 Hz,试编写一段程序。

7.14 什么是 D/A、A/D 转换器？

7.15 影响 D/A 转换器产生不同波形的两个重要因素是什么？

7.16 在 DAC 中分辨率与转换精度有什么差异？一个 10 位的 DAC 的分辨率是多少？

7.17 A/D 转换器与 8086CPU 接口中的关键问题有哪些？

7.18 试画出 ADC0809 与 CPU 的连接图。

参考文献

[1] 射川. 微型计算机原理与接口技术[M]. 北京:科学出版社,2004.

[2] 陈贵银. 单片机原理及接口技术[M]. 北京:电子工业出版社,2011.

[3] http://cs. xiyou. edu. cn:84/wjyl/OnlineClass/7. 5. html.

[4] http://www. 360doc. com/content/09/1017/08/128139_7395798. shtml.

[5] 高金源,夏杰. 计算机控制系统[M]. 北京:清华大学出版社,2007.

[6] 张弥左,王兆月,邢立军. 微型计算机几口技术[M]. 北京:机械工业出版社,2008.

[7] 朱晓华,李彧晟,李洪涛. 微机原理与接口技术[M]. 2 版. 北京:电子工业出版社,
2008.

[8] 杨居义. 计算机接口技术项目教程[M]. 北京:清华大学出版社,2011.

[9] 何珍祥. 微机原理与接口技术[M]. 北京:机械工业出版社,2009.

[10] 古辉,刘均,陈琦. 微型计算机接口及控制技术[M]. 北京:机械工业出版社,2009.

[11] 石德全,高桂丽. 热加工测控技术[M]. 北京:北京大学出版社,2010.

[12] 李继灿,谭浩强. 微机原理与接口技术[M]. 北京:清华大学出版社,2011.

[13] 张洪斌,邢海霞,何涛. 计算机接口编程技术[M]. 北京:机械工业出版社,2010.

第8章 焊接过程传感与控制系统设计实例

为了达到将前述的基础知识融会贯通、能实际应用的目的,本章剖析焊接参数实时采集与分析系统、结构光视觉跟踪系统、反面熔宽检测与控制系统三个典型例子的设计过程,重点讲解焊接过程传感与控制系统设计的思路、要点和方法。

8.1 焊接电流、电压实时采集与分析系统

焊接电流、电压是重要的焊接参数,在焊机设计、焊接质量检测与评估、熔滴过渡分析、焊接工艺研究等方面都需要对其进行实时采集与分析。这里,介绍一个基于计算机的焊接电流、电压数据采集与分析系统。通过此系统的设计,学会电流、电压信号的传感方法、计算机接口的选择、A/D 转换、信号的分析方法等。

8.1.1 设计要求

(1)电流检测范围 0~500 A,电压检测范围 0~100 V;
(2)分辨率 16 bit,输入最高采样频率 40 K/通道;
(3)具有友好的人机界面;
(4)具有数据在线显示、记录存储等功能;
(5)提供多种数据分析工具,如数据统计、频谱分析等。

8.1.2 硬件系统设计

所设计的焊接电流、电压实时采集与分析系统如图 8.1 所示,由电流和电压传感器、供电电源、数据采集卡、计算机及其附件等组成。

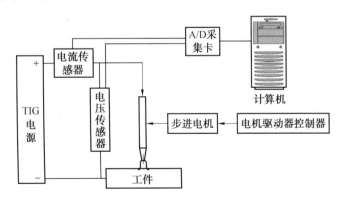

图 8.1 焊接电流、电压实时采集与分析系统组成

焊接电流、电压的大小通过 LEM 传感器转换为 0~15 V 的模拟信号,输入到数据采集

卡中进行 A/D 转换,变为数字信号存储于计算机内,由软件进行分析处理、显示、记录等工作。

1. 大电流的传感方法

目前,经常使用的大电流传感方法有分流器传感和 LEM 模块传感两种。LEM 模块传感将在后面章节详细介绍,这里,简单介绍分流器传感。

分流器是阻值一定的电阻,测量大电流时,将分流器串联在电流回路中,如图 8.2 所示,通过测量分流器两端的电压来推算流过的电流的大小。分流器的材料是锰镍铜合金电阻棒和铜带,并镀有镍层。

我国的分流器的额定压降一般是 45 mV、60 mV、75 mV 和 100 mV 等,插槽式分流器额定电流有 5 A、10 A、15 A、20 A 和 25 A;非插槽式分流器的额定电流从 30 A 到 15 kA 标准间隔均有。

以一个额定电流 100 A、额定压降 75 mV 的分流器为例,当分流器流过 100 A 电流时,其两端压降是 75 mV,因此分流器的阻值是 75 mV/100 A = 0.000 75 Ω。

分流器的输出信号是毫伏级的,需要进行放大后才能输入数据采集卡。

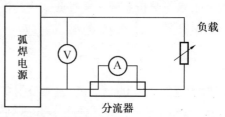

图 8.2 分流器测量电流方法

2. LEM 电流电压传感器的工作原理及选型设计

(1)霍耳器件的工作原理

霍尔效应是磁电效应的一种,是美国物理学家霍尔(A. H. Hall)于 1879 年在研究金属的导电机构时发现的。当电流垂直于外磁场通过导体时,在导体的垂直于磁场和电流方向的两个端面之间会出现电势差,如图 8.3 所示,这一现象称为霍尔效应。这个电势差也被称为霍尔电势差,它与磁场及控制电流成正比。

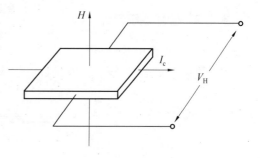

图 8.3 霍耳效应示意

$$V_H = K \times |H \times I_c| \qquad (8.1)$$

式中,V_H 为霍耳电压;H 为磁场;I_c 为控制电流;K 为霍耳系数。

(2)LEM 电流传感器的工作原理

利用霍耳效应制成的霍耳器件,可以进行非接触式电流测量。LEM 电流传感器模块的构成如图 8.4 所示,由聚磁环、原边电路、位于空隙中的霍耳器件、次级线圈、放大电路等组成。

LEM 模块的工作是基于磁场平衡式的,主电流回路产生的磁场由次级线圈电流产生的磁场进行补偿,使霍尔器件始终处于检测零磁通的工作状态。在图 8.4 中,所要测量的大电

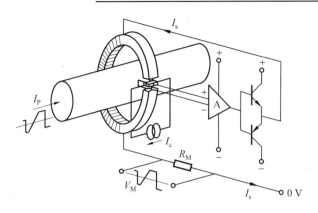

图 8.4　LEM 电流传感器工作原理

流 I_p 穿过磁环时产生的磁场被聚磁环聚集并作用于霍耳器件,产生的霍耳电压信号经放大器 A 放大,输入到功率放大器中,功率管导通,产生一个补偿电流 I_s,作用于匝数很多的次级线圈上,次级线圈产生的磁场与主电流 I_p 产生的磁场相反,作用在霍耳器件上磁场逐渐减少,霍耳器件产生的霍耳电压逐渐降低,最后当 I_s 与次级匝数 N_s 相乘产生的磁场与 I_p 产生的磁场相等时,I_s 就不再增加,这个调节过程是在 1 μs 之内完成的。主电流 I_p 的任何变化都会破坏磁场平衡,霍耳器件会有信号输出,次级线圈会有电流进行磁场补偿。

宏观上看,霍耳器件工件在零磁通状态,存在以下关系式:

$$|N_p \times I_p| = |N_s \times I_s| \tag{8.2}$$

N_p 为原边匝数,一般为 1;I_p 为原边电流,即所要测量的电流;N_s 为次级匝数;I_s 为次级电流。

若已知 N_p、N_s,再测得 I_s,就可求出主电流 I_p 的大小,即

$$I_p = I_s * (N_s/N_p) \tag{8.3}$$

(3)LEM 传感器的选型与参数设计

LEM 传感器可以测量任意波形的电流电压信号,具有绝缘好、精度高、线性度好、动态性能好、工作频带宽、测量范围大、抗干扰能力强等优点,在焊接电参数检测中广泛应用。

实际的 LEM 电流电压传感器模块如图 8.5 所示。实际测量时的接线如图 8.6 所示。典型 LEM 模块的性能指标如表 8.1 所示。

(a) LEM 电流传感器

(b) LEM 电压传感器

图 8.5　实际 LEM 模块

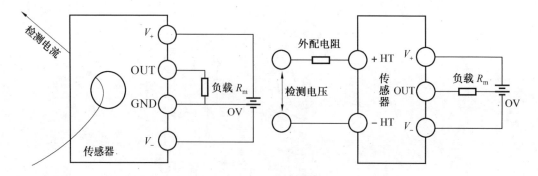

图 8.6　LEM 模块的接线图

表 8.1　LEM 模块的性能指标

	准确度	线性	负载能力/Ω	取用电流/mA	工作电源/VDC	响应时间/μs	测量带宽/kHz	跟踪速度/(A·μs⁻¹)	测量波形	绝缘耐压	工作温度/℃	温漂/℃(−20~70)
电流传感	±1(%Fs)	1%			±15	≤10	直流~20	≥50	任意	Ac3 kV 50 Hz 1 min	−25~70	≤0.04%
电压传感	±1(%Fs)	0.1%	250	4	±15	≤20	直流~20	≥50	任意	Ac3 kV 50 Hz 1 min	−25~70	≤0.1%

① LEM 电流传感器参数设计。电流传感器设计包括选型和测量电阻 R_m 的计算。

根据 8.1.1 节的设计要求,测量电流的最大值为 500 A,可以选用 LT500-S 电流传感器。

考虑到数据采集卡 A/D 的测量范围,希望 $I_p = 500$ A 时,$V_m = 10$ V。

已知匝比 $K_n = 1:5\,000$,则

$$I_s = I_p \times K_n = 500 \times (1/5\,000) = 0.1 \text{ A}$$
$$R_m = V_m / I_s = 10 \text{ V} / 0.1 \text{ A} = 100 \text{ } \Omega$$

② LEM 电压传感器参数设计。以电压传感器 LV100 为例。

已知匝比 $K_n = 10\,000:2\,000$,原边额定电流为 $I_p = 10$ mA。

要求,当 $V_p = 100$ V 时,$I_p = 10$ mA,$V_m = 10$ V。

$$I_s = I_p \times K_n = 10 \text{ mA} \times (10\,000/2\,000) = 50 \text{ mA}$$
$$R_m = V_m / I_s = 10 \text{ V} / 50 \text{ mA} = 200 \text{ } \Omega$$

原边电阻

$$R_1 = V_p / I_p = 100 \text{ V} / 10 \text{ mA} = 10 \text{ k}\Omega$$

3. 数据采集卡的选型

数据采集卡,是实现数据采集(DAQ)功能的计算机扩展卡,如图 8.7 所示,可以通过 ISA、PCI、PCI Express、USB、PXI、火线(1394)、PCMCIA、Compact Flash、485、232、以太网、各种无线网络等总线接入计算机。

(a) PCI 总线　　　　(b) USB 接口　　　　(c) PXI 总线　　　　(d) 以太网

图 8.7　各种数据采集卡

在选择数据采集卡时需要考虑采集通道类型及个数、信号输入形式（差分或单端输入）、量程、分辨率、采样速度、软件编程等。

下面是某一型号数据采集卡的技术性能指标。

①AD：单端 16 路/差分 8 路；

②最大采样速率：500 kHz；

③AD 转换精度：16 位；

④AD 量程：±10 V、±5 V、0～5 V、0～10 V；

⑤程控增益：1、2、4、8 倍；

⑥存储器深度：8 K 字 FIFO 存储器；

⑦触发模式：软件内触发和硬件外触发；

⑧触发类型：数字边沿触发和脉冲电平触发；

⑨AD 转换时间：≤1.45 μs；

⑩模拟输入阻抗：10 MΩ；

⑪非线性误差：±1.5LSB；

⑫系统测量精度：0.01%。

8.1.3　软件系统的设计开发

在数据采集与分析方面，以图形化编程语言为特色的 LabVIEW（Laboratory Virtual Instrument Engineering Workbench，实验室虚拟仪器工程平台）虚拟仪器软件开发工具是经常被采用的，如图 8.8 所示。

图 8.8　LabVIEW 软件的封面

LabVIEW 软件具有以下优点：

（1）图形编程方式。将繁琐复杂的语言编程简化为以菜单提示方式选择所需的功能，编程过程简明、直观、易用，上手快、开发周期短。

（2）提供了丰富的数据采集、分析及存储的库函数，可方便地实现复杂的信号分析。

（3）囊括了 DAQ、GPIB、PXI、VXI、RS-232/485 在内的各种仪器通信总线标准的所有功能函数，应用范围广。

（4）具有强大的 Internet 功能，支持常用的网络协议，方便网络、远程测控仪器的开发。

LabVIEW 软件的编程环境由前面板和流程图两部分组成。前面板就像实际仪器的面板，是虚拟仪器的交互式用户接口，由用户自行设计，包含旋钮、按钮、图形和其他的控制与显示对象。

流程图窗口显示编辑虚拟仪器的图形化源代码。流程图利用图形语言对前面板上的控件对象进行控制。在流程图中，通过连线将输出、接收数据的对象连接起来，就能实现特定的功能，控制执行的流程。

作为例子，图8.9是为上述焊接电流、电压实时采集系统开发的前面板及其实现流程图。

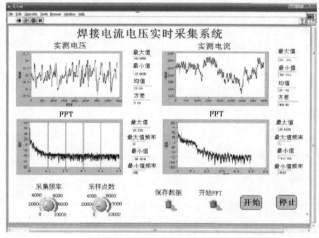

(a) 焊接电流、电压实时采集系统的操作前面板

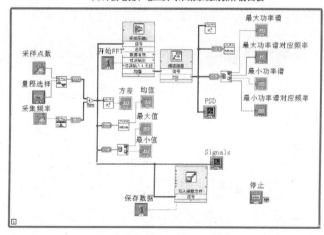

(b) 图形化语言的程序实现流程图

图 8.9　基于 LabVIEW 的焊接参数实时采集软件界面

工作过程为:采集前通过左下角的旋钮设定采样频率和点数。按下"开始"按钮,开始采集数据,并在面板上显示出电流、电压的波形图,自动计算出"最大值"、"最小值"等特征值。按下"停止"按钮,采集结束。可对采集到的数据进行 FFT 分析。保存数据就是对测得的原始数据、信号处理后的数据进行存储,以便后续分析。

可见,利用图形语言的流程图式程序设计与大家较为熟悉的数据流和方块图的概念是一致的。使用流程图方法可以实现内部的自我复制,可以随时改变虚拟仪器来满足自己的需要。与传统的编程方式相比,使用 LabVIEW 设计虚拟仪器,可以提高效率 4 倍以上。利用模块化和递归方式,用户可以在很短的时间内构建、设计和更新自己的虚拟仪器系统。

例如可以通过几个简单的函数实现对已采集数据的各种分析,并且还可以以波形的形式显示给操作者,相应的流程图如图 8.10 所示。

一般地,使用 LabVIEW 软件编制的数据采集分析系统应该具有如图 8.11 所示的各项功能,包括数据采集、波形显示、数据存储、数据各种分析等。

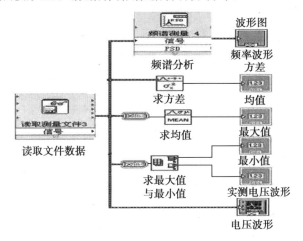

图 8.10　简单的 LabVIEW 流程图

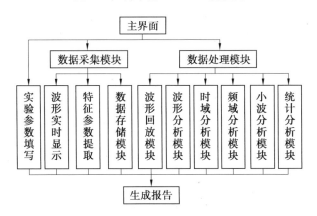

图 8.11　数据采集分析软件应具备的功能

LabVIEW 提供了强大的后续数据处理能力,可实现信号时域、频域和时频域分析。

时域分析包括信号幅值-时间、瞬时 U–I 图和统计分析等。

信号幅值-时间图分析信号值(例如焊接电流、电弧电压)随时间的变化情况,可以得到信号任意时刻的瞬时值以及最大值、最小值等。

瞬时 $U-I$ 图的横坐标为焊接电流,纵坐标为电弧电压,如图 8.12 所示。瞬时 $U-I$ 图反映了焊接的动态过程,蕴含有丰富的焊接过程工艺性能以及焊接电源特性的信息,可以用来评价焊接电源以及焊接材料的工艺性能等。

统计分析是对焊接电信号的各种参数进行统计,得到各参数的概率分布规律,提取其中有关焊接过程优劣的特征信息。对于焊接过程电信号,进行统计分析的变量主要有:电弧电压的基值和峰值、焊接电流的基值和峰值、焊接电流峰值持续时间、周期、占空比等,进而可以得到平均值、方差等基本统计信息。

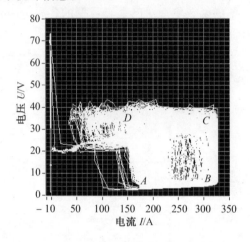

图 8.12　MIG 焊接过程的瞬时 $U-I$ 图

频谱分析可以表示为幅值谱、相位谱、功率谱、幅值谱密度、能量谱密度、功率谱密度等。可用于焊接信号的滤波、消噪等预处理,还能从电弧电压、焊接电流信号中检测出高次谐波信号。

小波分析是从快速傅里叶分析的基础上发展起来的。加窗傅里叶变换虽然可以同时对信号的时间特性和频谱特性进行分析,但根据测不准原理,时间分辨率和频率分辨率不可能同时达到最佳,窗口没有自适应性,只适合分析所有特征尺度大致相同的过程,不适于分析多尺度信号过程和突变过程,限制了窗口傅里叶变换的应用。而小波分析的基本思想是通过一族函数去表示或逼近信号,这一族函数称为小波函数系,由一基本小波的不同尺度的平移和伸缩构成。通过不断改变尺度将函数的奇异点、信号的突变或图像的轮廓、细节逐级放大。小波分析具有良好的时频局域特性,对信号可以进行细致的分析,被称为"数学显微镜",非常适用于分析时变非平稳信号。

小波分析可以用于对焊接电流、电压信号的特征分析中。焊接电信号作为一种非平稳信号,对于高频和低频部分有不同的要求,希望在低频部分有高的频率分辨率,低的时间分辨率;在高频部分有低的频率分辨率,高的时间分辨率。

8.1.4　测量结果

利用上述焊接参数实时采集分析系统可实现各种焊接过程的焊接电流、电压信号的动态分析,部分例子如图 8.13 ~ 8.15 所示。

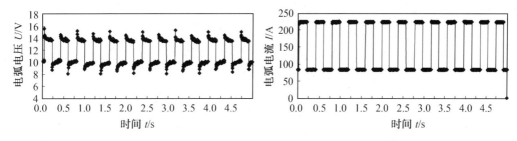

图 8.13　脉冲 TIG 焊电流电压波形

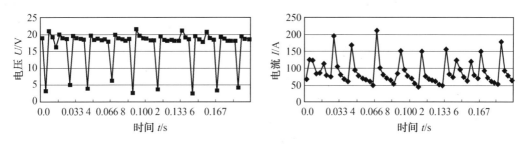

图 8.14　MAG 焊短路过渡电流电压动态波形

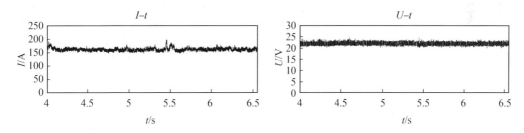

图 8.15　MAG 焊射滴过渡电流电压波形

8.2　结构光焊缝跟踪系统设计

结构光视觉焊缝跟踪是目前相对成熟并有一定应用的焊接过程传感与控制技术。本节通过一个简单的结构光视觉焊缝跟踪系统的设计与分析，"以小见大"，使读者了解实际焊缝跟踪系统的组成、设计方法、设计过程，更进一步学习视觉传感、图像处理、伺服驱动、控制算法、计算机控制接口、软件编程等方面的知识。

8.2.1　设计要求

（1）采用结构光视觉传感方法；

（2）能检测 V 形、对接有间隙、搭接、角接等各种坡口形式；

（3）检测精度达±0.2 mm；

（4）执行机构为步进电机驱动的十字滑块；

（5）能实现直线焊缝、S 形焊缝的跟踪。

8.2.2　系统组成

所设计的结构光焊缝跟踪系统如图 8.16 所示。结构光视觉传感器和焊枪安装在焊接机头的十字滑架上。传感器采集到坡口上的光纹图像，将模拟视频信号送入图像采集卡，图像卡将视频信号转换成数字图像送入计算机，经过图像处理程序提取坡口的特征点坐标，用标定得到的换算关系把特征点图像坐标转化为执行机构的工具坐标，由计算机向十字滑架的步进电机驱动电源发出脉冲指令，使安装在滑块上的焊枪行走到指定位置，实现焊缝跟踪。

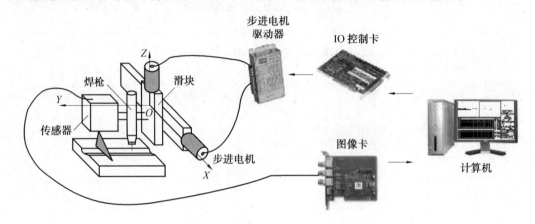

图 8.16　结构光焊缝跟踪系统组成

8.2.3　结构光视觉传感器的设计

单条纹结构光传感器的内部结构如图 8.17 所示。传感器的设计内容包括：结构光发射器的选型、CCD 摄像机的选型、滤光片的选择、内部结构参数设计、传感器壳体设计、散热等。

（1）结构光发射器的选型

根据电弧光谱的研究结果，在波长 600 ~ 700 nm 时弧光较弱，因此，为了有效减少焊接过程的强烈弧光干扰，传感器所用的激光波长一般为 600 ~ 700 nm。可选择一种直接输出线型光纹的功率可调半导体激光器，其内部结构如图 8.18 所示，激光二极管发出的点状激光经柱面镜折射转变为一个极细的激光光带。最大输出功率为 30 mW，波长 650 nm，外形尺寸为 $\phi 16 \times 48$ mm，在 40 mm 的安装高度，输出光纹水平视场 20 mm，线宽 0.5 mm。

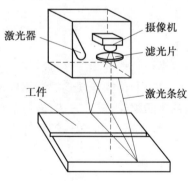

图 8.17　结构光传感器的结构

（2）CCD 摄像机的选型

CCD 摄像机是传感器里的关键部件，它某种程度上决定了传感器的体积，而且 CCD 与镜头的性能也决定了所采集光纹图像的质量，进而影响到后续的图像处理工作。作为例子，介绍一种可更换不同焦距镜头的单板黑白 1/3′CCD 摄像机，具体参数如下：

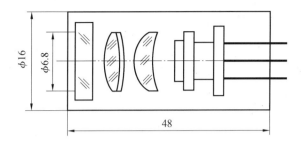

图 8.18　结构光发射器的内部结构

①CCD 成像靶面尺寸:4.4 mm×3.3 mm;

②像素:500×582;

③水平分辨率:420TV Line;

④信噪比:>50 dB;

⑤最低照度:0.05Lux;

⑥尺寸:38 mm(长)×38 mm(宽)×28 mm(深)。

传感器所能达到的景深由镜头及安装高度(物距)决定,可选择的镜头有 f3.6、f8、f16 等几种。一般镜头焦距越短、光圈值越大、物距越长则景深越大,但是如果镜头焦距太小,则视角过大不适于测量,且放大倍数达不到要求,给图像处理带来难度。选择 f16 的镜头,在100 mm 安装高度景深达到 15 mm,可以满足跟踪的要求。

为了最大限度减小焊接时强烈弧光的干扰,在镜头前加装了减光片和中心波长在650 nm 的窄带滤光片。

(3)激光器与 CCD 摄像机之间角度的确定

一般地,结构光传感器采用斜射式,投影器倾斜投射,摄像机垂直接收。投射光束和待测物体表面的法线成一个夹角。根据经验,激光器与 CCD 摄像机之间的夹角为 20°左右。

(4)结构光传感器的模型及标定

一般摄像机镜头近似满足针孔成像模型,在物理上相应于薄透镜成像,可用几何透视变换描述,如图 8.19 所示,平面 $X_iO_iY_i$ 为摄像机成像面,X_i 平行于数字图像的行,Y_i 平行于数字图像的列,O_i 为光轴与成像面的交点;$O_cX_cY_cZ_c$ 为摄像机坐标系,中心 O_c 为镜头光心,X_c 轴、Y_c 轴分别平行 X_i 轴、Y_i 轴且方向相同,Z_c 轴与光轴重合指向外;f 为镜头光心到成像面间的距离,即有效焦距。

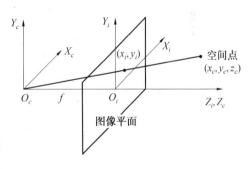

图 8.19　摄像机成像模型

设空间任意点在摄像机坐标系内的坐标为 (x_c, y_c, z_c),经过透视投影在成像面上的坐标为 (x_i, y_i),则二者间的变换关系可表示为

$$\begin{cases} x_c = \dfrac{z_c \cdot x_i}{f} \\ y_c = \dfrac{z_c \cdot y_i}{f} \end{cases} \qquad (8.4)$$

实际成像面与计算机图像(帧内存)的坐标变换为

$$\begin{cases} x_i = \dfrac{(u - c_x)}{S_x} \\[2mm] y_i = \dfrac{(v - c_y)}{S_y} \end{cases} \tag{8.5}$$

式中　　(u, v)——图像点在帧内存中的坐标;

　　　　(c_x, c_y)——帧内存图像中心坐标,即主点坐标;

　　　　S_x, S_y——帧内存图像行、列方向上单位距离的像素数。

考察结构光数学模型,如图 8.20 所示。

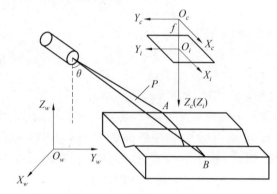

图 8.20　结构光视觉数学模型

投影器以一定角度 θ 投向工件,设结构光面 P 在摄像机坐标系中的方程为

$$aX_c + bY_c + Z_c = c \tag{8.6}$$

将式(8.4)代入该方程得到结构光纹 AB 上某一点在摄像机坐标系中的笛卡儿坐标 (x_c, y_c, z_c) 与它在图像平面坐标系中坐标 (x_i, y_i) 的透视变换关系:

$$\begin{cases} x_c = \dfrac{cx_i}{ax_i + by_i + f} \\[3mm] y_c = \dfrac{cy_i}{ax_i + by_i + f} \\[3mm] z_c = \dfrac{cf}{ax_i + by_i + f} \end{cases} \tag{8.7}$$

设结构光纹上该点的齐次世界坐标为 $(x_w, y_w, z_w, 1)^\tau$,在摄像机坐标系中的齐次坐标为 $(x_c, y_c, z_c, 1)^\tau$,则从世界坐标系到摄像机坐标系的变换可以表示为

$$\begin{bmatrix} x_c \\ y_c \\ z_c \\ 1 \end{bmatrix} = \begin{bmatrix} R & T \\ 0 & 1 \end{bmatrix} \cdot \begin{bmatrix} x_w \\ y_w \\ z_w \\ 1 \end{bmatrix} \tag{8.8}$$

其中,R 是 3×3 旋转矩阵;T 是 3×1 平移向量。

通过摄像机标定可以得到 R、T 以及光面参数 a, b, c 和有效焦距 f,于是当已知图像上某点坐标时可由式(8.7)计算出该点在摄像机坐标系中的坐标,再通过式(8.8)的逆变换即可求出该点对应的世界坐标。

摄像机及光平面的标定方法很多,这里就不详细阐述,可参考相关的资料。

8.2.4 计算机控制接口

在图 8.16 的系统中,计算机控制接口有图像接口(图像卡)和步进电机控制接口(IO 控制卡)。

(1)图像采集卡

图像采集卡是将 CCD 摄像机输出的模拟视频信号转换为数字信息,并进行存储和后续处理,如图 8.21 所示,它是一种计算机板卡硬件。

图像采集卡有多种型号,其主要技术指标如下:

①图像采集分辨率:1 024×768,640×480,512×512 等;

②标准视频信号输入类型:PAL 、NTSC、S-VIDEO 接口等;

③最多可连接视频信号的路数:1 路、2 路、4 路、8 路等;

④图像采集显示分辨率:768×576 等,是否可自由定义采集窗口大小;

图 8.21 图像采集卡

⑤A/D 转换精度:8 bit;

⑥亮度、对比度、色度、饱和度以及画面大小比例是否可软件调节;

⑦是否可在图像上实时叠加字符、时间、文字;

⑧操作系统支持:Windows 2000、XP、Vista;

⑨SDK 支持:VC、VB、Delphi,是否提供演示程序及演示程序源代码。

(2)步进电机控制接口

在控制精度要求不是很高的情况下,可用步进电机驱动十字滑块来实现对焊枪位置的调整。步进电动机是一种将电脉冲信号转变为角位移的电气装置,如图 8.22 所示。每当电动机绕组接收一个脉冲时,转子就转过一个相应的角度。角位移量与输入的脉冲数严格成正比。只要控制输入脉冲的数量、频率和电机绕组的相序,即可获得所需转角转速和转动方向。

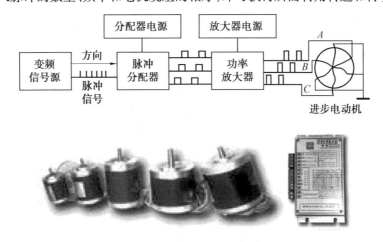

图 8.22 步进电机驱动

在实际使用中,只需要利用计算机输出信号来控制步进电机驱动器,如图 8.23 所示。

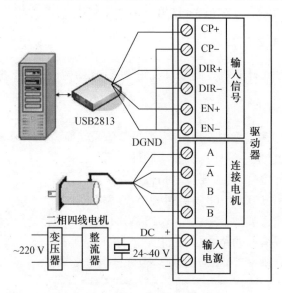

图 8.23 步进电机的控制方法

图 8.23 中,CP 端子是步进脉冲输入端,控制行走速度。DIR 端子控制行走方向。EN 端子是使能端,控制步进电机动与不动。各端子的内部接口电路如图 8.24 所示。

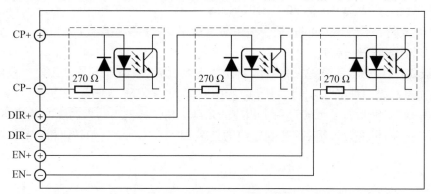

图 8.24 输入信号的接口电路

可见,对于每个步进电机来说,需要三路计算机数字输出信号,一路高/低电平控制电机转与不转;一路高/低电平控制行走方向;一路输出连续脉冲信号控制行走速度。

数字量输出/输入可通过计算机 IO 扩展板卡来实现。

8.2.5 软件设计

结构光视觉焊缝跟踪系统的软件部分包括:图像处理与接头信息的提取、跟踪策略、动作时序控制、异常处理等环节。

一个完整的跟踪过程如图 8.25 所示,下面详细说明。

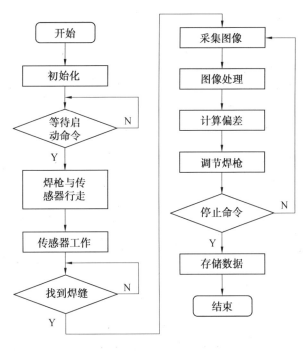

图 8.25 跟踪过程控制流程图

1. 图像处理与接头信息提取

反映接头形貌的原始激光条纹图像如图 8.26 所示。图像处理的最终目的是获得当前理想的焊枪位置和姿态信息。图像信息处理分为低层的接头轮廓提取和高层特征参数提取。

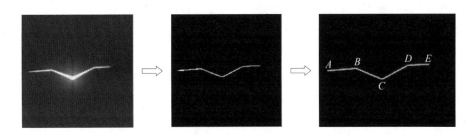

图 8.26 原始激光条纹图像及处理过程

（1）低层的图像处理及接头轮廓获得

低层的图像处理过程如图 8.27 所示。

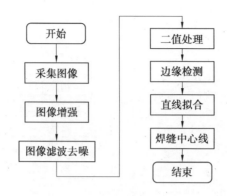

图 8.27　低层的图像处理过程

考虑到实时性的要求,一般采用空间域图像处理方法。

①中值滤波。为了改善图像的质量,增强其信噪比,一般先进行图像滤波去噪处理。可选的滤波方法很多,有中值滤波、梯度锐化、高斯平滑等。

中值滤波是对一个滑动窗口内所有像素的灰度值排序,用它们的中值代替窗口中心像素灰度值的滤波方法。二维中值滤波器的窗口形状有线状、方形、十字形、圆形、菱形等多种。不同形状的窗口产生不同的滤波效果。图 8.28 是中值滤波后的图像。

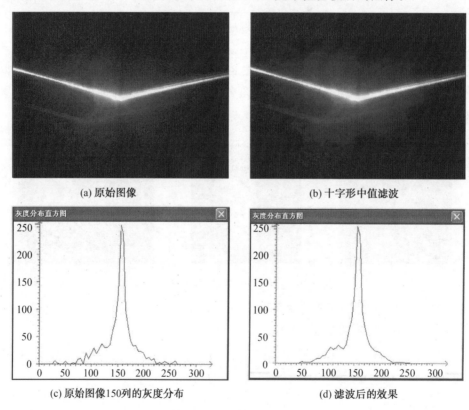

(a) 原始图像　　　　　　　　　　　(b) 十字形中值滤波

(c) 原始图像150列的灰度分布　　　　(d) 滤波后的效果

图 8.28　中值滤波

②二值化处理。二值化处理可使目标对象从背景中更为清晰地显现出来。设定某一阀值 T,当某点灰度值大于阈值 T 时该点灰度值变为 255;某点灰度值小于阈值 T,其灰度值

变为 0。

$$f(x) = \begin{cases} 0 & (x < T) \\ 255 & (x \geqslant T) \end{cases} \tag{8.9}$$

阀值可以根据直方图的数据来选择。图 8.29 是二值化处理后的图像。

(a) 原始图像　　　　　　　　　　(b) 二值化处理后

图 8.29　二值化处理

③ 边缘检测。边缘检测可以显示出激光条纹的边缘特征。不同灰度值的相邻区域都存在边缘。边缘是灰度值突变的结果,可利用导数的方法检测到。常用的有一阶导数和二阶导数。图 8.30 是常见的边缘及其导数分析结果。

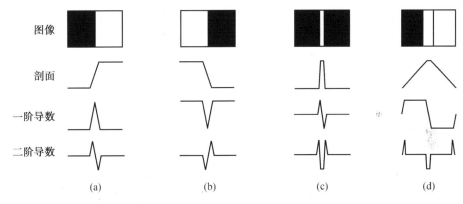

图 8.30　常见边缘及其导数

在实际的检测中,常用差分代替微分。边缘检测可借助空域微分算子通过卷积完成,下面以梯度算子为例,介绍算子的由来。

梯度对应一阶导数,梯度算子是一阶导数算子。对一个连续函数 $f(x,y)$,它在位置 (x,y) 的梯度可表示为一个矢量:

$$\nabla f(x,y) = [G_x G_y]^{\mathrm{T}} = \left[\frac{\partial f}{\partial x} \frac{\partial f}{\partial y} \right]^{\mathrm{T}} \tag{8.10}$$

这个矢量的幅度和方向角分别为

$$\mathrm{mag}(\nabla f) = [G_x^2 + G_y^2]^{\frac{1}{2}} \tag{8.11}$$

$$\varphi(x,y) = \arctan(G_y/G_x) \tag{8.12}$$

对于数字图像,上式可用差分来近似。最简单的梯度近似表达式为

$$G_x = f[i,j+1] - f[i,j] \tag{8.13}$$

$$G_y = f[i,j] - f[i+1,j] \tag{8.14}$$

其中 j 对应于 x 轴方向,而 i 对应于负 y 轴方向,这些计算可用如图 8.31(a) 所示的简单卷积模板来完成。

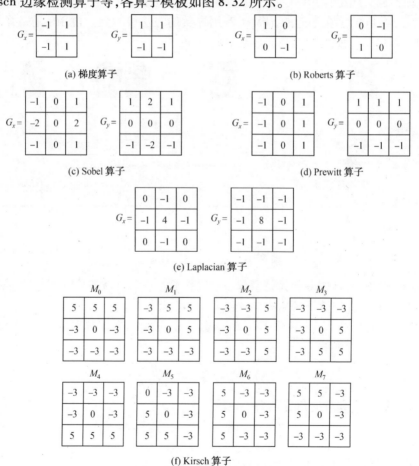

在计算梯度时,计算空间同一位置处 (x,y) 的真实偏导数是至关重要的。采用上面公式计算的梯度近似值 G_x 和 G_y 并不位于同一位置,G_x 实际上是内插点 $[i,j+1/2]$ 处的梯度近似值,G_y 是内插点 $[i+1/2,j]$ 处的梯度近似值。因此常用 2×2 一阶差分模板来求 x 和 y 的偏导数,如图 8.31(b) 所示。

利用梯度算子模板在空域内对图像所有区域进行边缘提取运算。边缘检测算子有梯度算子、Roberts 边缘检测算子、Sobel 边缘检测算子、Prewitt 边缘检测算子、Laplacian 边缘检测算子、Kirsch 边缘检测算子等,各算子模板如图 8.32 所示。

图 8.32　各种边缘检测算子

　　应该说明的是,每一种边缘检测方法都各有所长,应酌情使用。图 8.33 为不同边缘检测算子的效果。

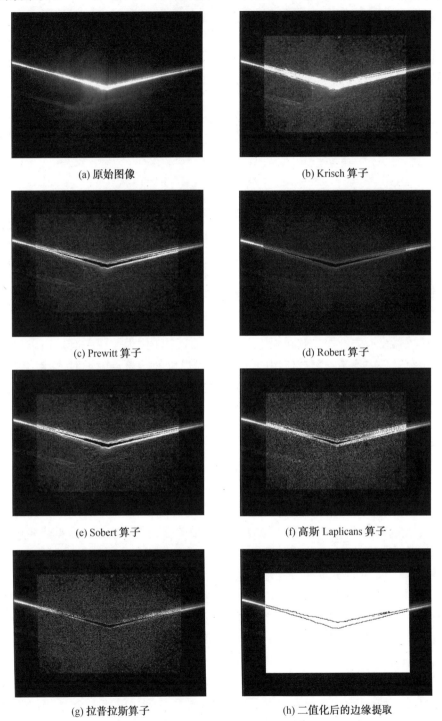

(a) 原始图像　　　　　　　　　　　(b) Krisch 算子

(c) Prewitt 算子　　　　　　　　　　(d) Robert 算子

(e) Sobert 算子　　　　　　　　　　(f) 高斯 Laplicans 算子

(g) 拉普拉斯算子　　　　　　　　　(h) 二值化后的边缘提取

图 8.33　不同边缘检测算子的效果

（2）高层特征参数提取

采用直线拟合来处理局部数据，以消除干扰。图 8.34 示出了每个测量点理想的焊枪位姿的计算方法。图中焊缝上点 c 的坐标是由图像处理和坐标变化得到的。理想的焊枪指向，即 Z_s 方向，应垂直于焊件表面，是表面的法线方向。多个测量点拟合的直线 L_1L_2 代表着焊接方向，光纹 ae 位于焊件表面平面内，其方向也是已知的。由 L_1L_2 和 ae 就可计算出 Z_s 方向。这样，测量点 c 的位姿就确定了。

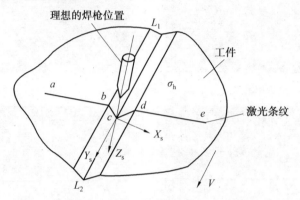

图 8.34　测量点理想焊枪位姿计算示意图

2. 跟踪策略

因为传感器投射的结构光纹在焊枪之前有一定距离（称为前视距离），所以提取的特征点信息在跟踪过程中不是立刻被使用的，而要等到焊枪到达该点附近时才能用到。因此需要把采集到的跟踪点信息存储起来，在需要的时候提供使用，具备先进先出的循环队列存储结构可以很好的满足这一需求。

设传感器的前视距离为 F，焊接速度为 v，循环队列的大小即一个周期内的采样点个数为 N，则每两个采样点之间的间隔时间为

$$\Delta T = \frac{F}{v \cdot N} \tag{8.15}$$

采样点越密则跟踪的精度越高，但是在 ΔT 时间内，跟踪系统要处理采集到的图像提取特征点，并且完成十字滑架的调节动作，所以 N 的取值受到一定限制。根据经验设计前视距离为 35 mm，试验时的焊接速度设定为 2.2 mm/s，设计采样点个数为 55，则每两个采样点之间的间隔为 290 ms，足够完成图像处理与十字滑架的调节。

焊缝跟踪过程的控制流程如图 8.35 所示。跟踪开始前记下原点 O 的初始位置 p_0，让结构光纹投射在欲跟踪焊缝的起点位置，工作台开始行走，传感器同时开始采集图像，调用图像处理程序提取特征点，得到起点的图像坐标，将其转换到工具坐标系，计算出第一个要调节的偏差量 $\Delta x_1 = p_1 - p_0$，存入循环队列，用头指针（head）指向下一个要存储的数组元素位置，每当存进去一个新的偏差调节量 Δx_i 头指针就要加一，如此循环，当存储的调节量达到设定的 N 值时，焊枪已行走到起点位置，开始读取循环队列中的第一个值，用尾指针（tail）指向下一个要读取的位置，每用完一个存储的调节量，尾指针也要加一。由于队列是循环使用的，当指针到达数组尾部时，应该折返到起始位置，可以用头、尾指针加一后再对 N 取余数的方法实现这一循环。这样不断的存储、读取，直到结构光纹投射到设定的跟踪终点，传感

器采集到最后一个坐标后停止,焊枪随后读完最后一组偏差调节量,完成对这道焊缝的跟踪过程。

滑块每一次的调节量都是在前一次调节的基础上累加的,所以到第 n 次调节时,滑块相对于初始位置的位移应为

$$X_n = \sum_{i=1}^{n} \Delta x_i \qquad (8.16)$$

记录滑块位移 X_n 就可以绘制出焊枪沿焊缝方向运动的轨迹。

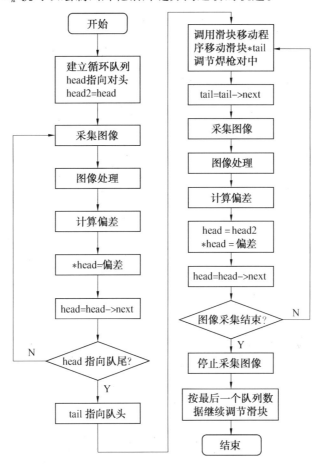

图 8.35 跟踪过程控制流程图

8.2.6 集成调试和跟踪效果

1. 跟踪实验

采用上述开发的软硬件系统对 S 形薄板对接焊缝和倾斜放置的直线焊缝进行了跟踪试验。以滑块的累计调节量为 X 轴,焊接方向的位移为 Y 轴,绘出跟踪轨迹如图 8.36 所示。图中的连续曲线为已知的焊缝实际轨迹,计算采样点的测量值与实际曲线方程的最大偏差、平均偏差以及偏差量的标准差如表 8.2 所示。可以看出,平均偏差在可以接收的范围之内,证明系统已初步具备了跟踪焊缝的能力,但是最大偏差超过了 1 mm,这在实际焊接过程中是不允许的,因此系统的精度还有待完善。

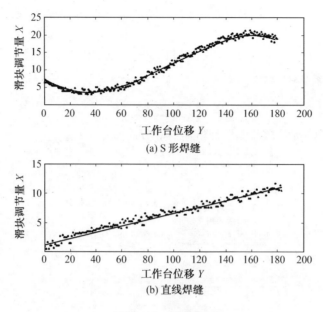

(a) S 形焊缝

(b) 直线焊缝

图 8.36　跟踪效果

表 8.2　跟踪精度

跟踪焊缝类型	最大偏差/mm	平均偏差/mm	偏差的标准差/mm
斜直线焊缝	1.323	0.396	0.293
S 形曲线焊缝	1.275	0.320	0.244

2. 跟踪误差来源

焊缝跟踪误差主要来源于以下方面：

(1)视觉系统检测误差,包括标定精度、图像处理精度、干扰的影响等。

(2)传感器与十字滑架的装卡稳定性、滑架自身调节精度以及滑架步进电机控制算法是误差的另一个重要来源,在很大程度上决定了焊缝跟踪的精度。

3. 焊缝形状对跟踪精度的影响

在跟踪实验中发现,如果焊缝的斜率或者曲率过大,则会在跟踪过程中发生焊缝超出结构光纹范围的现象,无法正确地提取特征点导致跟踪失败。这是因为传感器与焊枪的安装结构限制了所能跟踪焊缝的形状类型。图 8.37 表示了结构光纹与焊枪的位置关系,其中 A 是枪尖在工件平面上的投影,线段 BC 表示结构光纹的长度,L_f 是设定的前视距离,当被跟踪的直线焊缝或者曲线焊缝上两点连线在前进方向左侧

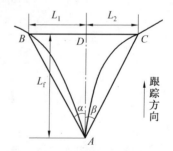

图 8.37　焊缝曲率的影响

的斜率大于 $\tan \alpha$、右侧大于 $\tan \beta$ 时,就超过了结构光纹所能覆盖的范围,导致跟踪失败。

采用十字滑块调节存在上述问题。而如果采用机器人调节,则可以通过焊枪自身的旋转来解决大曲率跟踪的问题。

8.3 反面焊缝熔宽检测与控制系统设计

从成形的角度来说,反面熔宽是最令人关注的。以往大部分研究都集中在正面视觉传感来间接预测反面熔宽,由于问题的复杂性,研究成果还远没有达到实用水平。退一步想,如果工况条件允许的情况下,可以直接将传感器安装在反面,这样做最直接、最简单。为此,本节介绍一个基于 CCD 图像传感的铝合金 TIG 焊反面熔宽直接检测与控制系统,使读者了解反面熔宽检测方法、模糊控制器应用、控制系统的集成、复杂应用软件的编制等多方面的知识。

8.3.1 设计要求

(1)应用对象为铝合金 TIG 焊;
(2)反面 CCD 视觉图像直接传感;
(3)能实现铝合金 TIG 焊缝反面熔宽实时检测与控制;
(4)检测精度达到±0.25 mm 以内,控制精度为±0.5 mm;
(5)具有自动控制和手动调节两种工作模式。

8.3.2 系统组成

所设计的反面熔宽检测与控制系统如图 8.38 所示,包括中央控制单元、焊缝图像采集单元、焊机和操作台控制接口、人机交互操作界面等。中央控制单元负责协调各部分的时序动作、图像处理提取反面熔宽、模糊控制调节热输入以实现焊缝成形均匀一致等工作。焊缝图像采集单元包括 CCD 摄像机和图像卡。CCD 摄像机安装在工件的反面。CCD 摄像机拍摄到的焊缝反面图像经图像采集卡转化为数字量,存储在工控机的内存中,由图像处理程序调用。

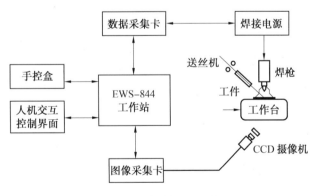

图 8.38 控制系统组成

8.3.3 硬件系统设计

1. 各部分之间的联系与接口资源的统计

控制系统中,各组成部分之间的信号联系如图 8.39 所示。

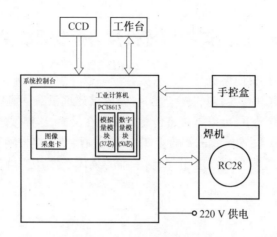

图 8.39 各部分之间的联系

(1)焊接电源外控接口

中央控制计算机对焊接电源的控制包括焊接的开始/停止、急停、试气、电流调节、实际电流电压检测等,是通过焊机的外控接口板实现的,如图 8.40 所示。

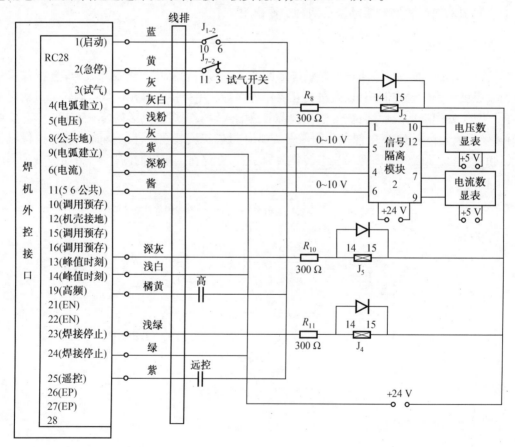

图 8.40 焊接电源的外控接口

对于中央控制计算机来说,需要扩展 1 路 D/A(电流调节)、1 路 A/D(实际电压检测)、

3 位数字输出 DO(焊接启停、急停、试气)、2 位数字输入 DI(电弧已建立、焊机准备好)。

(2)工作台

中央控制计算机需要扩展 1 路 D/A(行走速度设定)、2 位数字输出 DO(启停、方向)。

(3)手控盒

所设计的手控盒功能与实现电路如图 8.41 所示。中央控制计算机需要扩展 2 位数字输入 DI(电流增加、电流减少)。

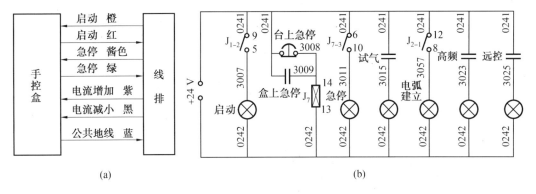

图 8.41　手控盒及其电路图

(4)控制柜的人机交互界面

人机交互界面包括工作状态显示、工作指令输入、电流电压显示等部分,如图 8.42 所示。

图 8.42　人机交互界面

中央控制计算机需要扩展 4 位数字输入 DI(电流增加、电流减少、远控/近控、高频有/无)。

2.设备选型

(1)中央控制计算机

考虑到焊接现场的抗干扰问题,为了能够保证控制系统稳定工作,中央控制计算机一般选择工业控制计算机,分体式和一体化工作站都可以。

(2)CCD 摄像机

要求小巧、耐用、抗干扰。所选用的黑白工业 CCD 摄像机的主要性能参数如表 8.3 所示。

表 8.3　CCD 摄像机的主要性能指标

影像传感器	总像素	最低照度	电子快门	扫描系统	工作环境温度	电源
1/3 英寸	542×586	0.05Lux	1/5～1/100 000 s	50 场/秒	−20～+50 ℃	DC12 V

（3）数据采集卡

从上述所需的计算机外控接口资源来看，需要 2 路 D/A、2 路 A/D、10 位以上数字量输入 DI、6 位以上数字量输出 DO。

所选数据采集卡一方面要满足接口资源的要求，另一方面要考虑插槽类型、信号隔离、工作速度等方面的要求。

作为例子，图 8.43 给出了某一数据采集卡接口的电路图。

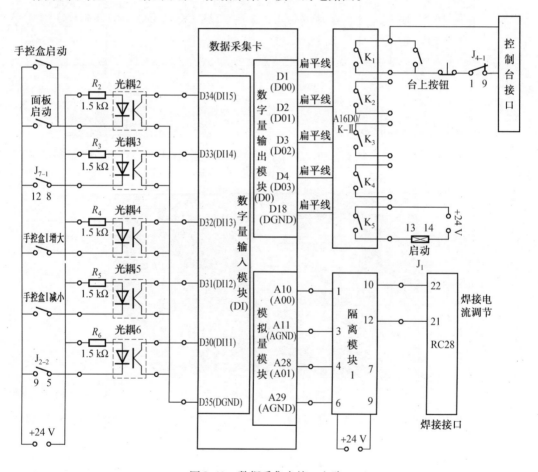

图 8.43　数据采集卡接口电路

（4）焊机

焊机首先要有外控接口，交流输出（焊接铝合金），工作电流满足使用要求，负载持续率要达 100%（自动化焊接），调节方便，可靠性高。目前，市面上很多公司的焊机都可以。

（5）图像采集卡

图像采集卡是图像采集部分和图像处理部分的接口。所选用的图像采集卡的输出视频窗口 400× 300 ×24 位,图像数据数值范围 0 ~ 255,可以采集图像到内存或者屏幕,支持 Win9x、WinNT、Win2000、Win XP 等操作系统,支持多种开发环境。

8.3.4 软件系统设计

基于 Microsoft Visual C++ 6.0 的编程环境开发完整的应用系统软件。系统总体工作时序如图 8.44 和图 8.45 所示。

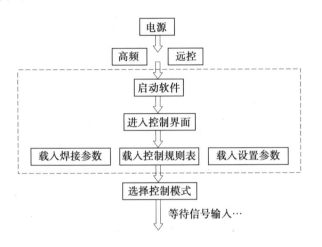
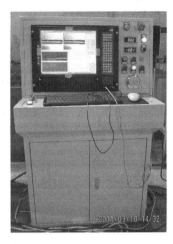

图 8.44 焊接准备时序图

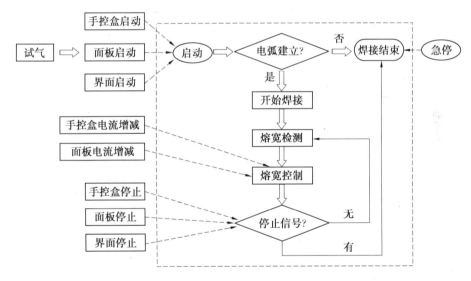

图 8.45 焊接过程时序图

外扩控制卡的工作流程如图 8.46 所示,当焊接开始之后,系统不断检测外界输入信号,若有信号输入,计算机根据输入信号做出相应的判断,发出结果指令,并判断焊接是否停止,如果焊接没有结束,则重新进行外界信号的检测工作。图像采集过程如图 8.47 所示。所开发的人机交互界面如图 8.48 所示。

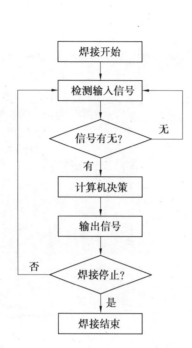

图 8.46 外扩控制卡的工作流程图

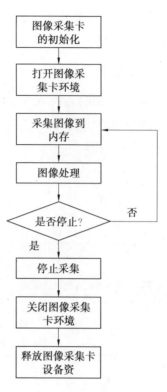

图 8.47 图像采集流程图

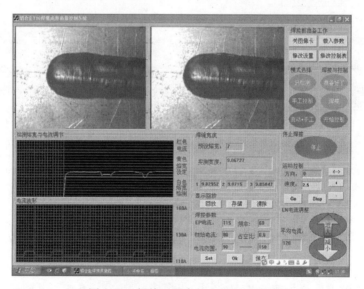

图 8.48 焊接过程中的人机交互界面

8.3.5 反面熔池图像处理及反面熔宽的提取

所开发的图像处理软件主要包括采集、处理与结果输出三部分,一个完整的图像处理过程如图 8.49 所示。图像处理的中间过程效果如图 8.50 所示。

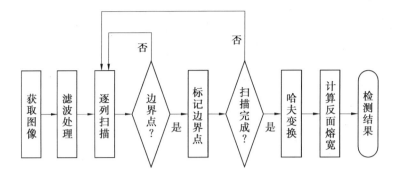

图 8.49　图像处理流程图

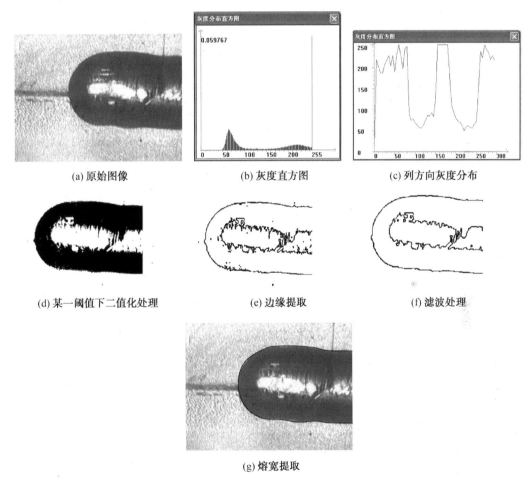

(a) 原始图像　　　　　(b) 灰度直方图　　　　　(c) 列方向灰度分布

(d) 某一阈值下二值化处理　　　(e) 边缘提取　　　(f) 滤波处理

(g) 熔宽提取

图 8.50　图像处理的中间过程

8.3.6　模糊控制器设计

模糊控制是最成熟的智能控制,模仿人的控制决策思想,将专家控制经验规则化,适合于非线性、复杂的焊接过程。图 8.51 是反面熔宽控制系统框图。

在反面熔宽模糊控制器设计中,选用反面熔池宽度误差 e 和误差的变化 Δe 作为模糊控

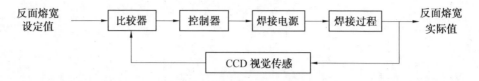

图 8.51　反面熔宽控制系统

制器的输入量,焊接电流的变化量 Δi 作为模糊控制器的输出量,实现反面焊缝的熔宽控制。

定义如下:

$$e_k = w_k - w_g \tag{8.17}$$

$$\Delta e = e_k - e_{k-1} \tag{8.18}$$

式中　w_k、w_g—— 当前时刻与设定的反面焊缝的宽度;

　　　e_k、e_{k-1}—— 当前时刻与前一时刻的误差。

考虑到焊缝宽度误差、误差的变化和电流的变化有正有负,并考虑"零"态,采用"负大"、"负中"、"负小"、"零"、"正小"、"正中"、"正大"7 个语言值。

精确输入、输出量量化到模糊论域采用标准化设计方法,即将偏差 e 和偏差的变化 Δe 的模糊论域设为 $[-6, +6]$ 区间内并使之离散化,构成含 13 个整数元素的离散集合 $\{-6, -5, -4, -3, -2, -1, 0, 1, 2, 3, 4, 5, 6\}$;控制器输出和输入一样有正有负并且有"零"态,故也将 Δi 量化为 $\{-6, -5, -4, -3, -2, -1, 0, 1, 2, 3, 4, 5, 6\}$。$e$、$\Delta e$、$\Delta i$ 的模糊子集选取为:$e = \{NB, NM, NS, O, PS, PM, PB\}$;$\Delta e = \{NB, NM, NS, O, PS, PM, PB\}$;$\Delta i = \{NB, NM, NS, O, PS, PM, PB\}$。那么:

误差 e 的范围:$[-1.2, +1.2]$,其对应模糊论域为

$$E = \{-6, -5, -4, -3, -2, -1, 0, 1, 2, 3, 4, 5, 6\}$$

偏差的变化 Δe 的范围:$[-0.6, +0.6]$,其对应模糊论域为

$$EC = \{-6, -5, -4, -3, -2, -1, 0, 1, 2, 3, 4, 5, 6\}$$

则量化系数分别为

$$k_E = \frac{6}{e_{\max}}$$

$$k_{EC} = \frac{6}{\Delta e_{\max}}$$

电流变化量 Δi 的范围:$[-10, +10]$,其对应的模糊论域为

$$\Delta I = \{-6, -5, -4, -3, -2, -1, 0, 1, 2, 3, 4, 5, 6\}$$

则比例系数为

$$k_{\Delta I} = \frac{\Delta I}{6}$$

根据操作者的实际经验,在确定出模糊子集 $\{-6, -5, -4, -3, -2, -1, 0, 1, 2, 3, 4, 5, 6\}$ 的隶属度函数基础之上,便可建立语言变量 E、EC、ΔI 的赋值表,如表 8.4 ~ 8.6 所示。

表 8.4　语言变量 E 的赋值表

语言值	μ_x / E −6	−5	−4	−3	−2	−1	0	+1	+2	+3	+4	+5	+6
PB	0	0	0	0	0	0	0	0	0	0.1	0.4	0.8	1.0
PM	0	0	0	0	0	0	0	0	0.2	0.7	1.0	0.7	0.2
PS	0	0	0	0	0	0	0.3	0.8	1.0	0.5	0.1	0	0
O	0	0	0	0	0.1	0.6	1.0	0.6	0.1	0	0	0	0
NS	0	0	0.1	0.5	1.0	0.8	0.3	0	0	0	0	0	0
NM	0.2	0.7	1.0	0.7	0.2	0	0	0	0	0	0	0	0
NB	1.0	0.8	0.4	0.1	0	0	0	0	0	0	0	0	0

表 8.5　语言变量 EC 的赋值表

语言值	μ_x / EC −6	−5	−4	−3	−2	−1	0	+1	+2	+3	+4	+5	+6
PB	0	0	0	0	0	0	0	0	0	0.1	0.4	0.8	1.0
PM	0	0	0	0	0	0	0	0	0.2	0.7	1.0	0.7	0.2
PS	0	0	0	0	0	0	0	0.9	1.0	0.7	0.2	0	0
O	0	0	0	0	0	0.5	1.0	0.5	0.1	0	0	0	0
NS	0	0	0.2	0.7	1.0	0.9	0	0	0	0	0	0	0
NM	0.2	0.7	1.0	0.7	0.2	0	0	0	0	0	0	0	0
NB	1.0	0.8	0.4	0.1	0	0	0	0	0	0	0	0	0

表 8.6　语言变量 ΔI 的赋值表

语言值	μ_x / ΔI −6	−5	−4	−3	−2	−1	0	+1	+2	+3	+4	+5	+6
PB	0	0	0	0	0	0	0	0	0	0.1	0.4	0.8	1.0
PM	0	0	0	0	0	0	0	0	0.2	0.7	1.0	0.7	0.2
PS	0	0	0	0	0	0	0.4	1.0	0.8	0.4	0.1	0	0
O	0	0	0	0	0	0.5	1.0	0.5	0	0	0	0	0
NS	0	0	0.1	0.4	0.8	1.0	0.4	0	0	0	0	0	0
NM	0.2	0.7	1.0	0.7	0.2	0	0	0	0	0	0	0	0
NB	1.0	0.8	0.4	0.1	0	0	0	0	0	0	0	0	0

根据手动操作者的经验,一共总结出 49 条模糊语句的控制规则,如表 8.7 所示。

表8.7 语言变量 ΔI 的赋值表

EC / ΔI / E	NB	NM	NS	O	PS	PM	PB
NB	PB	PB	PB	PB	PM	0	0
NM	PB	PB	PB	PB	PM	0	0
NS	PM	PM	PM	PM	0	NS	NS
0	PM	PM	PS	0	NS	NM	NM
PS	PS	PS	0	NM	NM	NM	NM
PM	0	0	NM	NB	NB	NB	NB
PB	0	0	NM	NB	NB	NB	NB

从表可以看出,当焊缝宽度的误差为负大,若误差的变化为负,这时误差有增大的趋势,为尽快消除已有的负大误差并抑制误差变大,所以电流的变化取正大;当误差为负大而误差变化为正时,系统本身已经在减小误差,所以电流调节要小;当误差为负中而误差变化为负时,电流调节不仅要消除已有误差,并且要扭转误差减小的趋势,因此电流调节取正大;当误差为负中而误差变化为正,则系统本身在调节误差变小,当误差变化为正小时可不进行调节,但是当误差变化为正大时,要考虑抑制超调问题,因此要稍微减小电流;当误差为负小时,系统接近稳态,此时电流的调节不宜过大,只需要微调即可,调节主要根据误差的变化来进行调节,即误差的变化为负则电流调节为正中,误差的变化为正则电流的调节为负中;当误差变化为零时,说明系统已经处于稳态,基本不需要调节,只需要保持住误差的变化不大即可;当误差变化为正时,电流调节的选择与误差为负时的原则相同。

根据模糊控制规则,最终建立如表8.8所示的模糊控制查询表。在应用过程中,系统开始运行时,首先分配一定空间的内存,确保能够完整的将模糊控制查询表从硬盘读入到电脑的内存中,在实际的控制过程中,根据需要通过程序对模糊控制查询表进行实时查询调用,这样既简化了控制程序又提高了控制的实时性。

表8.8 模糊控制查询表

EC / ΔI / E	-6	-5	-4	-3	-2	-1	0	+1	+2	+3	+4	+5	+6
-6	6	5	5	4	4	4	3	3	2	2	1	0	-1
-5	6	5	5	4	4	4	2	2	1	1	0	-1	-1
-4	6	5	5	4	4	3	2	2	1	0	0	-2	-2
-3	5	5	4	4	4	3	1	1	0	-1	-1	-2	-2
-2	5	5	4	4	3	2	1	0	-1	-1	-2	-3	-3
-1	5	4	4	3	3	1	0	-1	-1	-2	-2	-3	-3
0	4	3	3	2	2	1	0	-1	-2	-2	-3	-4	-4
+1	3	3	2	2	1	1	0	-1	-3	-3	-4	-5	-5
+2	3	2	2	1	1	0	-1	-2	-3	-4	-4	-5	-5
+3	2	2	1	1	0	-1	-2	-3	-4	-4	-4	-5	-5
+4	2	1	0	0	-1	-2	-2	-3	-4	-4	-5	-5	-6
+5	1	1	0	-1	-1	-2	-3	-4	-4	-4	-5	-5	-6
+6	1	0	-1	-2	-2	-3	-3	-4	-4	-4	-5	-5	-6

例如某一时刻检测的误差 $e = 0.92$ mm,误差的变化 $\Delta e = 0.2$ mm,那么在模糊论域中:

$$E = e \times k_E = 4.6$$

$$EC = \Delta e \times k_{EC} = 2$$

当模糊论域中的元素不是整数时,可以四舍五入为整数值,如上所示的 E 就取值为 5,EC 取值为 2,查询控制规则表可得 $\Delta I = -4$,那么实际的精确输出控制量 Δi 为

$$\Delta i = \Delta I \times k_{\Delta I} = -6.7$$

即需要改变的电流为负的 6.7 A。现在熔宽大了,并且有继续增大的趋势,因此需要大幅度往小调电流。

8.3.7　控制实验效果

在建立了铝合金反面熔宽控制硬件、软件系统的基础之上,利用所提出的图像处理算法及设计出的模糊控制器,对铝合金 TIG 焊反面熔宽控制进行了一系列的试验,以验证所建立系统的实际应用性能。

(1)6 mm 变散热铝板恒定电流不控制开环试验

图 8.52 显示的是 6 mm 变散热铝板恒定电流不控制开环试验情况。如果采用恒定的焊接规范进行焊接,随着焊接过程的进行,热积累越来越严重,反面焊缝宽度逐渐增大,直至焊接结束。

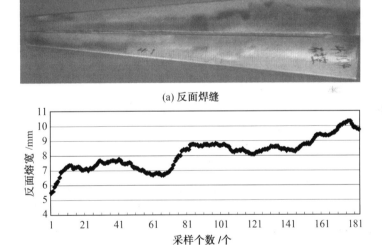

(a) 反面焊缝

(b) 反面熔宽变化曲线

图 8.52　6 mm 变散热铝板不控制焊接

(2)6 mm 变散热铝板反面熔宽模糊自动控制试验

试验结果如图 8.53 所示。在自动控制模式下,焊接开始阶段,当反面焊缝宽度有急剧增大的趋势时,控制系统能迅速做出反应,减小焊接电流,使得反面焊缝的宽度迅速减小,并且在很短的时间内达到预设宽度左右,几乎没有超调产生。反面焊缝成形均匀一致,反面熔宽的实际值围绕设定值 7 mm 小范围上下波动,总体上控制精度在±0.5 mm 以内,控制效果很好。

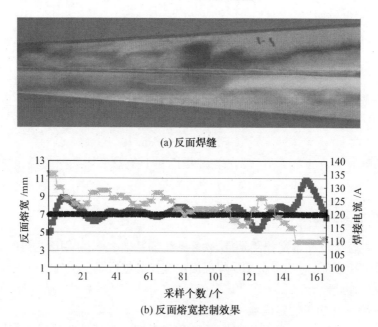

(a) 反面焊缝

(b) 反面熔宽控制效果

图 8.53 变散热铝板反面熔宽模糊自动控制

（3）大长板反面熔宽预设值阶梯变化

为更进一步验证所开发的控制器的控制效果,让反面熔宽预设值阶梯变化 6.5 mm→7.5 mm→8.5 mm,观察实际反面熔宽的控制效果。

图 8.54 是反面熔宽的控制曲线,图 8.55 是焊后试件的全貌,图 8.56 是反面焊缝的局部放大。从图中可见,反面熔宽的实际值围绕设定值小范围上下波动。

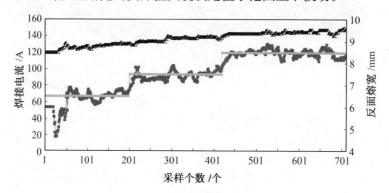

图 8.54 反面熔宽控制曲线

图 8.55 反面熔宽预设值阶梯变化的控制效果

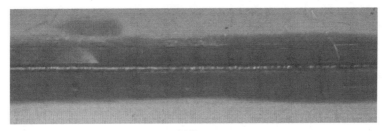

(a) 预设值 6.5 mm

(b) 预设值 7.5 mm

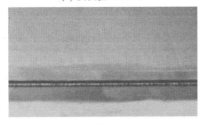

(c) 预设值 8.5 mm

图 8.56　反面焊缝局部放大

思考题及习题

8.1　大电流的传感方法有哪些?

8.2　简述分流器的工作原理。

8.3　分析 LEM 电流传感器的工作原理、选型及设计方法。

8.4　归纳总结焊接电流、电压采集系统的设计过程。

8.5　简述信号分析的主要内容有哪些。

8.6　归纳总结结构光视觉焊缝跟踪系统的设计要点。

8.7　分析前视距离对跟踪的影响。

8.8　归纳总结反面焊缝熔宽检测与控制系统设计的方法与步骤。

8.9　简述反面焊缝图像的处理过程。

8.10　以模糊控制规则表为例,详细说明模糊控制的策略与思想。

8.11　计算机外扩控制卡应如何选择?

参考文献

［1］俞阿龙.传感器原理及其应用［M］.南京:南京大学出版社,2010.

［2］谢珺耀.LEM 电流传感器的应用探讨［J］.电子工业专用设备,2010,(1):50-54.

［3］申焱华.LabVIEW 入门与提高范例教程［M］.北京:中国铁道出版社,2007.

［4］朱人杰.结构光视觉传感焊缝跟踪系统研究［D］.哈尔滨:哈尔滨工业大学材料科学与工程学院,2004.

［5］彭超.铝合金 TIG 焊背面熔宽实时检测与控制［D］.哈尔滨:哈尔滨工业大学材料科学与工程学院,2010.